CCF全国青少年信息学奥林匹克竞赛教程

CCF Informatics Olympiad Basic Textbook

CCF信息学奥赛基础篇

中国计算机学会 ◎组编

朱全民 ◎丛书主编

江涛 ◎编

本书是"CCF 全国青少年信息学奥林匹克竞赛教程"丛书的第二册，旨在普及计算机科学与程序设计知识。书中遵循由浅入深、逻辑严密的编写思路，辅以丰富的实例解析，引领读者逐步提升计算思维能力。全书共四章，涉及 C++程序设计进阶、数据结构及其应用、算法设计、数学运用等内容，全面覆盖 NOI 竞赛大纲所要求的基础知识。根据竞赛的特点，书中还对一些常见的难点和易错点进行了深入的解析。

本书可作为信息学奥林匹克竞赛的教学用书，也可作为青少年学习计算机科学知识、了解信息学奥赛的参考资料。

图书在版编目（CIP）数据

CCF 信息学奥赛. 基础篇 / 中国计算机学会组编；江涛编. -- 北京：机械工业出版社，2025.7. --（CCF 全国青少年信息学奥林匹克竞赛教程 / 朱全民主编）．
ISBN 978-7-111-78233-9

Ⅰ．TP311.1-49

中国国家版本馆 CIP 数据核字第 202513HQ86 号

机械工业出版社（北京市百万庄大街 22 号　邮政编码 100037）
策划编辑：梁　伟　　　　　　　责任编辑：梁　伟　苏　洋
责任校对：王　捷　张慧敏　景　飞　　责任印制：刘　媛
三河市国英印务有限公司印刷
2025 年 8 月第 1 版第 1 次印刷
184mm×260mm・25 印张・536 千字
标准书号：ISBN 978-7-111-78233-9
定价：99.00 元

电话服务　　　　　　　网络服务
客服电话：010-88361066　机 工 官 网：www.cmpbook.com
　　　　　010-88379833　机 工 官 博：weibo.com/cmp1952
　　　　　010-68326294　金　书　网：www.golden-book.com
封底无防伪标均为盗版　　机工教育服务网：www.cmpedu.com

丛书编委会
（按姓氏拼音排序）

主　任　王　宏
顾　问　杜子德　尹宝林
委　员　韩文弢　蒋婷婷　罗国杰　赵启阳

丛书序 ▶ FOREWORD

1984 年，邓小平指出"计算机的普及要从娃娃抓起"，在国内掀起了学习计算机的热潮。教育部和中国科学技术协会委托中国计算机学会（CCF）在 1984 年举办了全国青少年计算机程序设计竞赛，后更名为全国青少年信息学奥林匹克竞赛（National Olympiad in Informatics，NOI）。当年参加竞赛的就有 8000 多人，时至今日，已有近百万名青少年投身到该项活动中，促进了计算机的普及，培养了大批计算机领域的拔尖人才，他们有的成为计算机领域的科学家，有的成为 IT 行业的弄潮儿，更多的人成为优秀的计算机软件工程师。

为什么人能和计算机对话？为什么人能指挥计算机工作？为什么计算机能自动工作？为什么机器人会拥有智能？要了解这些，就需要学习编程。程序是人按照计算机语言规则编写出来的让计算机执行的系列指令代码。计算机语言就是计算机能识别的语言，类似于中国人用汉语交流，英国人用英语交流，俄罗斯人用俄语交流。人要和计算机对话，就必须用计算机语言编写程序让计算机去执行，这就实现了人机对话。这个过程看似简单，实际上计算机的内部处理比较复杂。每种语言都有一定的规则，否则会让人听不懂。例如，文章由句子组成，句子由字、词组成，字和词都有特定的含义，组成句子后含义就更加丰富了，写成文章后还能表达出作者丰富的情感。程序也类似，我们可以把一个程序类比成一篇文章，人们按照计算机语言的规则，把定义的一些量用有特定意义的关键词或指令连接起来，最后形成一份能解决目标问题的复杂代码，来指挥计算机工作。因此，编程就是编写程序来指挥计算机完成工作的过程。有些人可能会问：完成自己的工作，自己做就可以，为什么还要编个程序让计算机代替自己完成？原因很简单，有些事情人自己去做非常麻烦，甚至很难做出来。例如，处理大批量的数据，人去做非常困难，而用计算机处理就很简单。计算机利用自身计算速度快、存储容量大的优点，可以做很多人做不到的事情，这就是学习编程指挥计算机做事的好处。

随着信息技术的快速发展，近年来出现了高智能的人工智能（AI）工具，它不仅能回答人提出的问题、编写代码、调试程序、开发网站和游戏，还能参加编程竞赛并获奖。AI 工具如此强大，甚至能替代程序员编程，是不是我们就没有必要学习编程了？其实不然。学习编程，除了编写程序为我们服务外，还可以提升我们的思维能力，特别是计算思维能力，有助于我们理解哪些事情计算机能做、哪些事情计算机暂时不能做、哪些事情计算机无法做，这对我们进行职业规划和求职大有好处。

什么是计算思维？简单来说就是用计算进行问题求解的思维方式。那么，什么样的问题可以转化为计算？通常来讲，基于推理、归纳和演绎的问题，都可以转化为计算，即先将问题抽象为数学模型，再转化为可计算的数据和数字逻辑，最后调用算法解决。例如，用手机扫描二维码，就能识别相应的信息，这个二维码看似是个图形，其实是一堆数据，而且是一堆有规律的数据。计算机基于规则调用算法，编写程序，就能处理这些看似杂乱无章实则有规律的图像数据。扫描二维码实际上就是调用相应的程序来识别二维码的过程。

运用计算机语言编写程序，从本质上说就是思维的过程。要将人的思维逻辑按照计算机语言的规则转化为计算机能表达的形式其实并不容易。作为 NOI 的举办者，CCF 长期致力于计算机教育的普及和计算机拔尖创新人才的培养工作。为了能让更多的计算机爱好者学好编程，理解计算思维的内涵，CCF 组织了一批知名 NOI 教练编写"CCF 全国青少年信息学奥林匹克竞赛教程"丛书，这些教练长期从事一线教学工作，深耕程序设计多年，对数据结构、数学建模和算法设计有深入的研究，也了解在编程教学中如何突破重点和难点，并在辅导学生的过程中积累了通过"问题驱动"方式提升学生思维能力的宝贵经验。本丛书包括入门篇、基础篇、提高篇、专业篇、科普篇，基于《全国青少年信息学奥林匹克系列竞赛大纲》（2025 年修订版）编写而成，采用"问题驱动"方式，让读者在问题研究中培养探究精神，激发求知欲和创造力，从而为未来的发展奠定坚实基础。

本丛书得到了 NOI 主席杜子德先生和 NOI 科学委员会的悉心指导和大力支持，也得到了一些知名 NOI 教练的帮助，在此表示衷心感谢！希望本丛书能给计算机编程爱好者提供帮助，如有瑕疵敬请谅解，也请多提宝贵意见，我们将尽力改进，争取做得更好。

丛书主编　朱全民
2024 年 5 月

前言 ▶ PREFACE

在信息学的广阔天地中，编程不仅是一种技术，更是一门艺术。自 1984 年中国计算机学会举办青少年信息学奥林匹克竞赛以来，编程逐渐成为青少年科技教育的重要组成部分。这种教育不仅培养了无数青少年的编程能力，也激发了他们对计算机科学的热情和探索欲望。

近年来，CCF 组织编撰了《全国青少年信息学奥林匹克系列竞赛大纲》（以下简称"NOI 竞赛大纲"）、《信息学奥林匹克辞典》，本书正是在此基础之上编写而成的，旨在为广大青少年提供一本深入浅出、实用高效的编程教材。我们发现，尽管已经出版了不少相关书籍，但真正能够契合青少年学习特点、兼顾理论深度与实践应用、精准覆盖 NOI 竞赛大纲的教材仍然稀缺。因此，我们希望通过这本"不一样"的书，为读者搭建一座从概念理解到实际运用的桥梁，让中小学编程爱好者能够迅速成长。

本书具有以下几个突出特点：

1. 循序渐进，深入浅出

我们精心设计了一条由浅入深的学习路径。通过"情境导航"环节，从生活常识出发，引入问题。通过丰富的图示和通俗易懂的语言讲解核心概念，再逐步过渡到更复杂的算法实现。这种渐进式的学习方法旨在激发读者的学习兴趣，建立直观的算法和数据结构认识，并避免因概念陡增引起的畏难情绪。

2. 问题导向，实践驱动

通过"问题抽象"环节，从分析问题入手，抽象出知识或概念。每节都从一个实际问题（有些是经典竞赛题）出发，引导读者分析问题、思考解决方案，然后学习相关算法原理，找出解决问题的基本方法，最后通过程序代码来巩固所学知识。这种问题导向的方法不仅能激发读者的学习兴趣，更能培养他们解决实际问题的能力。

3. 强调思维训练

除了传授具体的算法知识之外，我们十分注重培养读者的算法思维。每节都设有"知识探究""实践应用""总结提升"等环节，引导并鼓励读者独立思考、大胆假设、认真求证。通过这种方式，我们希望读者不仅学会"是什么"，更能理解"为什么"。通过给出注意事项和拓展方向，引导读者进一步钻研，最终达到举一反三、触类旁通的目的。

4. 紧扣竞赛实战

作为一本面向信息学竞赛的教材，我们特别关注了竞赛中的重点和难点。本书围绕着信息学竞赛的核心需求编写，精选了很多经典的竞赛题目，通过详尽的解析和丰富的实例，向读者展示从问题分析到解决方案的全过程。此外，根据竞赛的特点，对一些常见的竞赛难点和易错点进行了深入的剖析和讲解。我们希望这些内容能够帮助读者更快地适应竞赛节奏，提高解题速度和准确率。

5. 注重知识体系构建

在信息学领域，编程和算法是两项不可或缺的核心技能。本书作为系列教材的基础篇，涵盖了 NOI 竞赛大纲中入门级的算法与数据结构知识，这些知识是构建信息学竞赛完整知识体系的重要环节。本书适合参加信息学奥林匹克竞赛的学生使用，同时也适合对信息学算法感兴趣的读者阅读。我们希望本书能够帮助读者在竞赛中取得更好的成绩，同时也为他们未来的学习和发展打下坚实的基础。

本书是一把开启智慧之门的钥匙，是一本培养学习方法和思维习惯的教科书。我们希望每一位读者在学习本书的过程中，不仅能学会编程，更能学会如何思考和探索。

作为编者，我们深知编写一本好的教材何等艰难。尽管我们倾注了大量心血，仍难免存在疏漏和不足。我们真诚地希望能得到广大读者、教育工作者和业内专家的批评指正，以便在后续版本中不断完善。

最后，感谢所有为本书付出努力的人。感谢朱全民、宋新波等专家的指导和帮助，感谢所有读者对本书的关注和支持。希望本书能够成为你备战信息学奥林匹克竞赛的良师益友，陪伴你一起迎接挑战，创造辉煌。

让我们共同在信息学的世界中探索未知，享受解决问题的乐趣，不断前行！

江 涛

2024 年 7 月

目录 ▶ CONTENTS

丛书序
前言

第一章　C++程序设计进阶

第一节　二维数组 ... 3

　一、情境导航 ... 3
　二、问题抽象 ... 3
　三、知识探究 ... 4
　　（一）二维数组的定义 ... 4
　　（二）二维数组的输入、输出 ... 4
　　（三）贪吃蛇问题 ... 5
　四、实践应用 ... 6
　五、总结提升 ... 9

第二节　多维数组 ... 11

　一、情境导航 ... 11
　二、问题抽象 ... 12
　三、知识探究 ... 12
　　（一）三维数组的定义 ... 12
　　（二）三维数组的输入、输出 ... 13
　　（三）统计石头问题 ... 13
　四、实践应用 ... 15
　五、总结提升 ... 19

第三节　常用数学函数 23

- 一、情境导航 23
- 二、问题抽象 23
- 三、知识探究 24
  - （一）绝对值函数 24
  - （二）四舍五入函数 24
  - （三）取下整函数（地板函数） 25
  - （四）取上整函数（天花板函数） 26
  - （五）平方根函数 26
  - （六）常用三角函数 27
  - （七）对数函数 27
  - （八）幂函数 28
- 四、实践应用 29
- 五、总结提升 31

第四节　自定义函数的参数 33

- 一、情境导航 33
- 二、问题抽象 33
- 三、知识探究 34
  - （一）形参和实参 34
  - （二）参数的传递方式 34
- 四、实践应用 36
- 五、总结提升 38

第五节　结构体与联合体 42

- 一、情境导航 42
- 二、问题抽象 43
- 三、知识探究 44
  - （一）结构体的引入 44
  - （二）结构体的定义 44
  - （三）创建结构体变量 45
  - （四）访问结构体变量的成员 45
  - （五）初始化结构体变量的成员 45
  - （六）结构体数组 46
  - （七）结构体作为函数参数 46

（八）图书馆里的寻书游戏 ………………………………………… 46
　四、实践应用 ……………………………………………………………… 48
　五、总结提升 ……………………………………………………………… 51

第六节　指针类型 …………………………………………………………… 60

　一、情境导航 ……………………………………………………………… 60
　二、问题抽象 ……………………………………………………………… 60
　三、知识探究 ……………………………………………………………… 61
　　（一）什么是指针 …………………………………………………… 61
　　（二）如何声明指针 ………………………………………………… 61
　　（三）指针的初始化 ………………………………………………… 62
　　（四）使用指针 ……………………………………………………… 62
　　（五）指针和函数 …………………………………………………… 63
　　（六）指针的算术运算 ……………………………………………… 63
　　（七）指针与数组 …………………………………………………… 63
　　（八）动态分配内存 ………………………………………………… 64
　四、实践应用 ……………………………………………………………… 66
　五、总结提升 ……………………………………………………………… 68

第七节　STL（标准模板库）——算法函数 ……………………………… 72

　一、情境导航 ……………………………………………………………… 72
　二、问题抽象 ……………………………………………………………… 72
　三、知识探究 ……………………………………………………………… 73
　　（一）什么是 STL ……………………………………………………… 73
　　（二）算法函数 max、min、swap …………………………………… 73
　　（三）算法函数 sort …………………………………………………… 75
　四、实践应用 ……………………………………………………………… 77
　五、总结提升 ……………………………………………………………… 80

第八节　STL（标准模板库）——线性容器 ……………………………… 85

　一、情境导航 ……………………………………………………………… 85
　二、问题抽象 ……………………………………………………………… 86
　三、知识探究 ……………………………………………………………… 87
　　（一）STL 的线性容器 ………………………………………………… 87
　　（二）STL 的向量(vector) …………………………………………… 87

（三）向量的成员函数 ·················· 89
　　（四）STL 的链表（list） ··············· 90
　　（五）STL 的队列（queue） ············· 92
　　（六）STL 的栈（stack） ··············· 93
　　（七）线性容器相关函数总结 ············· 95
四、实践应用 ························· 96
五、总结提升 ························· 98

第二章　数据结构及其运用

第一节　线性结构——链表 ·················· 103
一、情境导航 ························· 103
二、问题抽象 ························· 103
三、知识探究 ························· 104
　　（一）链表的基本概念 ················· 104
　　（二）链表的分类 ··················· 104
　　（三）链表的操作 ··················· 105
　　（四）链表操作的 STL list 实现 ··········· 105
　　（五）链表操作的数组模拟实现 ············ 106
　　（六）双向链表操作的数组模拟实现 ·········· 109
　　（七）循环链表操作的数组模拟实现 ·········· 111
　　（八）为什么学习链表操作的数组模拟实现 ······· 112
四、实践应用 ························· 112
五、总结提升 ························· 116

第二节　线性结构——队列和栈 ················ 116
一、情境导航 ························· 116
二、问题抽象 ························· 117
三、知识探究 ························· 117
　　（一）什么是队列 ··················· 117
　　（二）队列的基本操作 ················· 117
　　（三）队列操作的 STL queue 实现 ·········· 118
　　（四）队列操作的数组实现 ··············· 119
　　（五）与队列类似的栈 ················· 121

　　　　（六）栈的基本操作 ·········· 121
　　　　（七）栈操作的 STL stack 实现 ·········· 121
　　　　（八）栈操作的数组实现 ·········· 122
　　四、实践应用 ·········· 124
　　五、总结提升 ·········· 130

第三节　树的引入 ·········· 133

　　一、情境导航 ·········· 133
　　二、问题抽象 ·········· 134
　　三、知识探究 ·········· 134
　　　　（一）什么是树 ·········· 134
　　　　（二）树的表示与存储 ·········· 135
　　　　（三）树的基本操作 ·········· 136
　　四、实践应用 ·········· 137
　　五、总结提升 ·········· 139

第四节　二叉树 ·········· 141

　　一、情境导航 ·········· 141
　　二、问题抽象 ·········· 142
　　三、知识探究 ·········· 142
　　　　（一）什么是二叉树 ·········· 142
　　　　（二）二叉树的性质 ·········· 143
　　　　（三）二叉树的表示与存储 ·········· 143
　　　　（四）二叉树的基本操作 ·········· 144
　　四、实践应用 ·········· 144
　　五、总结提升 ·········· 146

第五节　二叉搜索树 ·········· 150

　　一、情境导航 ·········· 150
　　二、问题抽象 ·········· 151
　　三、知识探究 ·········· 151
　　　　（一）什么是二叉搜索树 ·········· 151
　　　　（二）二叉搜索树的插入操作 ·········· 152
　　　　（三）二叉搜索树的查找操作 ·········· 153
　　　　（四）二叉搜索树的遍历操作 ·········· 154

四、实践应用 …………………………………………………………… 155
　　　五、总结提升 …………………………………………………………… 157

第六节　哈夫曼树 …………………………………………………………… 160

　　　一、情境导航 …………………………………………………………… 160
　　　二、问题抽象 …………………………………………………………… 160
　　　三、知识探究 …………………………………………………………… 161
　　　　（一）什么是哈夫曼树 ……………………………………………… 161
　　　　（二）构建哈夫曼树 ………………………………………………… 161
　　　　（三）哈夫曼树的性质 ……………………………………………… 162
　　　　（四）哈夫曼编码 …………………………………………………… 162
　　　　（五）哈夫曼编码的实现 …………………………………………… 163
　　　四、实践应用 …………………………………………………………… 166
　　　五、总结提升 …………………………………………………………… 169

第七节　完全二叉树 ………………………………………………………… 170

　　　一、情境导航 …………………………………………………………… 170
　　　二、问题抽象 …………………………………………………………… 170
　　　三、知识探究 …………………………………………………………… 171
　　　　（一）什么是完全二叉树 …………………………………………… 171
　　　　（二）完全二叉树的平衡性质 ……………………………………… 171
　　　　（三）完全二叉树的数组实现 ……………………………………… 171
　　　　（四）什么是堆 ……………………………………………………… 173
　　　　（五）堆的操作 ……………………………………………………… 173
　　　四、实践应用 …………………………………………………………… 175
　　　五、总结提升 …………………………………………………………… 177

第八节　图的定义和存储 …………………………………………………… 181

　　　一、情境导航 …………………………………………………………… 181
　　　二、问题抽象 …………………………………………………………… 182
　　　三、知识探究 …………………………………………………………… 183
　　　　（一）什么是图 ……………………………………………………… 183
　　　　（二）图的性质 ……………………………………………………… 183
　　　　（三）什么是图的邻接矩阵 ………………………………………… 184
　　　　（四）图的邻接矩阵的实现 ………………………………………… 185

（五）图的邻接矩阵的优缺点 ·············· 186
（六）图的邻接链表 ·············· 186
（七）图的邻接链表的实现 ·············· 187
（八）图的邻接链表的优缺点 ·············· 188
四、实践应用 ·············· 188
五、总结提升 ·············· 190

第三章　算法设计

第一节　算法基础 195

一、算法概述 ·············· 195
（一）算法的定义 ·············· 195
（二）算法的特性 ·············· 195
二、算法的描述 ·············· 195
（一）自然语言描述 ·············· 195
（二）流程图描述 ·············· 196
（三）伪代码描述 ·············· 197
（四）三种描述方式的比较 ·············· 197

第二节　基础算法1——贪心法 198

一、情境导航 ·············· 198
二、问题抽象 ·············· 198
三、知识探究 ·············· 199
（一）贪心法的定义与原理 ·············· 199
（二）贪心法的适用场景 ·············· 199
（三）分发饼干问题 ·············· 199
四、实践应用 ·············· 201
五、总结提升 ·············· 206

第三节　基础算法2——递推法 208

一、情境导航 ·············· 208
二、问题抽象 ·············· 209
三、知识探究 ·············· 209
（一）递推法的基本步骤 ·············· 209

（二）递推法的适用场景 ……………………………………………………… 210
　　四、实践应用 ………………………………………………………………………… 210
　　五、总结提升 ………………………………………………………………………… 213

第四节　基础算法3——递归法 …………………………………………………… **214**
　　一、情境导航 ………………………………………………………………………… 214
　　二、问题抽象 ………………………………………………………………………… 215
　　三、知识探究 ………………………………………………………………………… 216
　　　（一）什么是递归法 …………………………………………………………… 216
　　　（二）斐波那契数列的递归法描述 …………………………………………… 216
　　　（三）递归法的优点 …………………………………………………………… 216
　　四、实践应用 ………………………………………………………………………… 217
　　五、总结提升 ………………………………………………………………………… 221

第五节　基础算法4——二分法 …………………………………………………… **222**
　　一、情境导航 ………………………………………………………………………… 222
　　二、问题抽象 ………………………………………………………………………… 223
　　三、知识探究 ………………………………………………………………………… 223
　　　（一）二分法原理 ……………………………………………………………… 223
　　　（二）二分法的基本步骤 ……………………………………………………… 223
　　四、实践应用 ………………………………………………………………………… 225
　　五、总结提升 ………………………………………………………………………… 229

第六节　基础算法5——倍增法 …………………………………………………… **233**
　　一、情境导航 ………………………………………………………………………… 233
　　二、问题抽象 ………………………………………………………………………… 233
　　三、知识探究 ………………………………………………………………………… 234
　　四、实践应用 ………………………………………………………………………… 236
　　五、总结提升 ………………………………………………………………………… 238

第七节　基础算法6——前缀和 …………………………………………………… **245**
　　一、情境导航 ………………………………………………………………………… 245
　　二、问题抽象 ………………………………………………………………………… 245
　　三、知识探究 ………………………………………………………………………… 245
　　　（一）前缀和的定义与优势 …………………………………………………… 245

　　　　（二）前缀和的适用场景 …………………………………… 246
　　　　（三）用前缀和解决仓库统计问题 …………………………… 246
　　四、实践应用 ……………………………………………………… 248
　　五、总结提升 ……………………………………………………… 250
　　　　（一）注意事项 ………………………………………………… 250
　　　　（二）算法复杂度 ……………………………………………… 250
　　　　（三）前缀和的优缺点 ………………………………………… 250

第八节　数值处理算法　256

　　一、情境导航 ……………………………………………………… 256
　　二、问题抽象 ……………………………………………………… 257
　　三、知识探究 ……………………………………………………… 257
　　　　（一）高精度加法 ……………………………………………… 257
　　　　（二）高精度减法 ……………………………………………… 259
　　　　（三）高精度乘法 ……………………………………………… 262
　　四、实践应用 ……………………………………………………… 264
　　五、总结提升 ……………………………………………………… 265

第九节　排序算法　269

　　一、情境导航 ……………………………………………………… 269
　　二、问题抽象 ……………………………………………………… 270
　　三、知识探究 ……………………………………………………… 271
　　　　（一）冒泡排序 ………………………………………………… 271
　　　　（二）选择排序 ………………………………………………… 273
　　　　（三）插入排序 ………………………………………………… 275
　　四、实践应用 ……………………………………………………… 276
　　五、总结提升 ……………………………………………………… 278

第十节　搜索算法　281

　　一、情境导航 ……………………………………………………… 281
　　二、问题抽象 ……………………………………………………… 282
　　三、知识探究 ……………………………………………………… 282
　　　　（一）深度优先搜索 …………………………………………… 282
　　　　（二）广度优先搜索 …………………………………………… 287
　　四、实践应用 ……………………………………………………… 290

五、总结提升 ·· 292

第十一节　图论算法 ·· 298

　　一、情境导航 ·· 298
　　二、问题抽象 ·· 299
　　三、知识探究 ·· 299
　　　　（一）图的深度优先搜索 ·· 299
　　　　（二）图的广度优先搜索 ·· 303
　　四、实践应用 ·· 305
　　五、总结提升 ·· 308

第十二节　动态规划1——简单一维动态规划 ································ 312

　　一、情境导航 ·· 312
　　二、问题抽象 ·· 312
　　三、知识探究 ·· 313
　　　　（一）动态规划概述 ··· 315
　　　　（二）动态规划的原理 ··· 315
　　四、实践应用 ·· 317
　　五、总结提升 ·· 320

第十三节　动态规划2——简单背包类型动态规划 ························· 321

　　一、情境导航 ·· 321
　　二、问题抽象 ·· 322
　　三、知识探究 ·· 329
　　四、实践应用 ·· 331
　　五、总结提升 ·· 334

第十四节　动态规划3——简单区间类型动态规划 ························· 335

　　一、情境导航 ·· 335
　　二、问题抽象 ·· 336
　　三、知识探究 ·· 337
　　四、实践应用 ·· 340
　　五、总结提升 ·· 344

第四章　数学运用

第一节　初等数论 — 351

一、情境导航 — 351
二、问题抽象 — 351
三、知识探究 — 352
　（一）整除 — 352
　（二）因数(因子) — 352
　（三）倍数 — 352
　（四）指数 — 352
　（五）质数与合数 — 352
　（六）整数唯一分解定理 — 352
四、实践应用 — 357
五、总结提升 — 363

第二节　组合数学 — 368

一、情境导航 — 368
二、问题抽象 — 369
三、知识探究 — 369
　（一）加法原理与乘法原理 — 369
　（二）排列与组合 — 370
四、实践应用 — 371
五、总结提升 — 374

附录　本书内容与 NOI 竞赛大纲的对应关系 — 379

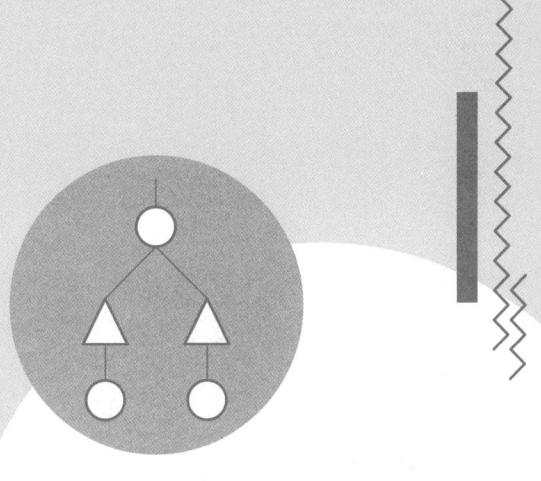

第一章
C++程序设计进阶

第一节 二维数组

一、情境导航

贪吃蛇

贪吃蛇是一个受欢迎的游戏,使用方格矩阵来表示游戏板,如图1-1所示。游戏板通常是一个 $N×M$ 的矩阵,每个单元可能是空白、蛇身或食物。

如何编程求蛇头到最近的食物的距离?

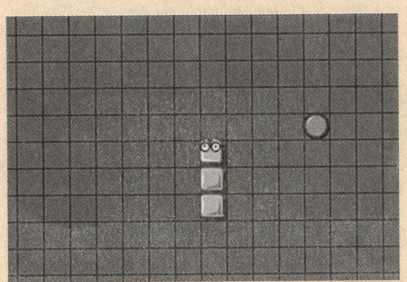

图1-1 贪吃蛇游戏

二、问题抽象

需要解决的问题是:怎样才能在程序里记录这个方格矩阵里的数字内容情况?

先将问题"数字化",空白用 0 表示,蛇头用 1 表示,蛇身用 2 表示,食物用 3 表示,这样贪吃蛇的游戏板就可以用数学矩阵表示:

$$\begin{pmatrix} 00000000000000000000 \\ 00000000000000000000 \\ 0000000000003000000 \\ 00000000100000000 \\ 00000000200000000 \\ 00000000200000000 \\ 00000000000000000 \end{pmatrix}$$

在 C 语言中,虽然可以用一个一维数组表示矩阵中的一行数据,但 7 行就需要 7 个一维数组,比如定义 7 个数组:int $a0[18]$, $a1[18]$, $a2[18]$, $a3[18]$, $a4[18]$,

$a5[18]$，$a6[18]$。

可以确定，数字 1 保存在 $a3[8]$，数字 3 保存在 $a2[11]$……如果需要遍历这个矩阵查找一个数，这样做显然很不方便。

联想到在数学上第 i 行第 j 列的数通常可以方便地用双下标的 a_{ij} 表示，C 语言也支持这种简便的表示方式，定义一个二维数组 int $a[7][18]$，这样数字 1 保存在 $a[3][8]$，数字 3 保存在 $a[2][11]$……

三、知识探究

（一）二维数组的定义

在 C 语言中，二维数组可以被看作一种特殊的数组类型。以下是定义二维数组的语法：

```
data_type array_name[size1][size2];
```

其中，data_type 是数组元素的数据类型，array_name 是数组的名称，size1 和 size2 是二维数组的维度大小。

例如，以下是定义一个二维数组的示例，该数组名称是 matrix，有 3 行 4 列：

```
int matrix[3][4];        // 定义一个 3 行 4 列的二维数组
```

如果希望对二维数组进行初始化，可以使用类似初始化一维数组的语法。以下是定义并初始化一个 2 行 3 列的二维数组：

```
int matrix[2][3] = {{1, 2, 3}, {4, 5, 6}};
```

除了使用花括号初始化二维数组外，也可以使用逐个元素赋值的方式：

```
matrix[0][0] = 1;
matrix[0][1] = 2;
matrix[0][2] = 3;
matrix[1][0] = 4;
matrix[1][1] = 5;
matrix[1][2] = 6;
```

（二）二维数组的输入、输出

在 C 语言中输入二维数组时，通常使用双重循环进行遍历，然后使用 scanf 函数或者其他输入函数逐个输入每个数组元素的值。以下是一个输入二维数组并打印的示例。

程序代码：

```
#include <bits/stdc++.h>
using namespace std;
int main()
```

```
{
    int ROW=2;
    int COL=3;
    int matrix[ROW][COL];                          // 定义一个 2 行 3 列的整型数组
    int i, j;

    // 使用双重循环遍历数组
    for (i = 0; i < ROW; i++) {
        for (j = 0; j < COL; j++) {
            scanf("%d", &matrix[i][j]);            // 输入每个数组元素的值
        }
    }

    // 输入完毕后打印数组
    for (i = 0; i < ROW; i++) {
        for (j = 0; j < COL; j++) {
            printf("%d ", matrix[i][j]);           // 输出每个数组元素的值
        }
        printf("\n");
    }
    return 0;
}
```

(三) 贪吃蛇问题

解决贪吃蛇问题时，可以先利用双重循环遍历整个地图，找到蛇头的位置；再次遍历整个地图查找所有食物的位置，计算蛇头到食物的曼哈顿距离，并更新最近的距离；最终求出距离蛇头最近的食物。

程序代码：

```
#include <bits/stdc++.h>
#define N 7
#define M 18
int a[N][M];                                       // 存储游戏地图
int x,y;                                           // 蛇头的坐标
int main(){
    // 读入地图数据
    for (int i=0; i<N; i++)
        for (int j=0; j<M; j++){
            scanf("%d",&a[i][j]);
            if (a[i][j]==1)                        // 求蛇头的坐标
                x=i, y=j;
        }
    // 求最短距离
    int mindis=100000;
```

```
    for (int i=0; i<N; i++)
        for (int j=0; j<M; j++)
        if(a[i][j]==3){                              // 食物判断
            int dis=abs(i-x)+abs(j-y);               // 求距离
            if(dis<mindis)
                mindis=dis;
        }
    printf("%d\n",mindis);
    return 0;
}
```

不过,这个程序只考虑了蛇头到食物的曼哈顿距离,而忽略了地图中存在蛇身影响连通距离的情况。能够完善蛇身影响的搜索算法,会在后面第三章第十节介绍。

四、实践应用

例 1.1.1 马鞍数

马鞍数(也称幸运数)指的是一个矩阵中的某个元素,该元素在其所在行中最小,在其所在列中也最小。构造一个 N 行 N 列的矩阵,矩阵中所有元素的值都是 1~1000 之间的整数,请编写一个 C 程序,找出矩阵中所有的马鞍数。

【输入格式】

第 1 行,一个正整数 N,N 的范围为 $[1,1000]$。

第 2~N+1 行,每行 N 个空格隔开的正整数。每个数的范围为 $[1,10\,000]$。

【输出格式】

一个整数,表示答案。

【输入样例】

```
3
9 2 4
5 6 5
15 2 6
```

【输出样例】

```
3
```

题目分析:

方法 1,使用暴力枚举法对矩阵中的每一个元素都按照规则进行比较,从中寻找总的马鞍数。这个方法的时间复杂度为 $O(n^3)$,当矩阵规模较小时,可以使用这个方法解决问题。

方法 2,使用预处理方法得到每行的最小值与每列的最小值,再枚举矩阵中的每一个元素,直接判断是不是马鞍数。这个方法的时间复杂度为 $O(n^2)$。

程序代码:

```cpp
#include <bits/stdc++.h>
using namespace std;

const int N = 1000;
int n, a[N][N];
int row[N], col[N];            // 记录行的最小值和列的最小值
int main()
{
    scanf("%d", &n);
    for (int i = 0; i < n; i++) {
        row[i] = col[i] = INT_MAX;
    }
    // 读入数据
    for (int i = 0; i < n; i++) {
        for (int j = 0; j < n; j++) {
            scanf("%d", &a[i][j]);
            row[i] = min(row[i], a[i][j]);
            col[j] = min(col[j], a[i][j]);
        }
    }
    // 统计马鞍数
    int ans = 0;
    for (int i = 0; i < n; i++) {
        for (int j = 0; j < n; j++) {
            if (a[i][j] == row[i] && a[i][j] == col[j]) {
                ans++;
            }
        }
    }
    printf("%d\n", ans);
    return 0;
}
```

例1.1.2 扫雷游戏

在扫雷游戏中,玩家需要找到并标记所有地雷,同时不触发任何一颗,如图1-2所示。游戏板是一个 $N×M$ 的方格矩阵,每个单元可能是空白也可能是地雷,如果翻开的是一个空白单元,它将显示该单元周围地雷的数量。

作为程序员,更感兴趣的是解决如何生成每个方格里数字的问题:给定一个 $N×M$ 的方格矩阵,每个单元可能是空白

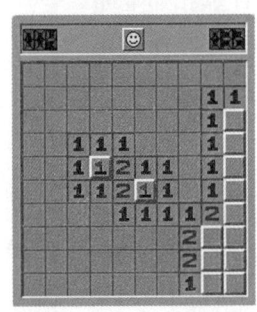

图1-2 扫雷游戏

（用字母 S 表示）或地雷（用字母 B 表示），计算每个空白的周围 8 个相邻格有几个是地雷。

输出时，原先是地雷的方格用-1 表示。下面是一个 3×4 的例子：

【输入格式】

第 1 行，2 个正整数 N 和 M，范围为[1,20]。

第 2~N+1 行，每行是长度为 M 的字符串，字符串由 S 和 B 构成。

【输出格式】

N×M 的矩阵数值。

【输入样例】

```
3 4
SSBS
SSSS
SSSB
```

【输出样例】

```
0 1 -1 1
0 1 2 2
0 0 1 -1
```

题目分析：

遍历每个方格，如果当前方格为"B"，则把对应的结果矩阵中的位置设为-1；

如果当前方格为"S"，则遍历当前方格周围 8 个相邻格，并对相邻格中地雷的数量进行计数。

新知识点：

1. 二维字符数组的定义

```
char map[N][M];
```

2. 查找当前格周围 8 个相邻格

这可以用 8×2 的二维数组记录一个坐标 8 个方向偏移量的方法，然后遍历 8 个方向计算相邻坐标。

程序代码：

```
#include <bits/stdc++.h>
int N,M;
int main()
{
    char map[20][20],x ;              // 扫雷地图,S 表示该位置无地雷,B 表
                                      // 示该位置有地雷
    scanf("%d%d",&N, &M);
```

```
for (int i=0; i<N; i++){
    for (int j=0; j<M; j++)
        scanf(" %c",&map[i][j]);           // %c 前面加空格,过滤回车
}

// 使用 8 个方向偏移量计算每个空白方格周围的地雷数量
int dxy[8][2] ={{-1,-1},{-1,0},{-1,1},{0,-1},{0,1},{1,-1},{1,0},{1,1}};
int ii, jj;
for(int i=0; i<N; i++)
{
    for(int j=0; j<M; j++)
    {
        if(map[i][j] == 'B')                // 如果当前位置为地雷,无须计算周
                                            // 围地雷数量
            printf("-1 ");
        else
        {
            int c=0;
            for(int k=0; k<8; k++)          // 遍历 8 个方向
            {
                ii = i + dxy[k][0];
                jj = j + dxy[k][1];
                if(ii>=0 && ii<N && jj>=0 && jj<M && map[ii][jj] == 'B')
                    c++;
            }
            printf("%d ",c);
        }
    }
    printf("\n");
}

return 0;
}
```

五、总结提升

二维数组是编程中一个非常重要的概念,二维数组的每个元素都有一个唯一的行索引和列索引。这种索引方式让我们可以非常快速地定位和访问任何元素。二维数组也可以被看作一维数组的数组,每个一维数组代表二维数组中的一行。

在实际编程中,二维数组的使用非常广泛,它在动态规划、矩阵运算、图论算法等领域有着重要的应用。掌握二维数组的定义、初始化、访问和操作是每个编程学习者应具备的基本技能。

拓展 1

从一维数组到二维数组，是数组维度的拓展，有一些需要注意的事项是类似的。

定义的二维数组全局变量，所有元素默认初始化为 0，数组空间大小没有限制（看计算机可用内存和比赛内存的规定）。

在函数内定义的二维数组局部变量，其元素的初始值是随机的，空间大小受系统栈大小的限制。所以比赛时如果需要大数组，一般定义为全局变量。

进行静态初始化时，可以使用花括号"{}"把值都列出来，用逗号分隔，每行末尾也可以加上逗号。例如，下面定义了一个 3 行 4 列的数组，并对数组进行了静态初始化：

```
int a[3][4] = { {1, 2, 3, 4}, {5, 6, 7, 8}, {9, 10, 11, 12} };
```

如果{}内的元素数比较少，未列出的元素默认初始化为 0。所以可以用下列方式来将数组初始化为 0：

```
int a[3][4] = {};
```

拓展 2

在一维数组中，数据元素是按照线性排列的，而在二维数组中，数据元素是按照行列规律排列的，但本质上是一个数组的数组，因此在传递二维数组参数时，需要显式指定其所有维度的大小，并且是变量参数。例如下面程序是给二维数组的元素编号并赋值。

程序代码：

```
#include <bits/stdc++.h>
using namespace std;
int N,M;
void ord(int d[3][4]){
    for (int i=0; i<3; i++)
        for (int j=0; j<4; j++)
            d[i][j]=i*4+j;
}
void out( int d[3][4]){
    for (int i=0; i<3; i++){
        for (int j=0; j<4; j++)
            cout << d[i][j]<<" ";
        cout << endl;
    }
}
int main()
{
    int a[3][4]={};
    ord(a);
    out(a);
```

```
        return 0;
}
```

运行结果：

```
0 1 2 3
4 5 6 7
8 9 10 11
```

📖 拓展 3

对于一个 n 行 m 列的二维数组，其空间复杂度可以表示为：

$$\text{sizeof}(\text{Array}) \quad 等价为 \quad n \times m \times \text{sizeof}(\text{Type})$$

例如对于数组 int a[100][111]，每个元素是一个 int，占用 4 字节。因此，该二维数组所占用的空间大小为

$$\text{sizeof}(a) = 100 \times 111 \times \text{sizeof}(\text{int}) = 44\,400\,(\text{byte})$$

这就是该二维数组的空间复杂度，约为 44KB。需要注意的是，在实际计算中，还需要考虑数组内存对齐的影响，因此实际的空间复杂度可能会略有变化。

第二节 多维数组

一、情境导航

我的世界

《我的世界》(Minecraft)是一款沙盒式建筑冒险游戏，是全球最畅销的游戏之一，如图 1-3 所示。游戏的核心玩法是允许玩家在一个无限大的、由立方体方块组成的虚拟世界中自由探险、建造和生存。程序员要怎样记录游戏里的信息？

图 1-3 《我的世界》游戏

二、问题抽象

《我的世界》中的游戏世界是由大量立方体方块组成的,这些方块以网格状结构排列。游戏世界对应的数学模型是三维空间,每个坐标(x,y,z)对应一个方块,函数$f(x,y,z)$值表示方块的类型(如土、石头等)。

例如对于如图1-4所示的图形,使用数字1表示有小立方体,数字0表示没有小立方体,整个图形可以看成从远到近的3层,每层一个平面矩阵,如图1-5所示。

图1-4 立方体方块图形

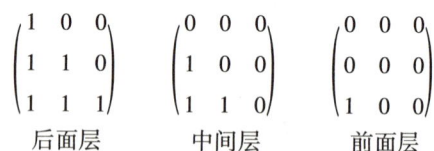

图1-5 3层平面矩阵

如果将层从后到前依次编号为0、1、2:

图1-4最上面的立方体位置为(第0层,第0行,第0列),即坐标(0,0,0);

最前(左下)的立方体位置为(第2层,第2行,第0列),即坐标(2,2,0);

……

对应地,在C语言中可以定义三维数组来记录上面的信息:

```
int cube[3][3][3];
```

三维数组非常适用于表示这种立体网格状结构,它可以方便地存储和访问每个立方体方块的信息。

三、知识探究

(一)三维数组的定义

以下是定义三维数组的语法:

```
data_type array_name[size1][size2][size3];
```

其中,data_type是数组元素的数据类型,array_name是数组的名称,size1、size2和size3是三维数组的维度大小。

例如:

```
int matrix[3][4][5];
```

是一个定义三维数组的示例,该数组名称是 matrix,第 1 维度大小是 3,第 2 维度大小是 4,第 3 维度大小是 5。各个维度的意义需要根据具体应用确定,比如前面的 cube 数组可以理解为 cube[层][行][列]。

类似于一维数组、二维数组的静态初始化,三维数组 cube 也可以静态初始化,例如:

```
int cube[3][3][3] =
{
    {{1,0,0},{1,1,0},{1,1,1}},      // 后面层
    {{0,0,0},{1,0,0},{1,1,0}},      // 中间层
    {{0,0,0},{0,0,0},{1,0,0}}       // 前面层
};
```

需要注意的是,定义数组时通常要显式地初始化元素,比如初始化为 0:

```
int matrix[3][4][5] = {0};
```

(二) 三维数组的输入、输出

在 C++ 中,可以使用以下方法创建和初始化一个三维数组,并读取或修改它的元素:

```cpp
#include <bits/stdc++.h>
    const int x_dim = 3;
    const int y_dim = 3;
    const int z_dim = 3;
int main() {
    int cube[x_dim][y_dim][z_dim] = {0};       // 初始化数组元素为 0
    // 修改数组元素
    cube[0][1][2] = 1;

    // 读取数组元素
    int value = cube[0][1][2];
    std::cout << "Value at (0, 1, 2): " << value << std::endl;
    return 0;
}
```

访问多维数组经常会因为下标超出数组的范围,发生**数组越界**的错误。这可能导致不可预测的行为,甚至引起程序崩溃。要避免这种错误,请确保在访问数组时始终检查下标是否在有效范围内。

(三) 统计石头问题

在《我的世界》游戏中,有一个 $A \times B \times C$ 矩阵的物品,每个方格可能是石头或土,现在要统计有多少石头是孤立埋藏的,即它的上、下、左、右、前、后都是土。

数据读入的具体格式参看程序，石头用字符 S 表示，土用字符 D 表示。输入数据保证石头不在边缘。

程序代码：

```cpp
#include <bits/stdc++.h>
using namespace std;
const int A=10;
const int B=10;
const int C=10;
int main() {
    int world[A][B][C]={0};
    // 读取输入矩阵
    for (int a = 0; a < A; ++a) {
        for (int b = 0; b < B; ++b) {
            for (int c = 0; c < C; ++c) {
                cin >> world[a][b][c];
            }
        }
    }
    int isolated_stones = 0;
    int offsets[][3] = {
        {-1, 0, 0},    // 左
        {1, 0, 0},     // 右
        {0, -1, 0},    // 下
        {0, 1, 0},     // 上
        {0, 0, -1},    // 前
        {0, 0, 1}      // 后
    };
    for (int a = 1; a < A-1; ++a) {
        for (int b = 1; b < B-1; ++b) {
            for (int c = 1; c < C-1; ++c) {
                if (world[a][b][c] == 'S') {        // S 表示石头
                    bool is_isolated = true;
                    for (int i = 0; i < 6; ++i) {
                        int newA = a + offsets[i][0];
                        int newB = b + offsets[i][1];
                        int newC = c + offsets[i][2];

                        if (world[newA][newB][newC] == 'S') {
                            is_isolated = false;
                            break;
                        }
                    }
                    if (is_isolated) {
                        ++isolated_stones;
```

```
                    }
                }
            }
        }
    }
    cout << "孤立的石头数量: " << isolated_stones << endl;
    return 0;
}
```

在这个程序中,我们使用一个三维数组存储游戏世界,其中'S'表示石头,'D'表示土。然后,我们遍历整个世界,检查每颗石头是否被土完全包围。为了实现这个检查,我们使用一个偏移量数组来检查石头周围的六个方向。如果石头周围的六个方向都是土,我们将其视为孤立的石头,并将计数器递增。

四、实践应用

例 1.2.1 最大子立方体和

给定一个 $A×B×C$ 的整数矩阵,编写一个程序,找出矩阵中连续子立方体的最大和。例如,一个 3×3×3 矩阵包含的子立方体可以是 1×1×1、2×2×2 或 3×3×3。程序应输出最大子立方体和的数值。

【输入格式】

第 1 行,3 个正整数 A、B、C,范围为 $[1,10]$。

第 2 ~ $A×B+1$ 行,每行是 C 个空格隔开的整数,每个数的范围为 $[-100,100]$,每 B 行是一层二维数值。

【输出格式】

一个整数,表示答案。

【输入样例】

```
 2  2 3
 9  2 4
-5 -6 5
-15  2 6
 1  3 5
```

【输出样例】

```
21
```

题目分析:

使用暴力枚举法遍历所有可能的子立方体。首先,遍历子立方体的左上角坐标,并枚举立方体的边长。然后,遍历立方体内的元素,计算立方体的和并更新最大和。

程序代码：

```cpp
#include <bits/stdc++.h>
using namespace std;

const int MAX_SIZE = 100;
int world[MAX_SIZE][MAX_SIZE][MAX_SIZE];
int main() {
    int A, B, C;
    cin >> A >> B >> C;
    // 读取整数矩阵
    for (int a = 0; a < A; ++a) {
        for (int b = 0; b < B; ++b) {
            for (int c = 0; c < C; ++c) {
                cin >> world[a][b][c];
            }
        }
    }
    int max_sum = INT_MIN;
    // 枚举子立方体左上角的坐标
    for (int x1 = 0; x1 < A; ++x1) {
        for (int y1 = 0; y1 < B; ++y1) {
            for (int z1 = 0; z1 < C; ++z1) {
                // 枚举立方体的边长
                int max_side = min(min(A - x1, B - y1), C - z1);
                for (int side = 0; side <= max_side; ++side) {
                    int sum = 0;
                    for (int x = x1; x < x1 + side; ++x) {
                        for (int y = y1; y < y1 + side; ++y) {
                            for (int z = z1; z < z1 + side; ++z) {
                                sum += world[x][y][z];
                            }
                        }
                    }
                    max_sum = max(max_sum, sum);
                }
            }
        }
    }
    cout << max_sum << endl;
    return 0;
}
```

这个方法的时间复杂度为 $O(A^2B^2C^2)$，在规模稍大的问题上使用可能会导致超时，可以采用 Kadane 算法或前缀和算法进行优化，这样时间复杂度可以降低到 4 次方，详见本节拓展 3。

例 1.2.2 矩阵生命游戏

给定一个 $A×B×C$ 的三维数组，模拟一个简化版的生命游戏。数组中的每个元素都表示一个细胞，细胞可以是活的(1)或死的(0)。细胞的生命周期遵循以下规则：

1) 如果一个活细胞周围有 2~3 个活细胞，该细胞继续存活；
2) 如果一个活细胞周围有 3 个以上的活细胞，该细胞会因过度拥挤而死亡；
3) 如果一个活细胞周围有 2 个以下的活细胞，该细胞会因资源匮乏而死亡；
4) 如果一个死细胞周围恰好有 3 个活细胞，该细胞复活。

编写一个程序，模拟指定轮次(rounds)的生命游戏，输出最后存活的细胞数。

【输入格式】

第 1 行，4 个正整数 A、B、C 和 rounds，范围为 $[1,10]$。

第 2~$A×B+1$ 行，每行是 C 个空格隔开的整数，每个数的范围为 $[0,1]$，每 B 行是一层二维数值。

【输出格式】

一个整数，表示答案。

【输入样例】

```
2 2 3 1
1 0 0
0 1 1
0 0 1
1 1 1
```

【输出样例】

```
2
```

题目分析：

一个细胞的周围有 26 个相邻细胞，可以使用一个名为 offsets 的数组来表示细胞周围的 26 个相邻位置。在迭代过程中，我们检查每个细胞的状态，并根据生命游戏的规则计算新世界中相应细胞的状态。完成指定轮次的迭代后，输出最后的三维数组状态。

程序代码：

```cpp
#include <bits/stdc++.h>
using namespace std;
int main() {
    int A, B, C, rounds;
    cin >> A >> B >> C >> rounds;
    
    int world[A][B][C];
    int new_world[A][B][C];
```

```cpp
// 读取输入矩阵
for (int a = 0; a < A; ++a) {
    for (int b = 0; b < B; ++b) {
        for (int c = 0; c < C; ++c) {
            cin >> world[a][b][c];
        }
    }
}

int offsets[][3] = {
    {-1, -1, -1}, {-1, -1, 0}, {-1, -1, 1}, {-1, 0, -1}, {-1, 0, 0},
    {-1, 0, 1}, {-1, 1, -1}, {-1, 1, 0}, {-1, 1, 1}, {0, -1, -1},
    {0, -1, 0}, {0, -1, 1},{0, 0, -1}, {0, 0, 1},{0, 1, -1},
    {0, 1, 0},{0, 1, 1}, {1, -1, -1}, {1, -1, 0}, {1, -1, 1},
    {1, 0, -1}, {1, 0, 0}, {1, 0, 1}, {1, 1, -1}, {1, 1, 0},
    {1, 1, 1}
};

while (rounds--) {
    for (int a = 0; a < A; ++a) {
        for (int b = 0; b < B; ++b) {
            for (int c = 0; c < C; ++c) {
                int live_neighbors = 0;
                for (int i = 0; i < 26; ++i) {
                    int newA = a + offsets[i][0];
                    int newB = b + offsets[i][1];
                    int newC = c + offsets[i][2];

                    if (newA >= 0 && newA < A && newB >= 0
&& newB < B && newC >= 0 && newC < C) {
                        live_neighbors += world[newA][newB][newC];
                    }
                }

                if (world[a][b][c] == 1) {
                    new_world[a][b][c]
= (live_neighbors == 2 || live_neighbors == 3) ? 1 : 0;
                } else {
                    new_world[a][b][c] = (live_neighbors == 3) ? 1 : 0;
                }
            }
        }
    }
    // 将新世界复制到原始世界,以进行下一轮迭代
```

```
                for (int a = 0; a < A; ++a)
                    for (int b = 0; b < B; ++b)
                        for (int c = 0; c < C; ++c)
                            world[a][b][c] = new_world[a][b][c];
    }
    // 统计最后的三维数组状态
    int ans=0;
    for (int a = 0; a < A; ++a) {
        for (int b = 0; b < B; ++b) {
            for (int c = 0; c < C; ++c) {
                ans += world[a][b][c];
            }
        }
    }
    cout << ans;
    return 0;
}
```

说明：

如果用手工计算相邻的 26 个位置并正确写出偏移量，是非常困难的。尝试写一个预处理的程序，来生成这个 offsets 数组。

五、总结提升

多维数组是编程语言中常见的数据结构，它在处理一些复杂问题时效率很高。它的主要优势在于通过使用多个索引来访问和操作数据，从而能很好地表示现实生活中的多维数据，比如矩阵、空间坐标等。

拓展 1

在编程中，我们有时会遇到需要处理多维数据结构的情况。学会使用一维、二维和三维数组是处理这些数据结构的基础。一旦掌握了这些基本概念，我们就可以很容易地将其拓展到更高维度的数组。

对于更高维度的数组，定义和初始化的方法与三维数组类似。

例如，定义和初始化一个四维整数数组。

程序代码：

```
int hypercube[2][2][2][2] = {
    {
        {
            {1, 2},
            {3, 4}
        },
        {
```

```
                {5, 6},
                {7, 8}
            }
        },
        {
            {
                {9, 10},
                {11, 12}
            },
            {
                {13, 14},
                {15, 16}
            }
        }
};
```

定义一个 3×4×5×6×7 的五维整数数组的代码如下:

```
int my_array[3][4][5][6][7];
```

📖 拓展 2

多维数组在许多领域都有实际应用，包括图像处理、数据挖掘、计算机图形学、科学计算等。例如，在图像处理中，二维数组可以表示灰度图像，每个元素代表一个像素的灰度值；三维数组可以表示彩色图像，其中每个元素包含三个分量（红、绿、蓝）；四维数组可以表示一系列彩色图像或视频帧，其中每个元素包含时间维度上的连续帧。

在竞赛中也会出现与多维数组相关的问题。例如，记录一个学生的 3 门课成绩需要一维数组；记录一个班的成绩，添加一个学号维度，需要二维数组；记录一个年级的成绩，要再添加一个班级维度，需要三维数组；记录一个学校的成绩，还要添加一个年级维度，需要四维数组等。

📖 拓展 3

前缀和算法是一种用于快速求解数组子区间和的简单而有效的方法。对于给定的数组，前缀和是一个新的数组，其中每个元素表示原始数组中从第一个元素到当前位置的累积和。通过使用前缀和，我们可以在 $O(1)$ 时间内计算任意子区间的和。

以下是一维数组前缀和的示例程序片段。

程序代码:

```
// 计算前缀和
    int prefix_sum[n]={0};
    prefix_sum[0] = arr[0];
    for (int i = 1; i < n; ++i) {
```

```
        prefix_sum[i] = prefix_sum[i - 1] + arr[i];
    }

    // 查询子区间和
    int left, right;
    cin >> left >> right;
    int sum;
    if (left == 0) {
        sum = prefix_sum[right];
    } else {
        sum = prefix_sum[right] - prefix_sum[left - 1];
    }
    cout << "Sum of the range [" << left << ", " << right << "] is: " << sum << endl;
```

前缀和算法也可以应用到二维、三维数组。下面是用前缀和算法优化后的"求最大子立方体和"的程序：

```
#include <bits/stdc++.h>
using namespace std;

int main() {
    int A, B, C;
    cin >> A >> B >> C;
    int world[A][B][C];
    // 读取输入矩阵
    for (int a = 0; a < A; ++a) {
        for (int b = 0; b < B; ++b) {
            for (int c = 0; c < C; ++c) {
                cin >> world[a][b][c];
            }
        }
    }

    // 计算前缀和
    int prefix_sum[A + 1][B + 1][C + 1] = {};
    for (int a = 1; a <= A; ++a) {
        for (int b = 1; b <= B; ++b) {
            for (int c = 1; c <= C; ++c) {
                prefix_sum[a][b][c] = world[a - 1][b - 1][c - 1] +
                                      prefix_sum[a - 1][b][c] +
                                      prefix_sum[a][b - 1][c] +
                                      prefix_sum[a][b][c - 1] -
                                      prefix_sum[a - 1][b - 1][c] -
                                      prefix_sum[a - 1][b][c - 1] -
```

```
                            prefix_sum[a][b - 1][c - 1] +
                            prefix_sum[a - 1][b - 1][c - 1];
            }
        }
    }

    // 寻找最大子立方体和
    int max_sum = INT_MIN;
    int max_edge = min(min(A, B), C);
    for (int edge = 1; edge <= max_edge; ++edge) {
        for (int a = 1; a + edge - 1 <= A; ++a) {
            for (int b = 1; b + edge - 1 <= B; ++b) {
                for (int c = 1; c + edge - 1 <= C; ++c) {
                    int a2 = a + edge - 1;
                    int b2 = b + edge - 1;
                    int c2 = c + edge - 1;
                    int sum = prefix_sum[a2][b2][c2] -
                              prefix_sum[a - 1][b2][c2] -
                              prefix_sum[a2][b - 1][c2] -
                              prefix_sum[a2][b2][c - 1] +
                              prefix_sum[a - 1][b - 1][c2] +
                              prefix_sum[a - 1][b2][c - 1] +
                              prefix_sum[a2][b - 1][c - 1] -
                              prefix_sum[a - 1][b - 1][c - 1];
                    max_sum = max(max_sum, sum);
                }
            }
        }
    }
    cout << max_sum << endl;
    return 0;
}
```

这个程序通过使用前缀和算法并枚举子立方体的边长和左上角的顶点，更有效地解决了"最大子立方体和"问题。在这个解决方案中，我们首先计算整个矩阵的前缀和，然后遍历所有可能的子立方体配置。使用前缀和数组，我们可以在 $O(1)$ 时间内计算任意子立方体的和，从而提高了整体效率。

第三节　常用数学函数

一、情境导航

三角形面积

在平面直角坐标系上，圆心 O 是坐标系原点，给出半圆上的一个顶点 A 的坐标，如图 1-6 所示，编程求三角形 ABC 的面积。

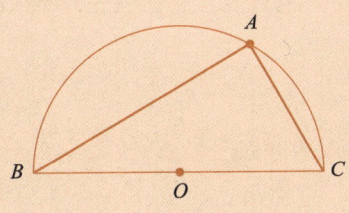

图 1-6　求三角形面积

二、问题抽象

这是一道数学题，需要一些几何知识。

1. 勾股定理

假设两点的坐标为 $p(x_1, y_1)$、$q(x_2, y_2)$，p、q 两点的距离公式为：

$$\operatorname{dis}(p, q) = \sqrt{(x_1 - x_2)^2 + (y_1 - y_2)^2}$$

2. 三角形面积 = 底 × 高 / 2

显然，有了前面的知识，要使用 C++ 编程计算的唯一难点是求一个数的平方根。C++ 提供了很多数学函数，其中平方根函数为 sqrt( )，解决上面问题的参考程序如下：

```
#include <bits/stdc++.h>
using namespace std;
int main() {
    float x, y;
    cout << "Enter the x,y coordinate of point A: ";
    cin >> x >> y;
```

```
    float r = sqrt(x*x + y*y);        // 计算圆半径,O 坐标(0,0)

    float bc = r*2;                   // B 坐标(-r,0), C 坐标(r,0),计算线段 BC 的长度
    float s = bc*y / 2;               // 计算三角形面积(底×高/2)
    cout << "The area of triangle ABC is: " << s << endl;
    return 0;
}
```

三、知识探究

C++的 cmath 库提供了大量数学函数,下面介绍常见的几种函数。

(一) 绝对值函数

C++中提供了 abs 函数来计算绝对值,它接受一个整数或浮点数作为参数,并返回绝对值。

程序代码:

```
#include <cmath>
#include <iostream>
using namespace std;

int main() {
    int a = -5;
    float b = -3.14;
    cout << "The absolute value of " << a << " is " << abs(a) << endl;
    cout << "The absolute value of " << b << " is " << abs(b) << endl;
    return 0;
}
```

运行结果:

```
The absolute value of -5 is 5
The absolute value of -3.14 is 3.14
```

(二) 四舍五入函数

C++中提供了 round 函数来实现四舍五入。它接受一个浮点数作为参数,并返回最接近的整数。

程序代码:

```
#include <cmath>
#include <iostream>
using namespace std;
```

```cpp
int main() {
    float a = 3.14;
    float b = 3.6;
    cout << "The rounded value of " << a << " is " << round(a) << endl;
    cout << "The rounded value of " << b << " is " << round(b) << endl;
    a=-a; b=-b;
    cout << "The rounded value of " << a << " is " << round(a) << endl;
    cout << "The rounded value of " << b << " is " << round(b) << endl;
    return 0;
}
```

运行结果：

```
The rounded value of 3.14 is 3
The rounded value of 3.6 is 4
The rounded value of -3.14 is -3
The rounded value of -3.6 is -4
```

（三）取下整函数（地板函数）

C++中提供了 floor 函数来实现取下整。它接受一个浮点数作为参数，并返回不大于该数的最大整数。

程序代码：

```cpp
#include <cmath>
#include <iostream>
using namespace std;

int main() {
    float a = 3.14;
    float b = 3.6;
    cout << "The floor value of " << a << " is " << floor(a) << endl;
    cout << "The floor value of " << b << " is " << floor(b) << endl;
    a=-a; b=-b;
    cout << "The floor value of " << a << " is " << floor(a) << endl;
    cout << "The floor value of " << b << " is " << floor(b) << endl;

    return 0;
}
```

运行结果：

```
The floor value of 3.14 is 3
The floor value of 3.6 is 3
The floor value of -3.14 is -4
The floor value of -3.6 is -4
```

(四) 取上整函数(天花板函数)

C++中提供了 ceil 函数来实现取上整。它接受一个浮点数作为参数，并返回不小于该数的最小整数。

程序代码：

```cpp
#include <cmath>
#include <iostream>
using namespace std;

int main() {
    float a = 3.14;
    float b = 3.6;
    cout << "The ceil value of " << a << " is " << ceil(a) << endl;
    cout << "The ceil value of " << b << " is " << ceil(b) << endl;
    a=-a; b=-b;
    cout << "The ceil value of " << a << " is " << ceil(a) << endl;
    cout << "The ceil value of " << b << " is " << ceil(b) << endl;
    return 0;
}
```

运行结果：

```
The ceil value of 3.14 is 4
The ceil value of 3.6 is 4
The ceil value of -3.14 is -3
The ceil value of -3.6 is -3
```

(五) 平方根函数

C++中提供了 sqrt 函数来计算平方根。它接受一个非负数作为参数，并返回平方根。

程序代码：

```cpp
#include <cmath>
#include <iostream>
using namespace std;

int main() {
    float a = 9.0;
    cout << "The square root of " << a << " is " << sqrt(a) << endl;
    a=2;
    cout << "The square root of " << a << " is " << sqrt(a) << endl;
    return 0;
}
```

运行结果：

```
The square root of 9 is 3
The square root of 2 is 1.41421
```

（六）常用三角函数

C++中提供了 sin、cos、tan、asin、acos、atan 等函数来计算三角函数。它们接受**弧度**作为参数，并返回对应的三角函数值。

程序代码：

```cpp
#include <cmath>
#include <iostream>
using namespace std;

int main() {
    float a = 3.1415926 / 6;         // 参数为 30 度
    cout << "The sine of " << a << " is " << sin(a) << endl;
    cout << "The cosine of " << a << " is " << cos(a) << endl;
    cout << "The tangent of " << a << " is " << tan(a) << endl;
    return 0;
}
```

运行结果：

```
The sine of 0.523599 is 0.5
The cosine of 0.523599 is 0.866025
The tangent of 0.523599 is 0.57735
```

需要特别说明的是，有时数据 deg 的单位是度而不是弧度，需要转换。因为 180 度是 M_PI=3.141 592 658 98，因此弧度的转换公式为 deg/180.0×M_PI。

（七）对数函数

C++中提供了 log、log2、log10 函数来计算对数。log 函数接受一个正数作为参数，并返回以自然常数 e 为底的对数。log2 函数接受一个正数作为参数，并返回以 2 为底的对数。log10 函数接受一个正数作为参数，并返回以 10 为底的对数。

程序代码：

```cpp
#include <iostream>
#include <cmath>
using namespace std;

int main() {
    float a = 100;
```

```
cout << "The natural logarithm of " << a << " is " << log(a) << endl;
cout << "The logarithm with base 2 of " << a << " is " << log2(a) << endl;
cout << "The logarithm with base 10 of " << a << " is " << log10(a) << endl;
return 0;
}
```

运行结果：

```
The natural logarithm of 100 is 4.60517
The logarithm with base 2 of 100 is 6.64386
The logarithm with base 10 of 100 is 2
```

（八）幂函数

pow 函数是 C++标准库 cmath 中的一个函数，用于计算一个数的指定次幂。它可以接受两个整数或两个浮点数作为参数，并返回计算结果。

如果参数是整数，则 pow 函数返回整数结果。如果参数是浮点数，则 pow 函数返回浮点数结果。

程序代码：

```
#include <cmath>
#include <iostream>
using namespace std;

int main() {
    int a = 2;
    int b = 3;
    cout << a << " raised to the power of " << b << " is " << pow(a, b) << endl;

    float x = 2.5;
    float y = 0.5;
    cout << x << " raised to the power of " << y << " is " << pow(x, y) << endl;
    return 0;
}
```

运行结果：

```
2 raised to the power of 3 is 8
2.5 raised to the power of 0.5 is 1.58114
```

以上是 C++中常用的数学函数。通过使用这些函数，你可以在 C++程序中轻松地执行常见的数学运算。

四、实践应用

例 1.3.1 正多边形的面积

给定一个边长为 a 的正 N 边形,求它的面积。

【输入格式】

第 1 行,一个正整数 N,N 的范围为 $[3,100]$。

第 2 行,一个浮点数 a,a 的范围为 $[1,100]$。

【输出格式】

一个浮点数,表示答案。提示:使用 printf("%0.3f", S)输出。

【输入样例】

```
7
15
```

【输出样例】

```
817.630
```

题目分析:

正多边形的面积可以切割为多个等腰三角形,如图 1-7 所示。

等腰三角形的顶角是 $360/N$,弧度值是 $deg=2\times M\_PI/N$,底边长度是 a:

高 $H=a/2/\tan(deg/2)$;

三角形面积 $S=$ 底 $\times$ 高 $/2=a\times a/2/\tan(deg/2)/2$。

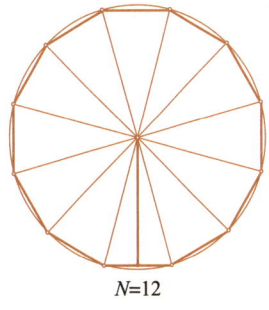

图 1-7 正多边形面积

程序代码:

```
#include <bits/stdc++.h>
using namespace std;
#define M_PI   3.14159265358979323846
int main() {

    int N;
    float a ;
    scanf("%d %f", &N, &a);
    float result = N *pow(a, 2) *(1.0 / tan(M_PI / N)) / 4.0;
    printf("%0.3f", result);
    return 0;
}
```

在这个示例中,我们使用 pow 函数计算 a 的平方,使用 tan 函数计算正切值。

例 1.3.2 幂方程

输入一个正整数 A,解方程 $x^x=A$,$x>0$。

【输入格式】

共 1 行,一个正整数 A,范围为 $[10^2, 10^{10}]$。

【输出格式】

一个浮点数,表示答案。提示:使用 printf("%0.3f", X) 使输出保留 3 位小数。

【输入样例】

```
300
```

【输出样例】

```
4.066
```

题目分析:

方程左边的函数显然是单调的,我们可以使用类似于"爬山法"的算法逐步缩小解的范围。先使用较大步长进行离散枚举,确定解的范围。再在范围内缩小步长进行离散枚举,逐步精确解的范围,直到符合题目的要求。

程序代码:

```cpp
#include <iostream>
#include <cmath>
using namespace std;

float A, Left, Step;
float getLeft( float left, float step){        // 从 left 开始,以步长 step 枚举
        float x=left;
    for (; pow(x,x) <A ; x+=step ) ;           // 确定解在[x,x+step]之间
    
    return max(left,x-step);
}

int main() {
    cin >> A;
    Left=1;
    Step=1;
    while (Step>0.000001){
        Left = getLeft(Left,Step);
        Step /=10;                              // 缩小范围
    }
    printf("%0.3f\n",Left);
    return 0;
}
```

如果不知道 pow 函数，本题几乎没有办法解决。

五、总结提升

数学函数在程序设计和问题求解中具有非常重要的作用。它们是实现各种计算的基本工具，包括几何计算、统计计算、算术运算、逻辑运算等。熟练掌握常用数学函数，不仅能够提高我们的编程效率，也能够使我们在解决实际问题时更加灵活。

拓展 1

在使用 C++中的数学函数时，需要注意以下几点。

1）头文件：在使用数学函数时，需要包含 cmath 头文件，以便使用该库中的函数。

2）精度问题：由于计算机的精度有限，使用数学函数时要注意精度的问题，特别是在比较两个浮点数的大小时。例如，double x，y，判断这两个变量是否相等时，一般不能使用 if（x==y），而是使用 if（abs(x-y)<0.000000001）代替。

3）取值范围：对于一些函数，如对数函数，输入的值必须大于 0，否则可能会产生错误。

拓展 2

对数函数是数学中一种非常重要的函数，在算法研究中也经常使用。在数学中，对数函数的定义是：

$$若\ a^x=b,\quad 则\ x=\log_a b$$

其中，a 为底数，b 为真数，x 为对数。

C++的 $\log_2$ 函数的数学意义就是求以 2 为底的对数，它在计算机科学、信息学、数学等领域都有广泛的应用。

$\log_2 N$ 函数值的增长非常小：

N	1	10	100	1000	10 000	100 000	1 000 000	10 000 000	…
$\log_2 N$	0	3.32	6.64	9.96	13.28	16.93	19.93	23.25	…

快速排序算法的时间复杂度是 $O(N\log_2 N)$，因此是效率很高的算法，在比赛中对于数据范围为 $1 \leq N \leq 10^6$ 的数据，可以轻松处理。

类似地，倍增、二分查找等算法，还有优先队列、线段树等结构，一次操作的时间复杂度为 $\log_2(N)$，都非常优秀。

在以后的算法空间复杂度分析中也会经常用到 $\log_2$ 函数。

拓展 3

对于一个正整数 N，它的二进制长度为 $\log_2(N)$ 取上整的结果。例如，对于 $N=5$，它的二进制长度为 $\log_2(5)$ 取上整的结果，即为 3。

因此，我们可以使用 C++中的对数函数 $\log_2$ 和取上整函数 ceil 来求一个正整数的二进制长度。

程序代码：

```cpp
#include <cmath>
#include <iostream>
using namespace std;

int main() {
  int N = 5;
  int len = ceil(log2(N+1));
  cout << "The binary length of " << N << " is " << len << endl;
  return 0;
}
```

运行结果：

```
The binary length of 5 is 3
```

拓展 4

在例 1.3.2 "幂方程" 中，大家还可以进一步研究各种解决方案。下面提供一个二分法算法程序供大家参考。

程序代码：

```cpp
#include <iostream>
#include <cmath>

using namespace std;

int main() {
    double A;
    cin >> A;
    double left = 1.0, right = A;
    while (abs(right - left) > 0.00001) {
        double mid = (left + right) / 2;
        if (pow(mid, mid) > A) {
            right = mid;
        } else {
            left = mid;
        }
    }
    cout << left << endl;
    return 0;
}
```

第四节 自定义函数的参数

一、情境导航

作用与反作用

在拳击游戏里,如图 1-8 所示,一名选手的初始攻击力为 10 000,计算机将该选手每次击打靶子攻击力的平方根的值作为发出撞击声的音量值,但选手也会受到反作用力的影响,每次攻击力会随机减少 100~200。程序员要怎样写这个模拟函数?

图 1-8 拳击游戏

二、问题抽象

为了防止程序员在程序里作弊,软件的几个模块是分别由不同程序员编写的。现在要求你写一个函数,能够接受代表攻击方的变量 A,在函数里发声,并改变 A 代表的攻击方的攻击力数值。

如果简单地写一个如下的函数是不行的,例如:

```
void attack(int A){
    playSound( sqrt(A) );        // 调用发出撞击声的音量值
    A -= 100+rand()%101;
}
```

attack 函数就如同一个"局部世界",如果对 A 的"反作用力"传递不出去,A 的改变并不能影响调用函数的攻击方的攻击力。

要想在函数里把"反作用力"传回给调用函数的攻击方，就需要深入了解函数的参数类型和传递方式。

三、知识探究

（一）形参和实参

从字面上看：形参——形式上的参数；实参——实际的参数，调用时的实际内容。

从 C++ 语法上看：实参是函数调用时传入的参数，用于给形参赋值；形参是函数定义时声明的参数，用于接收函数调用时传入的实参。

```
           实参5                         形参a
cout << fact( 5 ) << endl;    int fact( int a ){
                                int p=1;
                                for (int i=1; i<=a; i++)
                                  p *= i;
                                return p;
                              }
```

函数定义时不知道形参变量 a 的值，当调用这个函数时，会把一个值（实参）给变量 a（形参）。

（二）参数的传递方式

C++ 中参数的传递有值传递、引用传递和指针传递三种方式。

1. 值传递

值传递是指将实参的值复制给形参，函数内部对形参的修改不影响实参。例如：

```
void add(int a, int b) {        // 值传递
    a = a + b;                  // 修改形参 a 不会影响实参 x 的值
    cout << a << endl;
}
```

由于只需要提供给形参一个值，因此调用时的实参可以是常量、变量、表达式，例如：

```
add(3,5);
int x=3,y=5;
add(x, 2*y);
```

前面介绍的 C++ 常见数学函数都是值传递方式的，下面我们来看看引用传递方式。

2. 引用传递

函数的引用传递是一种将参数以引用的形式传递给函数的方法。这样，函数就可以

直接修改传递给它的参数的值，而不仅仅是参数的副本。另外使用引用传递可以避免创建和复制临时对象，多数情况下可以提高程序的性能。

函数定义时在参数名前加"&"，则该参数就是引用参数。这时形参就像是对应实参的别名，形参的变化会"反作用"到实参中。

程序代码：

```
#include<iostream>
using namespace std;

void swap(int &a,int &b)
{
    int t=a;
    a=b;
    b=t;
}

int main()
{
    int x,y;
    cin>>x>>y;
    swap(x,y);
    cout<<x<<' '<<y<<endl;
    return 0;
}
```

运行结果：

输入：3 4

输出：4 3

现在，我们可以将前面的attack函数写成引用参数形式：

```
void attack(int &A){
    playSound( sqrt(A) );        // 调用发出撞击声的音量值
    A -= 100+rand()%101;
    // A变量就是对应的实参变量的别名,A变量发生的变化其实就是实参变量的变化
}
```

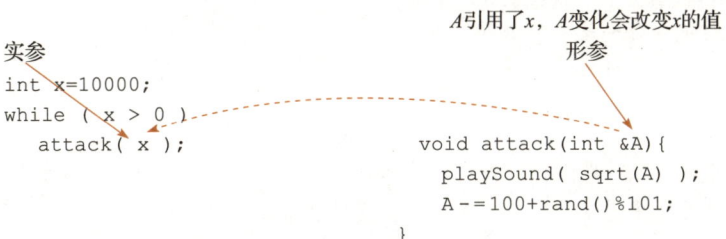

说明：

调用引用形参的函数时，对应的实参一定要是变量！

3. 指针传递

指针传递是指将实参的地址作为指针传递给函数，再从函数内部通过指针操作实参的值。

在 C++ 之前的 C 语言没有引用功能，因为 C 语言采用了指针参数的方式完成修改实参的要求。大量的 C 函数都涉及指针传递，scanf 函数的变量参数就是通过指针传递的。

有关指针的详细内容详见本章第六节。

四、实践应用

例 1.4.1　字符串反转

输入一个字符串，编写函数将其反转。

【输入格式】

共 1 行，一个字符串，长度不超过 1000。

【输出格式】

一个字符串，表示答案。

【输入样例】

```
abcde
```

【输出样例】

```
edcba
```

题目分析：

方法 1：使用值传递方式的函数。

程序代码：

```cpp
#include <iostream>
#include <string>
using namespace std;
string reverseString(string s) {
    string rs = "";
    for (int i = 0; i < s.size(); ++i) {
        rs = s[i] + rs;
    }
    return rs;
}
int main() {
    string str;
    cin >> str;
```

```
        str=reverseString(str);
        cout << str << endl;
        return 0;
    }
```

说明：

该函数的效率有待提高。

（1）循环中 rs=s[i]+rs 要多次复制一个字符串，效率低，可以用双下标扫描方式解决。

（2）调用函数时，会把 str 复制给 s，返回时也把 rs 复制给 str，可以使用引用传递方式解决。

方法 2： 使用引用传递方式的函数。

程序代码：

```
    #include <iostream>
    #include <string>
    using namespace std;

    void reverseString(string &s) {
        int left = 0;
        int right = s.length() - 1;

        for (;left < right; ++left, --right) {
            swap(s[left], s[right]);
        }
    }

    int main() {
        string str;
        cin >> str;
        reverseString(str);
        cout << str << endl;

        return 0;
    }
```

例 1.4.2 最大最小值

写一个求数组中的最大值和最小值的函数。

【输入格式】

第 1 行，一个正整数 N，N 的范围为 $[1,1000]$。

第 $2 \sim N+1$ 行，每行 N 个空格隔开的正整数。每个数的范围为 $[1,10\,000]$。

【输出格式】

两个整数，表示最大值和最小值。

【输入样例】

```
6
9 2 4 5 6 5
```

【输出样例】

```
9 2
```

题目分析：
一个函数需要返回两个值，怎么处理？一种方法就是给函数设置两个引用参数。
程序代码：

```cpp
#include <iostream>
#include <vector>
using namespace std;

void findMinMax(int v[], int n, int &minVal, int &maxVal) {
    minVal = maxVal = v[0];
    for (int i=0; i<n; i++) {
        int elem = v[i];
        if (elem < minVal) {
            minVal = elem;
        }
        if (elem > maxVal) {
            maxVal = elem;
        }
    }
}

int main() {
    int n, arr[1000];
    int minVal, maxVal;
    cin >> n;
    for (int i=0; i<n; i++)
        cin >> arr[i];
    findMinMax(arr,n, minVal, maxVal);
    cout << maxVal << " " <<  minVal << endl;
    return 0;
}
```

五、总结提升

自定义函数不仅可以帮助我们编写干净、易读的风格良好的代码，而且还能有效提高代码的重用性。通过自定义函数，我们可以将复杂的问题分解为更小、更易处理的子任务，这大大增加了代码的可维护性。

一个好的自定义函数应该遵循以下几个原则。

1）单一职责：每个函数只做一件事情，使函数更容易理解和测试。
2）明确的输入、输出：一个函数应该清楚地定义其接受的输入和返回的输出。
3）短小精悍：一个函数应尽可能保持简短，避免因过长导致难以理解和测试。
4）无副作用：尽量避免修改全局状态或者在函数内部修改传入的参数。

拓展1

下面我们将讨论函数参数变量和函数内部定义的变量的作用域。通过了解变量的作用域和生命周期，将能够更好地理解和组织程序，避免潜在的错误。

1. 函数参数变量的作用域

函数参数变量是在函数定义时声明的变量，它们用于在调用函数时传递值或引用。函数参数变量的作用域仅限于函数内部。这意味着在函数外部，不能访问这些变量。

2. 函数内部定义的变量的作用域

函数内部定义的变量（也称为局部变量）是在函数内部声明的变量。它们的作用域也仅限于函数内部，从变量声明的地方开始，直到函数结束。

3. 变量的生命周期

变量的生命周期是指变量从创建到销毁的过程。了解变量的生命周期对于避免内存泄漏和潜在的错误非常重要。

对于函数参数变量和函数内部定义的变量，它们的生命周期在函数调用时开始，在函数执行完毕后结束。这意味着当函数返回时，这些变量将被销毁。如果函数内部定义了指向动态分配的内存的指针变量，那么即使函数返回，动态分配的内存仍然存在。为了避免内存泄漏，需要在适当的时候释放这些内存。

4. 局部变量

在复合语句的代码块中定义的变量，其存在时间和作用域将被限制在该代码块中。如 for(int i; i<=n; i++){sum+=i}中的 i 是在 for 循环语句中定义的，存在时间和作用域被限制在 for 循环语句中。

需要提醒的是，全局定义的数值变量一般都自动初始化为 0，局部变量不自动初始化，如果有需要，代码应显式初始化。

5. 同名变量问题

C++中的作用域是可以嵌套的，定义在函数外面的全局变量可以在局部作用域中使用。如果有同名变量，定义在内部作用域中的变量会因为"更近"被优先使用，同时自动屏蔽定义在外部作用域中的同名变量。当一个局部变量的作用域结束时，它对全局变量的屏蔽也会取消。

例如下面程序：

```
#include<iostream>
using namespace std;
long long x,y;                              // 定义全局变量x,y

long long gcd(long long x,long long y)
{
    long long r=x%y;                        // 访问局部变量x,y
    while (r!=0)
    {
        x=y;                                // 修改的是局部变量x
        y=r;
        r=x%y;
    }
    return y;
}

long long lcm()
{
    return x*y/gcd(x,y);                    // 访问全局变量x,y
}

int main()
{
    cin>>x>>y;                              // 访问全局变量x,y
    cout<<lcm()<<endl;
    return 0;
}
```

说明：

保持良好的代码风格，尽量不要让局部变量与全局变量同名。

拓展2

将数组作为参数传递给函数：

```
void printArray(int arr[ ], int size) {
    for (int i = 0; i < size; ++i) {
        cout << arr[i] << " ";
    }
    cout << endl;
}
```

在C++中，当我们将数组作为参数传递给函数时，编译器实际上是传递数组的指针。这意味着函数接收的是指向数组首元素的指针，而不是整个数组的副本。由于传递的是指针，因此在函数内部对数组的修改会影响到原始数组。这种传递方式不需要创建数组的副本,可以节省内存和时间。

上面的函数与下面使用显式指针传递数组的方式是等价的:

```
void printArray(int *arr, int size) {
    for (int i = 0; i < size; ++i) {
        cout << arr[i] << " ";
    }
    cout << endl;
}
```

当使用指针传递数组时,函数无法直接获得数组的大小,因此需要将数组的大小作为额外的参数传递给函数。

为了提高程序的可读性和可维护性,我们在学习 STL 后就可以使用容器(如 std::vector)传递数组。容器提供了许多有用的方法(如自动管理内存和获取容器大小),从而简化了代码并减少了潜在的错误。

拓展 3

函数默认参数是在函数声明或定义时为参数分配的默认值。当调用函数时,如果没有提供相应的实参,编译器将使用这些默认参数。使用默认参数可以简化代码并提高函数的灵活性。

定义和使用函数默认参数

要为函数参数分配默认值,只需在函数声明或定义中将参数与默认值用等号连接。默认值又叫缺省值。有缺省值的情况下,可以不写相应的实参就调用函数。

例如,我们可以定义一个名为 multiply 的函数,该函数接受两个整数参数并返回它们的乘积。为了让这个函数更灵活,我们可以将第二个参数的默认值设置为1。

程序代码:

```
#include <iostream>
using namespace std;

int multiply(int a=10, int b = 1) {
    return a *b;
}

int main() {
    int x = 5;
    int y = 3;

    cout << "x *y = " << multiply(x, y) << endl;   // 输出 x *y = 15
    cout << "x *1 = " << multiply(x) << endl;      // 输出 x *1 = 5
    cout << "10*1 = " << multiply() << endl;       // 输出 10 *1 = 10
    return 0;
}
```

在上面的示例中，multiply 函数的第一个参数 a 的默认值为 10，第二个参数 b 的默认值为 1。当调用 multiply(x, y) 时，使用提供的实参 x 和 y。当调用 multiply(x) 时，只提供了一个实参 x，编译器将使用默认值 1 作为第二个参数。

可以只指定部分参数的默认值，但必须从某一个参数开始，连续为后续所有参数指定默认值。

正确写法：

int fun(int a=1, int b=2, int c=3);

int fun(int a, int b=2, int c=3);

int fun(int a, int b, int c=3);

错误写法：

int fun(int a=1, int b=2, int c);

int fun(int a=1, int b, int c=3);

int fun(int a, int b=3, int c);

保持良好的编写函数风格，需要注意以下事项：

1）函数参数的名称应该具有描述性，能够清晰地表达其含义；

2）函数参数的顺序应该符合逻辑顺序，让函数调用者更容易理解；

3）函数参数的类型和数量应该与函数声明中的形参类型和数量匹配；

4）在使用指针或引用传递参数时，需要注意参数是否为空指针或无效引用；

5）在使用数组类型参数时，需要注意数组的大小和越界访问的问题；

6）函数参数的默认值应该在函数声明中设置，以便让函数调用者知道可以省略哪些参数。

第五节　结构体与联合体

一、情境导航

图书馆里的寻书游戏

图书馆管理员为了让读者更好地了解图书馆的藏书，设计了一个有趣的寻书游戏，如图 1-9 所示。图书管理员提供一些图书的书名、作者、出版年份、价格、被借阅次数等信息给读者，每场游戏开始时评委会提供计算图书价值的公式。所有参与者都面临一个挑战：根据图书信息和计算价值的公式，第一个寻找出图书馆中最具价值图书的人，便可获得丰厚奖品。

图 1-9 图书馆里的寻书游戏

二、问题抽象

为了速度第一,需要编程让计算机快速查找。

在这个游戏中,图书有书名、作者、出版年份、价格、被借阅次数等多种信息。为了表示这些信息,我们需要使用多个数组,下面以 5 本书为例编写程序。

程序代码:

```cpp
// 图书数量
const int numBooks = 5;

// 书名数组
string titles[numBooks] = {
    "C++ Primer",
    "Effective C++",
    "The C++ Programming Language",
    "C++ Concurrency in Action",
    "Modern C++ Design"
};

// 作者数组
string authors[numBooks] = {
    "Stanley B. Lippman",
    "Scott Meyers",
    "Bjarne Stroustrup",
    "Anthony Williams",
    "Andrei Alexandrescu"
};

// 出版年份数组
int publicationYears[numBooks] = {2012, 2005, 2013, 2012, 2001};
```

```
// 价格数组
float prices[numBooks] = {39.99, 29.99, 49.99, 59.99, 34.99};

// 被借阅次数数组
int borrowCounts[numBooks] = {5000, 4500, 4000, 3500, 3000};
```

虽然使用多个数组来保存图书信息的方法确实可以解决问题,但在处理大量数据时可能会导致代码的可读性较差,还增加了维护难度。在这种情况下,使用结构体是一个更好的选择,因为它可以将相关信息组织在一起,使代码更具可读性和可维护性。

三、知识探究

(一)结构体的引入

结构体(struct)可以用来自定义数据类型:根据程序的需求创建新的数据类型,这可以帮助我们更好地解决特定问题。

结构体允许我们将一组不同类型的相关数据组合在一起,形成一个新的数据类型,以实现更高级别的数据抽象。这种自定义数据类型可以让程序更具可读性,更容易理解和维护。

(二)结构体的定义

在 C++ 中,结构体的定义格式通常如图 1-10 所示。

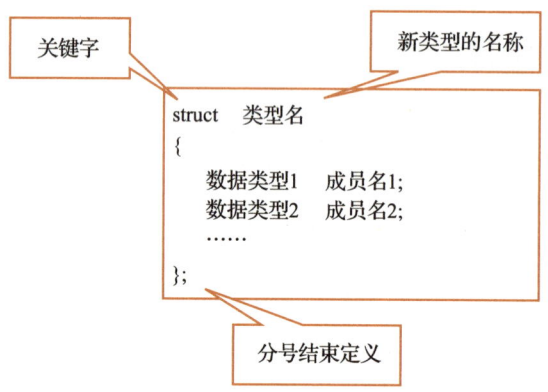

图 1-10 结构体的定义格式

例如,定义一个表示学生信息的结构体:

```
struct Student {
    string name;
    int age;
    float score;
};
```

在这个例子中，Student 是结构体的名称，包含了三个成员变量：name、age 和 score，它们的数据类型分别是 string、int 和 float。

说明：

使用大写字母开头的变量名表示类型（如结构体、类等）是一种命名风格，通常称为"PascalCase"或"UpperCamelCase"风格。上面的示例就用 Student 作为结构体名称。

在 C++中，命名风格没有明确的标准。一些开发者可能会使用 PascalCase 风格来命名结构体、类和枚举等类型，而另一些开发者可能会使用"camelCase"（首字母小写，其他单词首字母大写）或"snake_case"（使用下划线分隔单词）的风格。最重要的是保持一致，确保整个项目遵循同一种命名风格。

（三）创建结构体变量

定义结构体后，可以使用它创建结构体变量。创建结构体变量的语法如下：

```
结构体名称 变量名；
```

要定义一个 Student 类型的变量，只需在结构体类型后面加上变量名。例如，我们可以定义两个名为 s1，s2 的 Student 变量：

```
Student s1, s2;
```

还可以使用 s1 = s2 来实现结构体变量的整体操作。

（四）访问结构体变量的成员

可以使用点运算符(.)来访问结构体变量的成员。这种方法更方便、清晰。例如：cin >> s1.name；

（五）初始化结构体变量的成员

初始化结构体变量的成员有多种方法，下面介绍其中几种。

1. 逐个成员赋值

我们可以通过访问结构体变量的成员并为其赋值进行初始化。例如，我们可以逐个初始化 s1 的成员：

```
s1.name = "Alice";
s1.age = 20;
s1.score = 95.0;
```

2. 使用初始化列表

我们还可以使用初始化列表（花括号）一次性初始化结构体变量的成员。这种方法简洁易懂，且可以保证所有成员都得到正确的初始化。例如：

```
Student s2 = {"Bob", 22, 90.0};
```

3. 使用 C++11 列表初始化

C++11 引入了列表初始化（Uniform Initialization），允许使用花括号对结构体变量的成员进行初始化。这种方法与使用初始化列表类似，但更加通用。例如：

```
Student s3{"Cathy", 21, 85.0};
```

（六）结构体数组

结构体变量可以组成数组，用于存储多个结构体数据。创建结构体数组的语法如下：

```
结构体名称 数组名[数组大小];
```

例如，创建一个包含 3 个学生信息的结构体数组：

```
Student students[3];
```

我们还可以使用列表初始化为数组中的每个元素赋值。例如：

```
Student students[3] = {
    {"Alice", 20, 95.0},
    {"Bob", 22, 90.0},
    {"Cathy", 21, 85.0}
};
```

（七）结构体作为函数参数

结构体可以作为函数的参数传递，语法如下：

```
返回类型 函数名(结构体名称 参数名) {
    // 函数体
};
```

例如，定义一个函数用于输出学生信息：

```
void printStudentInfo(const Student &stu) {
    cout << "姓名:" << stu.name << endl;
    cout << "年龄:" << stu.age << endl;
    cout << "分数:" << stu.score << endl;
}
```

注意，这里使用了引用参数，可以避免信息的复制，提高运行效率。

（八）图书馆里的寻书游戏

有了结构体知识，现在处理情境导航中的图书信息，我们可以使用结构体定义一个名为 Book 的自定义数据类型，它包含书名、作者、出版年份和价格等属性。这样，我们就可以使用 Book 类型的变量来表示一本书的信息，而不需要单独定义多个变量来存储这些属性。具体代码如下：

```
// 定义图书结构体
struct Book {
    string title;
    string author;
    int publicationYear;
    float price;
    int borrowCount;
};
```

将这个自定义新类型用在数组上：

```
Book books[1000];
```

这里定义一个可以保存 1000 本书的数组。数组的每个元素是 Book 类型，保存了一本书的所有信息。

与以前的数组初始化类似，可以对结构体元素初始化：

```
// 图书数量
const int numBooks = 5;

// 初始化图书信息
Book books[numBooks] = {
    {"C++ Primer", "Stanley B. Lippman", 2012, 39.99, 5000},
    {"Effective C++", "Scott Meyers", 2005, 29.99, 4500},
    {"The C++ Programming Language", "Bjarne Stroustrup", 2013, 49.99, 4000},
    {"C++ Concurrency in Action", "Anthony Williams", 2012, 59.99, 3500},
    {"Modern C++ Design", "Andrei Alexandrescu", 2001, 34.99, 3000}
};
```

每场游戏开始时，评委会提供一个计算图书价值的公式。这个公式可能会根据阅读人数、出版年份、价格等信息来计算图书的综合价值。我们可以定义一个名为 calculateBookValue 的函数，根据公式来计算图书的价值。例如：

```
float calculateBookValue(int borrowCount, int publicationYear, float price) {
    float value = 0.0f;

    // 示例计算公式,可以根据实际游戏规则调整
    value = borrowCount *0.5 + (2023 - publicationYear) *0.3 + (100 - price) *0.2;
    return value;
}
```

完整程序略。

四、实践应用

例 1.5.1　窗口重叠

在 Window 操作系统中,最主要的桌面元素是窗口。通常,一个窗口由 4 个整数定义位置:左边坐标(left)、上边坐标(top)、右边坐标(right)、下边坐标(bottom)。现在给你 2 个窗口位置信息,判断它们的位置是否有重叠。

【输入格式】

第 1 行,4 个正整数 left1,top1,right1,bottom1,范围为 [0,4027]。

第 2 行,4 个正整数 left2,top2,right2,bottom2,范围为 [0,4027]。

【输出格式】

一个整数,表示两个窗口重叠的面积。如果不重叠,输出 0。

【输入样例】

```
 9  2 400 200
50 60 700 100
```

【输出样例】

```
14000
```

题目分析:

虽然我们可以用 2 个数组:int $A[4]$,$B[4]$;保存 2 个窗口的信息数据。但 $A[0]$、$A[1]$ 等这些不能很好表示数据代表的是什么。如果把一个窗口的数据用 left、right 等表示,程序的可读性会提高很多。

下面程序中通过使用结构体来展示"风格好"的编程方法。

程序代码:

```
#include <bits/stdc++.h>
using namespace std;

// 定义 Window 结构体
struct Window {
    int left;
    int right;
    int top;
    int bottom;
};

// 定义两个 Window 类型的变量 winA 和 winB 表示两个窗口,tmp 表示相交矩形
Window winA, winB, tmp;
```

```
// 定义一个函数,输入窗口变量
void inputData( Window &tempWindow) {
    cin >> tempWindow.left >> tempWindow.top
        >> tempWindow.right >> tempWindow.bottom;
}

int main() {
    // 输入数据
    inputData(winA);
    inputData(winB);

    // 判断计算,tmp 是重叠窗口
    tmp.left = max(winA.left, winB.left);
    tmp.right = min(winA.right, winB.right);
    tmp.top = max(winA.top, winB.top);
    tmp.bottom = min(winA.bottom, winB.bottom);

    int area = (tmp.right - tmp.left) * (tmp.bottom - tmp.top);   // 计算面积

    if ((tmp.right <= tmp.left) || (tmp.bottom <= tmp.top)) {     // 判断不重叠
        area = 0;
    }

    cout << area << endl;                                          // 输出

    return 0;
}
```

例 1.5.2 离散化基础

使用离散化方法编程中,最关键的是要知道每个数排序后的编号(rank 值)。

【输入格式】

第 1 行,一个整数 N,范围在 $[1, 10\ 000]$。

第 2 行,有 N 个不相同的整数,每个数都在 int 的取值范围内。

【输出格式】

依次输出每个数从小到大的排名。

【输入样例】

```
5
8 2 6 9 4
```

【输出样例】

```
4 1 3 5 2
```

题目分析:

离散化问题中,排序是解决问题的关键步骤。我们需要找到一种方法在排序后,将排名信息写回原来的数据。在这个场景中,一个数据节点应包含以下三个元素:数值、排名和下标。为了实现这一目标,可以使用结构体,对数值和下标分别进行两次排序。

程序代码:

```cpp
#include <bits/stdc++.h>
using namespace std;

// 定义结构体类型 Node
struct Node {
    int data;                    // 数值
    int rank;                    // 排名
    int index;                   // 下标
};

int numElements;
Node elements[10001];            // 数组

bool compareByData(Node x, Node y) {
    return x.data < y.data;
}

bool compareByIndex(Node x, Node y) {
    return x.index < y.index;
}

int main() {
    // 输入数据
    cin >> numElements;
    for (int i = 0; i < numElements; i++) {
        cin >> elements[i].data;
        elements[i].index = i;
    }

    // 根据值排序
    sort(elements, elements + numElements, compareByData);
    for (int i = 0; i < numElements; i++) {
        elements[i].rank = i + 1;
    }

    // 根据下标排序
    sort(elements, elements + numElements, compareByIndex);
```

```
    // 输出
    for (int i = 0; i < numElements; i++) {
        cout << elements[i].rank << " ";
    }
    cout << endl;

    return 0;
}
```

五、总结提升

结构体在编程中扮演了重要的角色，它允许我们通过组合不同的数据类型，创建新的数据类型。使用结构体，使我们能够创建更复杂的数据结构，如链表、图等。在处理实际问题时，结构体提供了一种实际且直观的方式来管理和组织数据。

📖 拓展 1

在 C++ 中，结构体除了可以包含数据成员之外，还可以包含成员函数。结构体的成员函数可以访问结构体的数据成员，并对它们进行操作。

1. 定义结构体成员函数

结构体成员函数可以在结构体定义内部直接实现，也可以在结构体内部定义，然后在外部实现。下面是一个包含成员函数的结构体示例：

```
// 在结构体定义内部实现成员函数
struct Rectangle {
    int width;
    int height;

    int area() {
        return width * height;
    }
};

// 在结构体定义外部实现成员函数
struct Circle {
    int radius;

    double area();
};

double Circle::area() {
    return 3.1415926 * radius * radius;
}
```

2. 访问结构体成员函数

类似访问成员数据，访问结构体成员函数的方式可以使用对象（简单理解为变量）和点操作符（.）调用成员函数。代码如下：

```
Rectangle rect;
rect.width = 10;
rect.height = 5;
int rectArea = rect.area();          // 调用成员函数

Circle circle;
circle.radius = 3;
double circleArea = circle.area();   // 调用成员函数
```

总结：在C++中，结构体可以包含成员函数，了解结构体成员函数的使用方法能帮助你更好地利用C++面向对象编程的特性。

📖 拓展2

在C++中，结构体不仅可以包含数据成员和成员函数，还可以支持重载运算符。重载运算符允许使用自定义的数据类型（如结构体）对内置运算符进行操作，使代码更简洁、易读。

1. 什么是重载运算符

重载运算符是一种可以自定义某些运算符在特定数据类型上的行为的方法。C++允许对大部分运算符进行重载，如加法运算符（+）、比较运算符（==）、赋值运算符（=）等。

2. 如何在结构体中重载运算符

在结构体中重载运算符的方法是在结构体定义内部实现相应的运算符重载成员函数。以下是一个在结构体中重载加法运算符的示例：

```
// 定义分数结构体
struct Frac {
    int num;              // 分子
    int den;              // 分母

    // 重载加法运算符
    Frac operator+(const Frac& o) {
        Frac res;
        res.num = num * o.den + o.num * den;
        res.den = den * o.den;
        return res;
    }

    // 重载比较运算符
```

```
    bool operator==(const Frac& o) {
        return num * o.den == o.num * den;
    }
}
```

3. 如何使用重载的运算符

使用重载的运算符与使用内置类型的运算符相同。例如：

```
Frac f1 {2, 3};
Frac f2 {4, 5};
Frac f3 = f1 + f2;                    // 调用重载的加法运算符
```

下面是一个运用运算符重载进行分数加法运算的完整程序：

```
#include <iostream>
using namespace std;
// 计算最大公约数
int gcd(int a, int b) {
    if (b == 0)
        return a;
    return gcd(b, a % b);
}

// 定义分数结构体
struct Frac {
    int num;                          // 分子
    int den;                          // 分母

    // 简化分数
    void simp() {
        int g = gcd(num, den);
        num /= g;
        den /= g;
    }

    // 重载加法运算符
    Frac operator+(const Frac& o) {
        Frac res;
        res.num = num * o.den + o.num * den;
        res.den = den * o.den;
        res.simp();                   // 约分,化简结果
        return res;
    }
```

```cpp
        // 重载比较运算符
        bool operator==(const Frac& o) {
            return num * o.den == o.num * den;
        }
};

int main() {
    Frac f1 {2, 3};
    Frac f2 {4, 5};
    Frac f3 = f1 + f2;              // 调用重载的加法运算符

    cout << "f3: " << f3.num << "/" << f3.den << endl;

    if (f1 == f2) {                 // 调用重载的比较运算符
        cout << "f1 and f2 are equal." << endl;
    } else {
        cout << "f1 and f2 are not equal." << endl;
    }

    return 0;
}
```

二元运算符重载的一般格式为：

```
类型名  operator  运算符 (const  类型名  变量 )
{
    ...
}
```

运算符重载是个复杂的技术，还可以对复合运算符 "+="、输出符 "<<" 等进行重载，语法格式和上面不尽相同，这里就不展开了。

例 1.5.3 统计时间

在某个上网计费系统中，用户使用时间的格式通常是：几小时几分钟。用一个结构体表示时间是个不错的方法。

现在希望你使用运算符重载技术设计个好的方法，能够快速方便地在程序中累加时间。

【输入格式】

第 1 行，一个字整数 N，范围为 $[1, 1000]$。

下面 N 行，每行两个整数：$hi\ mi$。表示一个用户使用时间是 hi 小时、mi 分钟。

【输出格式】

共 1 行，两个整数 h 和 m，表示 N 个时间的和。

【输入样例】

```
4
1 15
0 56
5 12
3 8
```

【输出样例】

```
10 31
```

程序代码：

```cpp
#include <iostream>
using namespace std;

// 定义 Time 结构体
struct Time {
    int h;                          // 小时
    int m;                          // 分钟

    // 重载 + 运算符
    Time operator + (const Time &x) const {
        Time tmp;
        tmp.m = (m + x.m) %60;
        tmp.h = h + x.h + (m + x.m) / 60;
        return tmp;
    }
};

Time times[1001];

int main() {
    int N;
    cin >> N;

    Time sum{0, 0};                 // 初始化 sum

    for (int i = 0; i < N; i++) {
        cin >> times[i].h >> times[i].m;
        sum = sum + times[i];       // 使用重载的 + 运算符直接相加
    }
    cout << sum.h << " " << sum.m << endl;
```

```
        return 0;
}
```

例1.5.4 集合运算

在数学上2个集合 A 和 B 之间的运算通常有：并、差、交，在 C++ 程序中分别记为 $A+B$、$A-B$、$A*B$。数学老师想设计一款模拟集合运算的游戏，现在需要你帮忙编程。

已知所有集合的元素都是小写英文字母，集合的输入、输出用字符串表示。例如：集合 $A=\{a,c,d,f\}$，输入输出用字符串 "acdf" 表示。

现在输入 N 个集合运算式，求运算结果。例如：

运算式：acdf-bcef

结果：ad

【输入格式】

第1行，1个整数 N，表示有多少运算式，N 的范围为 $[1,100]$。

下面 N 行，每行一个运算式。中间运算符是"+""-""*"之一。

【输出格式】

共 N 行，对应输入的运算结果。

【输入样例】

```
2
abef+cdefijk
abghio*gipqx
```

【输出样例】

```
abcdefijk
gi
```

题目分析：

本题是模拟题，比较简单，可以有多种编程方法，但使用结构体的成员函数和运算符重载会更加清晰、规范，风格漂亮。

程序代码：

```
#include <bits/stdc++.h>
using namespace std;

// 定义 struct 的类型,类型名:Set
struct Set {
    bool set[26];                  // 集合
    
    // 输入集合成员函数
    void input() {
```

```cpp
        string s;
        cin >> s;
        memset(set, false, sizeof(set));
        for (int i = 0; i < s.size(); i++)
            set[s[i] - 'a'] = true;
    }

    // 输出集合成员函数
    void output() {
        for (int i = 0; i < 26; i++)
            if (set[i])
                cout << char(i + 'a');
        cout << endl;
    }

    // 重载+运算符
    Set operator + (const Set x)  {
        Set tmp;
        for (int i = 0; i < 26; i++)
            tmp.set[i] = set[i] || x.set[i];
        return tmp;
    }

    // 重载-运算符
    Set operator - (const Set x)  {
        Set tmp;
        for (int i = 0; i < 26; i++)
            tmp.set[i] = set[i] && (!x.set[i]);
        return tmp;
    }

    // 重载*运算符
    Set operator * (const Set x)  {
        Set tmp;
        for (int i = 0; i < 26; i++)
            tmp.set[i] = set[i] && x.set[i];
        return tmp;
    }
};

int N;
Set A, B, C;
char op;
```

```
int main() {
    cin >> N;
    for (int i = 0; i < N; i++) {
        A.input();                              // 调用成员函数输入集合 A
        cin >> op;                              // 输入运算符
        B.input();                              // 调用成员函数输入集合 B
        if (op == '+') C = A + B;               // 相应运算
        else if (op == '-') C = A - B;
        else if (op == '*') C = A * B;
        C.output();                             // 输出
    }
    return 0;
}
```

拓展 3

1. 什么是联合体

联合体(union)是 C++语言中的一种特殊的数据结构，它允许在相同的内存地址上存储不同的数据类型。联合体的大小取决于其最大成员的大小。联合体的所有成员共享相同的内存地址，因此一次只能使用一个成员。

2. 定义联合体

联合体的定义与结构体类似，使用关键字 union。下面是一个简单的联合体定义示例：

```
union Data {
    int i;
    float f;
    char c;
};
```

在示例中，我们定义了一个名为 Data 的联合体，它有 3 个成员：i（整数），f（浮点数）和 c（字符）。由于所有成员共享相同的内存地址，因此同一时间只能使用其中一个成员。

3. 使用联合体

要使用联合体，我们需要声明一个联合体变量。例如：

```
Data data;
```

现在我们可以使用联合体的成员：

```
data.i = 42;
cout << "data.i: " << data.i << endl;
```

```
data.f = 3.14;
cout << "data.f: " << data.f << endl;

data.c = 'A';
cout << "data.c: " << data.c << endl;
```

注意,每次我们给联合体的一个成员赋值时,上一个成员的值将被覆盖。因此,输出将显示:

```
data.i: 42
data.f: 3.14
data.c: A
```

4. 联合体的应用场景

当我们需要表示多种数据类型,但在某个时间点只需要使用其中一种类型时,使用联合体是非常高效的。虽然使用联合体可能会导致一些风险(如数据覆盖),但在某些场景下这种方法可以节省内存空间,尤其是在嵌入式系统和其他资源受限的环境中。

例:颜色可以通过 32 位整数或包含红、绿、蓝、透明度(RGBA)通道值的结构体表示。用户可以输入整数或 RGBA 数值,由程序输出另一种表示方式。

程序代码:

```cpp
#include <iostream>
#include <cstdint>

union Color {
    uint32_t value;
    struct {
        uint8_t r, g, b, a;
    };
};

int main() {
    Color color;

    // 使用 RGBA 数值定义颜色
    color.r = 255;          // 红色数值
    color.g = 128;          // 绿色数值
    color.b = 64;           // 蓝色数值
    color.a = 255;          // 透明度数值(不透明)

    // 输出颜色的整数表示
    std::cout << "整数表示: " << color.value << std::endl;
```

```
    color.value = 234567845;
    // 输出颜色的 RGBA 数值
    std::cout << "RGBA 数值: (" << (int)color.r << ", " << (int)color.g << ", "
        << (int)color.b << ", " << (int)color.a << ")" << std::endl;

    return 0;
}
```

运行结果：

整数表示：4282417407
RGBA 数值：(165, 56, 251, 13)

第六节　指针类型

一、情境导航

定位寻书

完成了之前图书馆里的寻书游戏，图书馆管理员又炫耀地说"我记得每一本书在哪个书架、哪层的具体位置，可以快速地找到它们。"如图 1-11 所示。有位程序员笑着说："C++里也有通过地址就能取得内容的功能——指针！"

图 1-11　定位寻书

二、问题抽象

让我们用一个有趣的比喻来理解 C++ 的指针。

想象一下你在一座巨大的图书馆中，这个图书馆有成千上万本书。这个图书馆就像是计算机的内存，而那些书就像是程序中的变量。

如果你想找到一本特定的书，就需要知道它在哪个书架、哪层的具体位置。这个位置信息就像是变量的内存地址。然而，这个地址可能很长，比如"第14排书架第7层的左起第26本书"。

这时你可能会想办法加深对位置的印象，所以你决定用一张便签来记录位置。这张便签就像是一个指针。它存储了书（变量）的位置（内存地址），而你可以通过查看便签（使用指针）来找到想要的书（访问变量）。

同时，你还可以把这张便签给别人，这样他们也可以找到这本书，这就像是在函数间传递指针。但是要注意，如果有人改变了便签上的信息（改变了指针的值），那么之后的人可能就找不到对应的书了（出现了野指针，可能会引发程序的bug）。

下面是图书馆与计算机的对比，可以帮助你更好地理解相关概念。

图书馆	计算机
图书馆	计算机的内存
书	变量
位置	内存地址
便签	指针
改变便签上的信息	改变指针的值
查看便签	使用指针
把便签给别人	赋值或在函数间传递指针
书里的内容	指针指向地址的储存内容

三、知识探究

（一）什么是指针

在C++中，指针是一种特殊的变量，它的值是另一个变量的地址，也就是直接指向另一个变量的内存位置。

指针是一种强大的工具，它在C++中有许多用途，如动态内存分配、函数参数传递、数据结构（如链表和树）等。

（二）如何声明指针

声明指针的基本语法如下：

```
数据类型 *指针变量名;
```

例如，要声明一个整型指针，可以这样写：

```
int *p;
```

这里，p 是一个指向整型变量的指针。

(三) 指针的初始化

在声明指针变量时，我们通常会把它初始化为 NULL 或 nullptr(C++11)。这是一个特殊的指针，表示该指针不指向任何地方。例如：

```
int *p = nullptr;
```

你也可以让指针指向一个已存在的变量。为了获取一个变量的地址，可以使用"&"运算符。例如：

```
int a = 3;          // 声明一个整数变量 a
int *p = &a;        // 声明一个指针变量 p,并把 a 的地址赋给它
```

这里，p 是一个指向 a 的指针。拿前面图书馆来比喻：a 是一本书，书里面写了数字 3；p 是便签，上面写的是书 a 的地址。

(四) 使用指针

可以对指针进行解引用和取地址两种基本的操作。

解引用：使用"*"运算符可以获取指针指向的值。例如，*p 引用了 p 所指向的变量。

取地址：使用"&"运算符可以获取一个变量的地址。例如，&a 给出了 a 的地址。

例如：

```
int a = 3;          // 声明一个整数变量 a
int *p = NULL;      // 声明一个指针变量 p
p = &a;             // 把 a 的地址赋给 p
cout << *p;         // 输出 a 的值,也就是 3
*p = 20;            // 通过指针修改 a 的值
cout << a;          // 输出 a 的新值,也就是 20
```

拿前面图书馆比喻：*p 是"翻译"便签，根据 p 找到 a，并读取或保存里面内容。

普通变量与指针变量的区别如下：

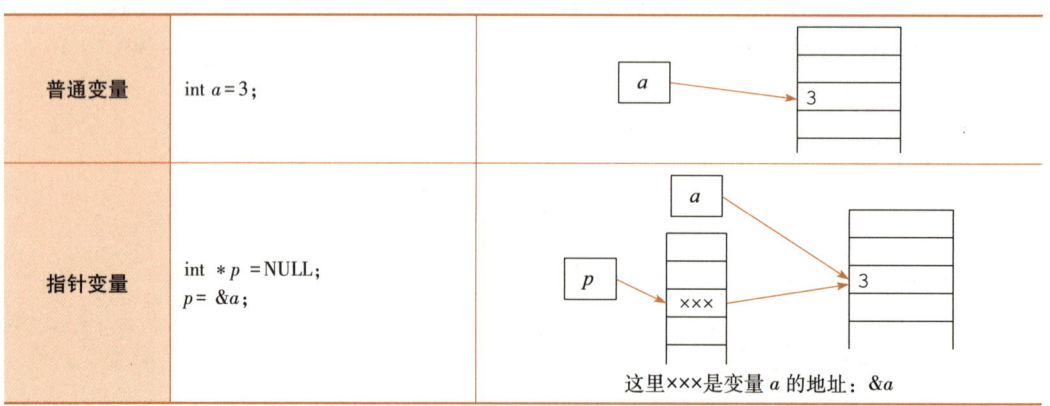

普通变量	int a = 3;	
指针变量	int *p =NULL; p= &a;	这里×××是变量 a 的地址：&a

说明 1:

含义	实例
指针定义： 数据类型 * 指针变量名;	int a = 3; int * p ; .
取地址运算符： &	p = &a;
间接运算符： *	* p = 20;
指针变量直接存取的是内存地址	cout << p; 结果可能是：0x4097ce
间接存取的才是储存类型的值	cout << * p; 结果是：20

说明 2:

* 和 & 这两个运算符是互逆的，即 * &a = a 和 & * p = p 总是成立的。

（五）指针和函数

指针也经常被用作函数的参数，这样函数就能直接修改传递给它的变量。这被称为传递参数的引用（或传递参数的地址）。

例如，以下函数将其参数加一：

```
void increment(int *p) {
    (*p)++;
}
```

你可以这样调用它：

```
int x = 5;
increment(&x);
cout << x;            // 输出 6
```

（六）指针的算术运算

指针还可以进行一些算术操作，你可以通过对指针进行递增和递减操作（即指针加一或减一），或者在指针和整数之间进行加法或减法操作来实现。这在处理数组和动态内存时非常有用。

例如，如果 p 是一个指向数组首元素的指针，那么 p+1 将指向数组的第二个元素，p+2 将指向第三个元素，依此类推。

（七）指针与数组

在 C++ 中，指针和数组有密切的关系。实际上，数组名就是一个指向数组首元素的指针。例如，如果你声明了一个数组 int arr[10];，那么 arr 就是一个指向 arr[10] 的指针。

这就解释了为什么我们可以使用指针算术来遍历数组。例如，以下代码将打印出数组的所有元素：

```
int arr[10] = {1, 2, 3, 4, 5, 6, 7, 8, 9, 10};
for(int i = 0; i < 10; i++) {
    cout << *(arr + i) << " ";
}
```

如果是读入数组，可以：

```
for(int i = 0; i < 10; i++) {
    cin >> *(arr + i);              // 通常写成 cin >> arr[i];
}
```

现在我们明白了典型的 scanf 命令的指针参数对应的实参需要 & 运算符的原因，例如：

```
scanf("%d", &arr[i]);
```

根据前面指针的算术知识，使用 scanf 读入数组可以简单写为：

```
for(int i = 0; i < 10; i++) {
    scanf("%d", arr + i);           // 从键盘读入数据，直接保存到当前指针指向的元素
}
```

需要注意的是，数组名作为指针时它是个常量，不能改变。比如：arr = arr + 1; 是错误的。但是可以改为如下代码：

```
int *p=arr;
for(int i = 0; i < 10; i++) {
    cout << *p << " ";
    p++;
}
```

上面的代码可以体现出指针是动态数据结构，数组是静态数据结构。

（八）动态分配内存

在 C++ 中，new 是一个运算符，用于在堆上动态分配内存。当我们需要在程序运行过程中分配内存（如创建动态数组或创建对象），new 是非常有用的。

new 的基本语法是：

```
数据类型 *pointer = new 数据类型;
```

这条语句通过 new 命令在堆上创建一个 new 类型的新变量，并返回其地址，这个地址被存储在指针 pointer 中。例如，我们可以使用 new 创建一个新的 int 变量：

```
int *ptr = new int;
```

现在，ptr 是一个指向新创建的 int 变量的指针。我们可以通过指针访问这个 int 变量，并赋值给它：

```
*ptr = 10;
```

当你使用 new 创建了一个变量后，这个变量会一直存在，直到你使用 delete 运算符明确地删除它。当你不再需要这个变量时应该删除它，避免内存泄漏：

```
delete ptr;              // 释放这个空间
```

你也可以使用 new 创建一个动态数组。例如，以下代码创建了一个包含 10 个整数的数组：

```
int*array = new int[10];
```

同样地，当你不再需要这个数组时，应该使用 delete[ ] 运算符删除它：

```
delete[] array;          // 删除数组,释放空间
```

注意，当删除一个动态数组时，你应该使用 delete[ ]，而不是 delete。如果你错误地使用了 delete 来删除一个动态数组，可能会导致出现未定义的行为。

特别要说明的是，利用指针的 new，我们可以实现"动态数组"功能：在程序运行过程中，根据需要设计数组的大小。

程序代码：

```cpp
#include<iostream>
using namespace std;

int main()
{
    cout << "输入数组的大小: ";
    int size;
    cin >> size;

    // 使用给定大小创建动态数组
    int*array = new int[size];

    // 用户输入填充数组
    cout << "输入数组元素：";
    for(int i = 0; i < size; i++)
    {
        cin >> array[i];
    }
```

```
    // 打印数组元素
    cout << "数组元素是：";
    for(int i = 0; i < size; i++)
    {
        cout << array[i] << " ";
    }
    cout << endl;

    // 不再需要时删除数组
    delete[] array;

    return 0;
}
```

上面的程序可以接受任意大小的数组，因为数组是在运行时动态创建的，而不是在编译时创建的。这就是动态数组的主要优点——它们的大小可以在运行时确定。

在信息学奥林匹克竞赛（Olympiad in Informatics，OI）中，对于大数据可能超空间的情况是令选手比较纠结的事：用小数组只能得部分分，用大数组可能出现爆栈空间的问题无法得分。使用动态数组，即使大规模数据超空间，也能确保小规模数据程序不会超空间。另一个优点是，使用 new 可以在函数里申请大数组空间，不会出现爆栈空间的问题。

四、实践应用

例 1.6.1　矩阵保存

矩阵可以认为是 $N×M$ 的二维数组。现在需要读入一个巨大的矩阵，N，M 范围是 [1,100 000]，但 $N×M$ 范围也是 [1,100 000]，怎样保存这个矩形。

题目分析：

由于 N 和 M 可能会很大，直接使用静态的二维数组 arr[100 000][100 000]空间太大，不可行。但是 $N×M$ 不是很大，可以根据输入的 N 和 M，动态申请矩阵。

程序代码：

```
#include <iostream>
using namespace std;

int main() {
    int N, M;
    cin >> N >> M;

    // 创建一个指针数组,每个指针对应矩阵的一行
    int **matrix = new int*[N];
```

```
    // 根据每行所需的列数动态分配内存
    for(int i = 0; i < N; i++) {
        matrix[i] = new int[M];
    }

    // 现在,matrix 就是一个 N 行 M 列的矩阵,可以像使用普通二维数组一样使用它
    // 例如,读入矩阵的值
    for(int i = 0; i < N; i++) {
        for(int j = 0; j < M; j++) {
            cin >> matrix[i][j];
        }
    }

    ...
    return 0;
}
```

例 1.6.2 行列转换

矩阵可以认为是 $N \times M$ 的二维数组。现在有一个巨大但稀疏的矩阵,N, M 的范围是 $[1, 100\,000]$,有 K 个位置有数据,K 的范围是 $[1, 100\,000]$。

按照行先行的方式保存数据,矩阵输入的方式是从上到下(第 1 行到第 N 行)从左到右(第 1 列到第 M 列)扫描,记录有数据的坐标位置 (x, y) 和值 (v)。现在要求按列优先的方式输出数据,即从左到右、从上到下扫描,输出有数据的坐标和数值。

【输入格式】

第 1 行,3 个整数 N, M, K,范围都是 $[1, 100\,000]$。

下面有 K 行,每行 3 个整数 a, b, d,表示第 a 行第 b 列有数据 d。数据在 int 范围内,保证是行优先的次序。

【输出格式】

共 1 行,K 个整数,按照列优先次序输出的数。

【输入样例】

```
3 4 6
1 4 93
1 1 56
3 1 59
3 3 96
2 3 88
2 2 91
```

【输出样例】

```
56 59 91 96 88 93
```

题目分析：

由于 $N×M$ 可能会很大，直接使用静态的二维数组空间太大，不可行。实际上，解决问题的方法有很多种，下面的程序就使用了指针和动态数组，根据每一列的实际数据个数申请一列的空间来保存数据，也就是每列的"数组"长度可以不一样。算法的时间复杂度（即程序的运算量）是 $O(M+N+K)$，这种方法的效率非常优秀。

程序代码：

```cpp
#include<bits/stdc++.h>
using namespace std;
const int maxN = 100001;
int N ,M ,K;
int x[maxN],y[maxN], d[maxN] ;
int c[maxN];                          // 每列的数据个数
int *a[maxN];                         // 每列一个指针,准备申请"数组"

int main()
{
    cin >> N >>M >>K;
    for(int i=0; i<K; i++)
    {
        cin >> x[i] >>y[i] >>d[i];
        c[ y[i] ]++;                  // 统计每列的数据个数
    }
    for(int i=1; i<=M; i++)
        a[i] = new int[ c[i] ];       // 第 i 列指针申请"数组"空间

    for (int i=0; i<K; i++)           // 收集每列的数据
    {
        int col = y[i];
        *a[ col ]  =  d[i];           // 数据放在相应列的数组中
        a[ col ]++;                   // 数组指针移动到下一个位置
    }

    for (int i=1; i<=M; i++)          // 列优先
        for (int j=0; j<c[i]; j++)    // 从前到后输出一列的数据
            cout << *(a[i]-c[i]+j) <<' ';

    return 0;
}
```

五、总结提升

指针是 C++ 中一项非常重要且强大的功能，虽然它可能带来一些复杂性，但只要正确使用就是一种强大且灵活的工具。下面回顾一下我们在本节学到的内容。

（1）指针是一种特殊的变量，其值为另一个变量的地址，也就是指针"指向"内存的某个位置。

（2）可以使用取址运算符(&)来获取变量的地址，使用解引用运算符(*)来获取指针指向的值。

（3）指针在动态内存分配、函数参数传递、数据结构（如链表和树）等领域发挥了重要作用。

（4）指针需要谨慎使用，错误地使用可能会导致内存泄漏、段错误或者其他未定义的行为。

（5）理解指针和引用的区别也很关键，虽然他们有相似之处，但在使用方法和原理上有明显区别。

拓展 1

指针可以指向任何类型的数据，包括结构体。当我们需要访问或操作结构体中的成员时，可以使用指向该结构体的指针。

1. 结构体定义

```
struct Student {
    string name;
    int age;
    double score;
};
```

这里定义了一个名为 Student 的结构体，它有三个成员：name、age 和 score。

2. 创建结构体指针

我们可以创建一个指向结构体的指针，如下所示：

```
Student;
Student*p = &s;
```

这里，我们首先创建了一个 Student 类型的变量 s，然后创建了一个指向 s 的指针 p。

3. 使用指针访问结构体成员

有了指向结构体的指针后，我们可以使用->运算符来访问结构体的成员。例如，要通过指针 p 访问 name 成员，我们可以这样做：

```
p->name = "Alice";
```

这里，->运算符用于通过指针访问结构体的成员。我们也可以使用(*p).name 来实现同样的效果，但->运算符更为简洁。

我们也可以通过指针修改结构体成员的值：

```
p->score = 95.5;
```

这里，我们通过指针 p 修改了 s 的 score 成员的值。

总的来说，指针对于操作和访问结构体非常有用，特别是在函数参数中需要传递大型结构体，或者需要创建动态结构体数组时。通过使用指针，我们可以有效地访问和修改结构体，而不需要复制整个结构体。

拓展 2

指针有使用灵活的优势，但也存在不够简明和容易引发隐藏漏洞或错误的缺点。为提高语法简洁性与安全性，C++98 标准在制定时便引入了引用（reference）机制。

1. 引用的定义

引用是已存在变量的别名，不是新的独立变量。对引用的任何操作实际上都是对其绑定的原始变量的操作。和指针一样，引用也是类型特定的。int 型的引用只能引用 int 型的变量。

引用的声明语法如下：

```
类型 & 引用名 = 变量名;
```

引用在创建时必须初始化，并且一旦初始化，它就被绑定在初始化的那个变量上，不能再引用其他变量。例如：

```
int num = 10;
int& ref = num;        // 引用必须初始化,不能重新绑定到其他变量
ref = 20;              // 直接通过引用修改 num 的值
```

2. 常见的引用应用

（1）函数参数传递

函数参数传递的具体示例如下。

```
void increment(int& value) {
    value++;
}
int main() {
    int num = 5;
    increment(num);
    cout << num;          // 输出 6
    return 0;
}
```

（2）传递大型对象的引用

与指针类似，传递大型对象的引用可以避免开销很大的复制操作，从而提高效率。

通常会结合 const 来确保函数不会意外修改对象,具体示例如下。

```
void printLargeObject(const LargeObject& obj) {
    // 打印 obj 的信息
}
```

(3) 范围 for 循环(Range-based for loop)

在 C++11 引入的范围 for 循环中,可以使用引用来遍历容器中的元素,并允许修改元素(const 引用除外),具体示例如下。

```
std::vector<int> numbers = {1, 2, 3, 4, 5};
for (int& num : numbers) {
    num *= 2;                                  // 修改容器中的元素
}
// numbers 现在是 {2, 4, 6, 8, 10}
```

(4) 简化变量名

用简单明了的别名来代替不容易看懂的变量,可以提高代码的可读性。比如一些多维数组变量的元素、结构体变量成员以及 STL 容器成员等,具体示例如下。

```
for (int i=0; i<n; i++){                       // a 数组记录 n 个点的坐标
        int& p = arr[a[i][0]][a[i][1]];        // 第 i 个点所在的位置
        p = (p+1)*2;                           // 简洁的运算表达式
    }
```

上述代码中的第 2、3 行可以直接写成 arr[$a[i][0]$][$a[i][1]$]=(arr[$a[i][0]$][$a[i][1]$]+1)*2。

指针与引用的对比:

特性	指针	引用
本质	一个变量存储另一个变量的内存地址	一个已存在变量的别名
初始化	声明时可以不初始化(但会导致野指针,危险)	必须在声明时初始化
空值	可以是 nullptr(或 NULL),表示不指向任何对象	不存在"空引用",必须引用一个有效的对象
可重新赋值	可以	不可以
操作语法	访问数据需要显式解引用(*)	像普通变量一样直接操作
算术运算	支持指针算术(如 ptr++,ptr+n)	无

第七节　STL（标准模板库）——算法函数

一、情境导航

百宝箱

很久以前，有一个聪明的工匠，他拥有一只神奇的工具箱，里面装满了各种工具：有锤子、螺丝刀、扳手，甚至有些他也不知道名字的神秘工具，如图1-12所示。

有一天，Coder带着一只坏掉的钟找到这个工匠，他说："这只钟是我祖父的遗物，但现在坏了，你能修好它吗？"工匠打开他的工具箱，从中找到了一个完美匹配的齿轮，小心翼翼地将齿轮安装到钟的内部。然后，他轻轻摇了摇钟，钟就开始"滴答"作响了。

作为程序员的Coder希望自己在编程时也有个类似的百宝箱就好了！

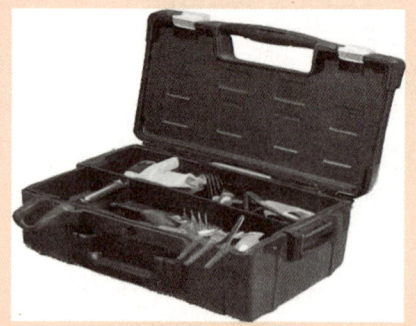

图1-12　百宝箱

二、问题抽象

工匠面临某个问题时，不需要手动制作零件，也不需要去其他地方寻找工具，只需要打开百宝箱，就能找到解决问题的工具。同样，C++里就有一个像百宝箱的标准模板库——STL，为我们提供了丰富的数据结构和算法，我们只需要了解如何使用它，就能有效地解决很多编程问题。

之前我们学习过的字符串string类型、排序算法sort其实就是STL里的"工具"。

使用STL，我们可以直接调用已经写好的、经过严格测试的数据结构和算法，避免"重复发明轮子"，提高了编程效率和程序的稳定性。STL使我们能专注于实现具体的算法逻辑，而不是去处理数据结构的底层实现。通过使用 STL，我们可以将更多的时间和精力投入解决实际问题中。

三、知识探究

（一）什么是 STL

STL 是 C++标准库的一部分，是一系列用模板编写的软件构件的集合，为 C++程序员提供了可广泛使用的程序算法和数据结构，实现数据结构和算法的标准化，并提高代码的复用性和效率。

STL 的设计理念就是"抽象"，即把数据容器和算法分离，使二者可以独立改变，但又不影响彼此的使用。

STL 库包含以下三大组件。

容器（Containers）：用来存放数据。从实现的角度来看，STL 容器是一种类模板。容器可以看成数组的拓展，STL 出现了向量（vector）、栈（stack）、队列（queue）、优先队列（priority_queue）、链表（list）、集合（set）、映射（map）等容器。STL 把一切细节都隐藏起来，使用统一的接口（命令）格式，供程序员简单方便使用。

算法（Algorithms）：对一些编程中常用的算法，STL 提供了通用的函数供程序员直接调用。例如，遍历（for_each）、查找（find）、二分查找（binary_search、lower_bound、upper_bound）、去除重复（unique）、填充（fill）、前一个排列（prev_permutation）、下一个排列（next_permutation）、排序（sort）等。

很多时候，恰当使用 STL 的算法库，可以使编程简单方便，更能保证编程的正确性。

迭代器（Iterators）：充当容器与算法之间的黏合剂。这是一种能够遍历 STL 容器的指针类对象。

由于容器的种类繁多，从统一性和效率考虑，STL 使用迭代器来表示数据位置以存取数据，也可以简单地将迭代器看作容器的"专用指针"。不过，为了编程简单方便，STL 对 vector、map 等容器也提供了"[ ]"操作（即下标运算）。迭代器的使用方法后面结合具体的容器举例说明。

（二）算法函数 max、min、swap

在编程中，取两个值的最大值、最小值以及交换两个值是最常见的操作。STL 为此提供了相应函数：max、min 和 swap，这些函数适用于许多数据类型，包括基本类型（如整数、浮点数）和用户自定义类型（需要实现比较运算符）。

注意：这些函数都位于<algorithm>头文件中，因此在使用它们之前需要包含该头文件。

1. max 函数

max 函数用于返回两个值中的较大值。

程序代码：

```cpp
#include <iostream>
#include <algorithm>

int main() {
    int a = 5;
    int b = 8;

    int maxVal = std::max(a, b);

    std::cout << "较大值为: " << maxVal << std::endl;

    return 0;
}
```

2. min 函数

min 函数用于返回两个值中的较小值。

程序代码：

```cpp
#include <iostream>
#include <algorithm>

int main() {
    int a = 5;
    int b = 8;

    int minVal = std::min(a, b);

    std::cout << "较小值为: " << minVal << std::endl;

    return 0;
}
```

3. swap 函数

swap 函数用于交换两个值。

程序代码：

```cpp
#include <iostream>
#include <algorithm>

int main() {
    int a = 5;
    int b = 8;
```

```
    std::swap(a, b);
    std::cout << "交换后: a = " << a <<", b = " << b << std::endl;
    return 0;
}
```

(三)算法函数 sort

sort 是 STL 中的排序算法函数,用于对指定范围内的元素进行排序。格式如下:

```
void sort(Rand first, Rand last);
```

其中,Rand 表示迭代器类型,用于指示排序范围的起始位置和结束位置;first 表示排序范围的起始位置的迭代器;last 表示排序范围的结束位置的迭代器,实际排序范围为[first,last),即包含 first 但不包含 last。

示例一:读入 n 个数到数组 arr,用 sort 排序。

```
#include <iostream>
#include <algorithm>

int main() {
    int n;
    std::cin >> n;

    int arr[n];
    for (int i = 0; i < n; i++) {
        std::cin >> arr[i];
    }

std::sort(arr, arr + n);
// arr 是指向 arr[0]的指针,arr+n 是指向 arr[n]的指针,用于指定排序的范围。

    std::cout << "排序后的结果为: ";
    for (int i = 0; i < n; i++) {
        std::cout << arr[i] << " ";
    }
    std::cout << std::endl;

    return 0;
}
```

示例二:输入 n,left,right。读入 n 个数到数组 arr,用 sort 对数组第 a 个到第 b 个排序。

```
#include <iostream>
#include <algorithm>
```

```cpp
int main() {
    int n, left, right;
    std::cin >> n;

    int arr[n];
    for (int i = 0; i < n; i++) {
        std::cin >> arr[i];
    }

    std::cin >> left >> right;

    std::sort(arr + left , arr + right + 1);
    // 对数组 arr[left]到 arr[right]这一段排序。
    for (int i = 0; i < n; i++) {
        std::cout << arr[i] << " ";
    }
    std::cout << std::endl;
    return 0;
}
```

注意：

（1）sort 函数可以对各种容器进行排序，如 vector、array、list 等。

（2）默认情况下，sort 函数按升序对元素进行排序。

（3）sort 函数要求容器中的元素类型支持比较操作符（operator<）。

（4）sort 函数的时间复杂度通常为 $O(N \log N)$，其中 N 是容器中的元素数量。

sort 函数还可以接受一个可选的自定义排序规则，以满足特定的排序需求。

示例三：读入 n 个数到数组 arr，用 sort 对数组按照降序排序。

程序代码：

```cpp
#include <iostream>
#include <algorithm>

// 自定义比较函数,按降序排列
bool compare(int a, int b) {
    return a > b;
}

int main() {
    int n;
    std::cin >> n;

    int arr[n];
    for (int i = 0; i < n; i++) {
```

```
        std::cin >> arr[i];
    }

    std::sort(arr, arr + n, compare);               // 使用比较函数

    std::cout << "降序排序后的结果为: ";
    for (int i = 0; i < n; i++) {
        std::cout << arr[i] << " ";
    }
    return 0;
}
```

四、实践应用

例 1.7.1　坐标排序

有 N 个点的随机坐标，按照从上到下、从左到右的次序输出。

【输入格式】

第 1 行，一个正整数 N，范围 $[1, 100\,000]$。

下面 N 行，每行两个正整数 x_i，y_i，表示一个点的坐标，范围 $[1, 100\,000]$。

【输出格式】

输出 N 行，每行两个正整数 x_j，y_j，表示一个点的坐标。需要按照从上到下、从左到右的次序输出。

【输入样例】

```
 5
 9  2
 4  5
 6  5
15  2
 6 10
```

【输出样例】

```
 6 10
 4  5
 6  5
 9  2
15  2
```

题目分析：

首先定义了一个名为 Point 的结构体，用于表示一个点的坐标。该结构体包含两个整数成员变量 x 和 y，分别表示点的横坐标和纵坐标。

然后，我们需要定义了一个名为 comparePoints 的比较函数，用于指定按照题目要求的排序规则。在该比较函数中，我们首先比较两个点的纵坐标 y，如果纵坐标相等，则按照横坐标 x 从小到大的顺序进行比较。

后面简单使用 std::sort 函数对 points 容器中的点按照指定的比较规则进行排序。

程序代码：

```
#include <iostream>
#include <algorithm>

struct Point {
    int x;
    int y;
} points[100000];

bool comparePoints(const Point& p1, const Point& p2) {
    if (p1.y == p2.y) {
        return p1.x < p2.x;
    }
    return p1.y > p2.y;
}

int main() {
    int N;
    std::cin >> N;

    for (int i = 0; i < N; i++) {
        std::cin >> points[i].x >> points[i].y;
    }

    std::sort(points, points + N, comparePoints);

    for (int i = 0; i < N; i++) {
        std::cout << points[i].x << " " << points[i].y << std::endl;
    }

    return 0;
}
```

例 1.7.2 线段覆盖

在一个数轴上有 N 个线段，计算这些线段总共覆盖了多长的范围。

【输入格式】

第 1 行，1 个整数 N，范围都是 $[1,100\,000]$。

下面 N 行，每行两个正整数：a,b，表示有一个线段起点是 a 终点是 b，$a \leq b$。数据在 int 范围内。

【输出格式】

一个整数，表示范围长度。

【输入样例】

```
3
1 8
5 10
12 15
```

【输出样例】

```
12
```

题目分析：

由于 a、b 的值很大，我们不能开这么大的数组模拟一个数轴，从 a 到 b 填充，并且这种方式的时间复杂度也非常大。

先看简单情况，分析两个线段的关系：

如果两个线段不相交，两段长度直接加就是覆盖的范围；

如果两个线段相交，两段应该先"合并"，再计算合并后的线段长度。

判断两个线段相交比较简单，只要满足右边线段的左端点比左边线段的右端点小即可。

对于多个线段，我们可以从左到右"扫描"这些线段，不断合并（如果相交）或累加长度（不相交）。

程序代码：

```cpp
#include <iostream>
#include <algorithm>

struct Segment {                                    // 线段类型
    int start;
    int end;
} segments[100000];

bool compareSegments(const Segment& s1, const Segment& s2) {
    return s1.start < s2.start;
}

int main() {
    int N;
    std::cin >> N;

    for (int i = 0; i < N; i++) {
        std::cin >> segments[i].start >> segments[i].end;
```

```cpp
    }
    // 线段按照左端点排序
    std::sort(segments, segments + N, compareSegments);

    int totalLength = 0;
    int currEnd = segments[0].end;
    int currStart = segments[0].start;
    for (int  i = 1; i < N; i++) {
        if (segments[i].start <= currEnd) {          // 线段与之前线段相交
            currEnd = std::max(currEnd, segments[i].end);
                                                     // 合并线段
        } else {                                     // 不相交,就计算长度,累加
            totalLength += currEnd - currStart;
            currStart = segments[i].start;;
            currEnd = segments[i].end;
        }
    }

    totalLength += currEnd - currStart;              // 处理最后一个线段

    std::cout << totalLength << std::endl;

    return 0;
}
```

五、总结提升

STL 是 C++中十分强大且灵活的库,提供了大量预定义的模板类和函数,用于处理常见的数据结构和算法问题。通过掌握和使用 STL,我们可以将更多的精力从处理底层数据结构和算法转移到解决更具挑战性的问题上,从而大大提高编程效率和代码质量。

现在,我们还仅仅触及了 STL 的冰山一角。STL 中还有许多其他强大的工具和算法等待我们去探索和学习。

📚 拓展1

三个常用的查找算法函数:find、find_if 和 count。无论是使用数组还是其他形式的容器,这些函数都可用于查找和计数容器中的元素。

1. find 函数

find 函数用于在容器中查找指定元素的第一个匹配项,并返回一个指向该元素的迭代器。如果找不到匹配项,则返回容器的结束迭代器。find 函数的语法如下:

```
iterator find(first, last, value);
```

其中，first 和 last 是表示容器范围的迭代器，value 是要查找的元素的值。

程序代码：

```cpp
#include <iostream>
#include <algorithm>
int main() {
    int arr[] = {2, 4, 6, 8, 10};
    int* result = std::find(arr, arr + 5, 6);       // 返回的是数组的迭代器——指针
    if (result != arr + 5) {                         // 如果返回的是last,说明范围内
                                                     // 没有匹配项
        std::cout << "Element found at index: " << ( result - arr) << std::endl;
    } else {
        std::cout << "Element not found" << std::endl;
    }
    return 0;
}
```

运行结果：

```
Element found at index: 2
```

2. find_if 函数

find_if 函数用于在容器中查找满足特定条件的第一个元素，并返回一个指向该元素的迭代器。如果找不到满足条件的元素，则返回容器的结束迭代器。find_if 函数的语法如下：

```
iterator find_if(first, last, p );
```

其中，first 和 last 是表示容器范围的迭代器，p 是一个可调用一元函数，用于判断元素是否满足特定条件。

程序代码：

```cpp
#include <iostream>
#include <algorithm>

bool isEven(int num) {
    return num % 2 == 0;
}

int main() {
    int arr[] = {1, 3, 5, 6, 7};
    int* result = std::find_if(arr, arr + 5, isEven);
    if (result != arr + 5) {
        std::cout << "First even number found: " << *result << std::endl;
```

```
    } else {
        std::cout << "No even number found" << std::endl;
    }

    return 0;
}
```

运行结果：

```
First even number found: 6
```

3. count 函数

count 函数用于计算容器中等于指定值的元素的个数，并返回计数结果。count 函数的语法如下：

```
int count(first, last, value);
```

其中，first 和 last 是表示容器范围的迭代器，value 是要计数的值。

程序代码：

```
#include <iostream>
#include <algorithm>

int main() {
    int arr[] = {1, 2, 2, 3, 2, 4};
    int count = std::count(arr, arr + 6, 2);
    std::cout << "Count of 2: " << count << std::endl;

    return 0;
}
```

运行结果：

```
Count of 2: 3
```

拓展 2

replace、fill 和 reverse 是 3 个常用的修改算法函数，它们都可以对数组或其他容器中的元素进行修改。

1. fill 函数

fill 函数用于将容器中的所有元素设置为指定的值，最常用的场景就是初始化数据，它会遍历容器，并将每个元素都设置为指定的值。fill 函数的语法如下：

```
void fill( first, last, value );
```

其中，first 和 last 是表示容器范围的迭代器，value 是要设置的值。

程序代码：

```cpp
#include <iostream>
#include <algorithm>

int main() {
    int arr[] = {1, 2, 3, 4, 5};
    std::fill(arr, arr + 5, 0);

    for (int i = 0; i < 5; i++) {
        std::cout << arr[i] << " ";
    }
    return 0;
}
```

运行结果：

```
0 0 0 0 0
```

2. reverse 函数

reverse 函数用于反转容器中元素的顺序。它会将容器中的第一个元素与最后一个元素交换位置，依次类推，直到反转整个容器。reverse 函数的语法如下：

void reverse(first, last);

其中，first 和 last 是表示容器范围的双向迭代器，对数组而言就是开始和结束的指针。

程序代码：

```cpp
#include <iostream>
#include <algorithm>

int main() {
    int arr[] = {1, 2, 3, 4, 5};
    std::reverse(arr, arr + 5);

    for (int i = 0; i < 5; i++) {
        std::cout << arr[i] << " ";
    }
    return 0;
}
```

运行结果：

```
5 4 3 2 1
```

3. replace 函数

replace 函数用于将容器中指定值的元素替换为新值。它会遍历容器，并将匹配的元素替换为新值。replace 函数的语法如下：

```
void replace( first, last, old_value, new_value );
```

其中，first 和 last 是表示容器范围的迭代器，old_value 是要替换的旧值，new_value 是新值。

程序代码：

```cpp
#include <iostream>
#include <algorithm>

int main() {
    int arr[] = {1, 2, 2, 3, 2, 4};
    std::replace(arr, arr + 6, 2, 5);
    for (int i = 0; i < 6; i++) {
        std::cout << arr[i] << " ";
    }
    return 0;
}
```

运行结果：

```
1 5 5 3 5 4
```

拓展 3

unique 是 STL 中的一个算法函数，用于去除容器中**连续重复**的元素，并返回一个指向不重复范围末尾之后一个位置的迭代器。

unique 函数的原型如下：

```
iterator unique( first, last);
```

其中，first 和 last 是表示容器范围的迭代器。该函数会对容器中的元素进行比较，并将连续重复的元素移动到容器的末尾，然后返回一个指向不重复范围末尾之后一个位置的迭代器。

需要注意的是，unique 函数只会删除连续重复的元素，对于非连续重复的元素不会进行删除。在使用 unique 函数之前，应先对容器进行排序，以便将重复元素放在一起。

下面的代码展示了如何使用 unique 函数去除容器中的连续重复元素：

```cpp
#include <iostream>
#include <algorithm>
```

```
int main() {
    int arr[] = { 3, 4, 5, 1, 2, 2, 3, 3, 5};
    std::sort(arr,arr+9);
    int  last = std::unique(arr, arr + 9) - arr;

    for (int it = 0; it != last; ++it) {
        std::cout << arr[it] << " ";
    }
    return 0;
}
```

运行结果：

1 2 3 4 5

STL 还有其他强大的算法函数，具体如下。

copy：将一个容器中的元素复制到另一个容器中。

merge：将两个有序容器合并为一个有序容器。

remove：移除容器中的指定元素。

binary_search：在有序容器中二分查找指定元素。

lower_bound：在有序容器中查找第一个不小于指定值的元素。

upper_bound：在有序容器中查找第一个大于指定值的元素。

这些内容此处不再展开。

第八节　STL（标准模板库）——线性容器

一、情境导航

数组的进化之旅

在一个数字世界中，有一个特殊的城市，这里的居民都是数字，如图 1-13 所示。初始时，居民们住在一个有序的数组中，每个数字都有自己的位置。然而，随着时间的推移，居民们渐渐发现数组的局限性。它只能存储一组固定大小的数字，无法适应居民们不断变化的需求。于是，一位年轻的工程师提出了一个改进的方案，他创造了"数字向量容器"。数字向量可以动态调整大小，使居民们可以随时加入或离开。

数字向量容器也存在着一些限制，它需要连续的内存空间来存储数字，而且在插入和删除操作时需要移动数据，可能会造成一定的开销。这时一位工程师带着"数字链表器"出现了。数字链表器使用链表的数据结构，可以高效地插入和删除元素，使城市的发展更加快速和便捷。

新容器的引入使得城市的发展更加迅猛，变得更加繁荣和充满活力。

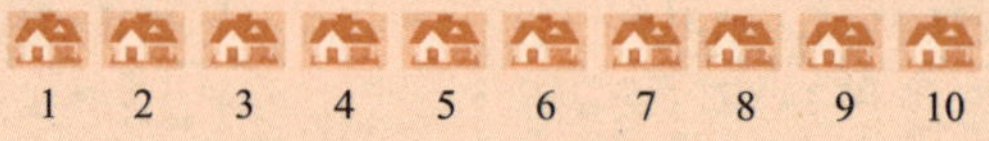

图 1-13 数字世界的城市

二、问题抽象

数字世界从数组到容器的进化让人们领略了技术的力量和创新的魅力，展示在数字世界中如何更好地管理和组织数据。

1. 数组的优点

快速随机访问：数组中的元素在内存中是连续存储的，因此可以通过索引直接访问任意位置的元素，访问速度非常快。

内存效率：数组的存储是连续的，没有额外的指针和控制信息，在存储上更加紧凑和高效。

简单直观：数组是一种基本的数据结构，使用起来简单直观，不需要额外的库或复杂的操作。

2. 数组的缺点

固定大小：数组在创建时需要指定固定的大小。为了避免存储的元素数量超过数组的大小，就需要创建一个"足够大"的数组，这有时会浪费内存空间。

插入和删除效率低：在数组中插入或删除元素，需要移动其他元素来保持顺序，这样的操作效率较低。如果需要频繁进行插入和删除操作，数组可能不是最优选择。

不支持动态调整大小：数组的大小在创建时就确定了，无法动态调整。如果需要动态地增加或减少存储空间，就需要创建新的数组。

3. STL 容器的优点

STL 的容器具有以下优点。

动态内存管理：容器可以动态地分配和释放内存空间。这意味着容器可以根据需要动态地增加或减少存储空间，灵活地适应数据的变化。

插入和删除效率高：容器在插入和删除元素时通常比数组效率更高。例如，向容器的开头或末尾插入元素只需要常数时间复杂度，而数组需要移动其他元素来保持顺序，操作效率较低。

支持多种操作和算法：容器提供了丰富的操作和算法，如查找、排序、合并等，对数据的处理更加方便和高效。这些操作和算法已经在容器中被优化过，可以直接使用而不需要自己实现。

迭代器和指针抽象：容器提供了迭代器的概念，可以通过迭代器来遍历容器中的元素。迭代器相当于容器元素的指针，可以方便地进行元素访问和操作。

多样化的存储结构：不同的容器使用不同的数据结构来存储元素，以满足不同的需求。例如，vector 使用动态数组，list 使用双向链表，每种容器的设计都针对不同的操作和性能需求进行了优化。

封装和抽象性：容器封装了底层数据结构和操作细节，提供了更高层次的抽象，程序员可以专注于解决问题，而无须过多关注底层实现。

综上所述，相较于数组，容器具有的优点，使它们在许多情况下成为更好的选择。

三、知识探究

（一）STL 的线性容器

在 C++的 STL 中，容器种类很多，其中的线性容器是一种存储和访问数据的数据结构，它们按照线性顺序存储元素。C++的 STL 提供了多种线性容器，如 vector、list、queue、stack 等。

（二）STL 的向量（vector）

向量是 C++标准库中的一种容器，它提供了动态数组的功能。向量可以自动调整大小，根据需要分配更多的内存，并允许快速地随机访问。

1. 包含头文件

在使用向量之前，需要包含<vector>头文件：

```
#include <vector>
```

如果使用了万能头文件<bits/stdc++.h>则可以省略<vector>头文件。

2. 声明和初始化向量

可以使用以下方式声明和初始化向量：

```
// 声明一个空的向量
std::vector<int> myVector;

// 声明并初始化向量
std::vector<int> myVector = {1, 2, 3, 4, 5};

// 重复值初始化：使用重复的值初始化向量,指定向量的大小和初始值。
std::vector<int> myVector(5, 10);          // 初始化一个包含 5 个值为 10 的元素

// 使用拷贝构造函数初始化向量
std::vector<int> myVector2(myVector);
```

3. 向向量添加元素

可以使用 push_back 函数给向量添加元素：

```
std::vector<int> myVector;

// 给向量添加元素
myVector.push_back(10);
myVector.push_back(20);
```

4. 访问向量中的元素

可以使用下标操作符[ ]访问向量中的元素，下标从 0 开始（和数组一样）：

```
std::vector<int> myVector = {1, 2, 3, 4, 5};

// 访问第一个元素
int firstElement = myVector[0];

// 修改第三个元素
myVector[2] = 10;
```

5. 获取向量的大小

可以使用 size 函数获取向量中元素的个数：

```
std::vector<int> myVector = {1, 2, 3, 4, 5};

// 获取向量的大小
int size = myVector.size();
```

6. 遍历向量中的元素

可以使用循环结构（如 for 循环或 Range-based 循环）来遍历向量中的元素：

```
std::vector<int> myVector = {1, 2, 3, 4, 5};

// 使用 for 循环遍历向量
for (int i = 0; i < myVector.size(); i++) {
    int element = myVector[i];
    // 处理元素
}

// 使用 Range-based 循环遍历向量
for (int element : myVector) {
    // 处理元素
}
```

(三) 向量的成员函数

vector 提供了许多成员函数来操作数据。下面是一些常用的成员函数：

函数名	功能
push_back(元素)	增加一个元素到向量的后面
pop_back( )	弹出(删除)向量的最后一个元素
insert(位置，元素)	插入元素到向量的指定位置
erase(位置)	删除向量指定位置的元素
clear( )	清除向量所有元素，size 变为 0
运算符[ ]	取向量的第几个元素，类似数组的下标运算
front( )	取向量的第一个元素
back( )	取向量的最后一个元素
begin( )	向量的第一个元素的位置，返回第一个元素迭代器(指针)
end( )	向量的结束位置 注意：返回的迭代器是最后一个元素之后的位置，不是最后一个元素的迭代器
size( )	元素个数，向量的大小——即向量中已有元素的个数
resize(大小)	重新设定向量的大小，即可以保存多少个元素
empty( )	判断向量是否空，等价于判断 size 是否为 0

下面是一个例子：

```
#include <vector>
using namespace std;

int main() {
    vector<int> v = {1, 2, 3, 4};

    // 在 vector 末尾添加一个元素 5
    v.push_back(5);

    // 移除 vector 末尾的元素 5
    v.pop_back();

    // 在第 2 个位置插入元素 6
    v.insert(v.begin() + 1, 6);

    // 移除第 3 个位置的元素
    v.erase(v.begin() + 2);

    return 0;
}
```

说明：

由于程序开始有 using namespace std；使用 std 的名字空间，因此在程序中不必使用 std::vector< int >来明确指出 vector 在 std 空间里，可以直接写 vector<int> v={1,2,3,4};。

（四）STL 的链表（list）

链表是 C++标准库中的一种容器，它是一种动态数据结构，用于存储和管理一系列元素。链表中的每个元素都包含一个值和一个指向下一个元素的指针。链表的特点在于其灵活性和动态性，它可以根据需要进行动态的插入和删除操作。

1. 包含头文件

在使用链表之前，需要包含<list>头文件。

```cpp
#include <list>
```

2. 声明和初始化链表

可以使用以下方式声明和初始化链表：

```cpp
// 声明一个空的链表
std::list<int> myList;

// 声明并初始化链表
std::list<int> myList = {1, 2, 3, 4, 5};

// 使用拷贝构造函数初始化链表
std::list<int> myList2(myList);
```

3. 插入和删除操作

链表支持在任意位置进行插入和删除操作，可以使用以下函数。

push_back(value)：在链表末尾插入一个元素。

push_front(value)：在链表头部插入一个元素。

insert(iterator, value)：在指定位置之前插入一个元素。

pop_back()：删除链表末尾的元素。

pop_front()：删除链表头部的元素。

erase(iterator)：删除指定位置的元素。

代码示例：

```cpp
std::list<int> myList;

// 插入操作
myList.push_back(10);
myList.push_front(20);
```

```
myList.insert(std::next(myList.begin()), 30);

// 删除操作
myList.pop_back();
myList.pop_front();
myList.erase(std::next(myList.begin()));
```

4. 遍历链表

可以使用迭代器来遍历链表中的元素，并执行相应的操作：

```
std::list<int> myList = {1, 2, 3, 4, 5};

// 遍历链表并输出元素
for (auto it = myList.begin(); it != myList.end(); ++it) {
    std::cout << *it << " ";
}
```

或

```
for ( int data: myList) {
    std::cout << data << " ";
}
```

5. 获取链表的大小

可以使用 size 函数获取链表中元素的个数：

```
std::list<int> myList = {1, 2, 3, 4, 5};

// 获取链表的大小
int size = myList.size();
```

6. 检查链表是否为空

可以使用 empty 函数检查链表是否为空：

```
std::list<int> myList;

// 检查链表是否为空
if (myList.empty()) {
    // 链表为空
} else {
    // 链表不为空
}
```

这些是链表的基本操作和用法。通过理解和掌握链表的使用，我们可以更好地组织和管理数据。

(五) STL 的队列(queue)

队列是 C++标准库中的一种容器,它遵循先进先出(First In First Out,FIFO)的原则。队列可以用于存储一系列的元素,并支持在队尾添加元素(入队)和从队首移除元素(出队)。

1. 包含头文件

在使用队列之前,需要包含<queue>头文件。

```cpp
#include <queue>
```

2. 声明和初始化队列

可以使用以下方式声明和初始化队列:

```cpp
// 声明一个空的队列
std::queue<int> myQueue;

// 声明并初始化队列
std::queue<int> myQueue = {1, 2, 3, 4, 5};
```

3. 入队和出队操作

可以使用 push 函数将元素添加到队列的末尾(入队),使用 pop 函数从队列的头部移除元素(出队):

```cpp
std::queue<int> myQueue;

// 入队操作
myQueue.push(10);
myQueue.push(20);
myQueue.push(30);

// 出队操作
myQueue.pop();
```

4. 获取队列的大小

可以使用 size 函数获取队列中元素的个数:

```cpp
std::queue<int> myQueue = {1, 2, 3, 4, 5};

// 获取队列的大小
int size = myQueue.size();
```

5. 访问队列的元素

由于队列是按照先进先出的顺序操作的,访问队列中的元素有一些限制,可以用以下函数进行操作。

front()：返回队列头部元素的引用。

back()：返回队列尾部元素的引用。

程序代码：

```cpp
#include <queue>
#include <iostream>
using namespace std;

int main() {
    queue<int> q;
    // 在队列尾部添加元素
    q.push(1);
    q.push(2);
    q.push(3);

    cout << q.front() << endl;              // 访问队列头部元素
    cout << q.back() << endl;               // 访问队列尾部元素
    cout << "Queue size is " << q.size() << endl;

    return 0;
}
```

运行结果：

```
1
3
Queue size is 3
```

6. 检查队列是否为空

可以使用 empty 函数检查队列是否为空：

```cpp
std::queue<int> myQueue;

// 检查队列是否为空
if (myQueue.empty()) {
    // 队列为空
} else {
    // 队列不为空
}
```

（六）STL 的栈（stack）

栈是 C++ 标准库中的一种容器，它是一种遵循后进先出（Last In First Out，LIFO）原则的数据结构，用于存储和管理一系列元素。栈中的元素只能在栈顶进行插入和删除操作，即最后插入的元素会被最先删除。栈可以被理解为一种具有限制性的线性表，其操作类似于我们日常生活中堆叠物体的方式。

1. **包含头文件**

在使用栈之前，需要包含<stack>头文件。

```
#include <stack>
```

2. **声明和初始化栈**

可以使用以下方式声明和初始化栈。

```
// 声明一个空栈
std::stack<int> myStack;

// 声明并初始化栈
std::stack<int> myStack({1, 2, 3, 4, 5});

// 使用拷贝构造函数初始化栈
std::stack<int> myStack2(myStack);
```

3. **入栈和出栈操作**

栈支持入栈和出栈操作，可以使用以下函数进行操作。

push(value)：将一个元素压入栈顶。

pop()：从栈顶弹出一个元素。

```
std::stack<int> myStack;

// 入栈操作
myStack.push(10);
myStack.push(20);
myStack.push(30);

// 出栈操作
myStack.pop();
```

4. **访问栈顶元素**

可以使用top函数访问栈顶的元素，但不会将其从栈中移除。

```
std::stack<int> myStack;

myStack.push(10);
myStack.push(20);

// 访问栈顶元素
int topElement = myStack.top();
```

5. 检查栈是否为空

可以使用 empty 函数检查栈是否为空。

```
std::stack<int> myStack;

// 检查栈是否为空
if (myStack.empty()) {
    // 栈为空
} else {
    // 栈不为空
}
```

（七）线性容器相关函数总结

STL 致力于提供一组统一通用的函数和数据结构，以简化 C++ 程序的开发过程。我们可以观察到 vector、list、queue 和 stack 这些容器的成员函数在 STL 中有相同或类似的名称和格式。这种一致性是 STL 的一个重要设计原则，它允许我们在不同的容器之间无缝切换，而不需要重新学习和适应新的函数接口，也使我们能够快速熟悉和理解它们的功能。

通过统一的函数接口，STL 使程序员可以更加专注于问题的解决而不是底层实现的细节。无论我们使用哪种容器，都可以依靠相同的成员函数来执行常见的操作。这种统一性大大简化了代码的编写和维护，提高了开发效率。

STL 提供的一系列的算法函数，如排序、查找、变换等，同样遵循统一的命名和格式规范。这使我们可以轻松地在不同的容器上应用这些算法，实现更高效和可重用的代码。

（1）容器共同的成员函数

函数名	功能
empty()	检查容器是否为空，如果容器为空则返回 true，否则返回 false
size()	返回容器中元素的个数
clear()	清空容器，移除所有的元素
swap(other)	将当前容器与另一个容器 other 进行交换

（2）vector 和 list 的成员函数

分类	函数名	功能
共有成员函数	push_back(value)	将一个元素插入到末尾
	pop_back()	从末尾移除一个元素
	insert(position, value)	在指定位置插入一个元素
	erase(position)	移除指定位置的元素
	begin()	返回起始位置的迭代器
	end()	返回末尾位置的迭代器

(续)

分类	函数名	功能
list 特有成员函数	push_front(value)	将一个元素插入到列表的开头
	pop_front( )	从列表的开头移除一个元素

（3）queue 和 stack 的成员函数

函数名	功能	
	queue	stack
push(value)	将一个元素插入到队列的末尾	将一个元素压入栈顶
pop( )	从队列的开头移除一个元素	从栈顶移除一个元素
front( )	返回队列开头的元素	
back( )	返回队列末尾的元素	
top( )		返回栈顶的元素

说明：

虽然 queue 和 stack 具有相同的成员函数，但它们的行为和用法上有一些区别。在使用时，应根据具体的需求和场景选择适合的容器。queue 适合用于模拟排队系统、任务调度等场景，而 stack 适合用于表达式求值、括号匹配等需要后进先出的场景。

四、实践应用

本节的内容是知识型的，需要通过大量实践才能熟练掌握。在后续章节编程中，我们会逐步使用 STL 中的数据结构和算法，建议在遇到相关知识时，回到本节来参考、复习、巩固，以迭代强化使用 STL 的技能。下面提供一个简单使用示例。

例 1.8.1 取扑克牌

假设有一堆扑克牌，我们的目标是按照一定的规则翻开这些牌。规则是这样的：我们从牌堆顶部开始，每次取一张牌翻开，并将下一张牌放到牌堆底部。这样，奇数次取到的牌将被翻开放在桌面上，偶数次取到的牌则被放回牌堆底部。例如，假设有 4 张牌，牌面数字依次为 1、2、3、4。我们按照规则进行取牌，最终翻开牌的顺序为 1、3、2、4。

【输入格式】

第 1 行，一个正整数 N，范围为 $[1,100]$。

第 2 行，N 个不同的正整数 xi，范围为 $[1,N]$。

【输出格式】

输出 1 行，N 个正整数，依次表示翻开牌的上面数字。

【输入样例】

```
5
3 4 1 5 2
```

【输出样例】

```
3 1 2 5 4
```

样例解释：

第 1 次：翻出 3，把 4 放入牌堆底部，牌堆为 1 5 2 4。
第 2 次：翻出 1，把 5 放入牌堆底部，牌堆为 2 4 5。
第 3 次：翻出 2，把 4 放入牌堆底部，牌堆为 5 4。
第 4 次：翻出 5，把 4 放入牌堆底部，牌堆为 4。
第 5 次：翻出 4。

题目分析：

为了实现这个过程，我们可以使用 STL 中的队列来模拟这堆扑克牌，将牌依次放入队列中，并按照队列的特性进行取牌操作。

程序代码：

```cpp
#include <iostream>
#include <queue>

int main()
{
    int N;
    std::cin >> N;

    std::queue<int> cards;
    for (int i = 0; i < N; i++)
    {
        int card;
        std::cin >> card;
        cards.push(card);
    }

    int count = 1;
    while (!cards.empty())
    {
        if (count %2 == 1)
        {
            std::cout << cards.front() << " ";
        }
        else
```

```
            {
                int card = cards.front();
                cards.push(card);
            }
            cards.pop();
            count++;
    }
    return 0;
}
```

五、总结提升

C++的 STL 中提供了 vector、list、queue 和 stack 等线性容器，用于存储和管理数据。

使用哪种容器取决于你的具体需求：需要快速访问任何元素应使用 vector；需要在任何位置快速插入或删除元素应使用 list；需要先进先出的行为应使用 queue；需要后进先出的行为应使用 stack。

在使用这些方法时，需要理解每种容器的特性和每种方法的效率，这样才能写出既高效又易于维护的代码。

📚 拓展 1

通过在程序中使用 using namespace std;，我们无须在代码中显式地指定 std::命名空间，可以直接使用 cout、endl、vector、list 等标准库的成员。虽然这样的代码更加简短，但需要注意的是，在大型项目或者与其他命名空间存在冲突的情况下，使用 using namespace std;，可能会引起命名冲突或不明确的标识符问题。

📚 拓展 2

例 1.8.2　马鞍数 Ⅱ

给定一个 $N×N$ 的矩形方格，其中的 M 个格子包含了数字。如果某个格子的数字既是该行的最小数，又是该列的最小数，则该格子被称为马鞍数。

现在有 Q 次查询，每次查询给定一个格子的坐标 (x, y)，需要判断该格子是否为马鞍数。如果是马鞍数，则输出该数字；如果不是马鞍数，则输出这个数的相反数（加负号）；如果这个位置上不存在数，就不输出任何内容。

【输入格式】

第 1 行，3 个正整数 N、M、Q，N 的范围为 $[1, 10\,000]$，M 的范围为 $[1, 1\,000\,000]$，Q 的范围为 $[1, 1000]$。

下面 M 行，每行 3 正整数 xi，yi，vi，表示一个点的坐标和值，范围为 $[1, N]$。

再下面 Q 行，每行 2 正整数 xi，yi，表示一个点的坐标，范围为 $[1, N]$。

【输出格式】

输出 M 行，每行一个整数或 "no"。

【输入样例】

```
3 4 4
1 1 3
1 2 1
1 3 2
3 1 2
1 1
1 2
3 1
3 2
```

【输出样例】

```
-3
 1
 2
```

题目分析:

如果我们使用 $N \times N$ 的二维数组来存储所有的数字,时间复杂度将达到 $O(N^2) = O(10^8)$,过大。由于 M 的数量相对较小,我们可以使用两个向量分别记录每行和每列的数值,并对其进行查询。时间复杂度为 $O(2 \times 4 \times 10^6)$,比较小。最终时间复杂度为 $O(Q \times N) \leq 10^7$。

程序代码:

```cpp
#include <iostream>
#include <algorithm>
#include <vector>
using namespace std;

struct Tnode {
    int x, y;              // 一个格子的行和列坐标
    int v;                 // 格子中的数
};

bool cmp(Tnode A, Tnode B) {
    if (A.x == B.x)
        return A.y < B.y;
    return A.x < B.x;
}

Tnode a[1000006];

vector<int> Y[10003];      // 定义向量数组变量 Y,记录每列的数,向量
                           //   的元素是 int 型的。
```

```cpp
int minX[10003], minY[10003];                // 每行与每列的最小数
int N, M, Q;
int main() {
    cin >> N >> M >> Q;
    for (int i = 0; i < M; i++)
        cin >> a[i].x >> a[i].y >> a[i].v;

    sort(a, a + M, cmp);                      // 调用 sort 按坐标排序
    for (int i = 0; i <= N; i++)
        minX[i] = minY[i] = 100000001;        // 最小值哨兵
    for (int i = 0; i < M; i++)  {
        int xx = a[i].x;
        minX[xx] = min(minX[xx], a[i].v);
        int yy = a[i].y;
        minY[yy] = min(minY[yy], a[i].v);
        Y[yy].push_back(i);                   // 收集数到相应列向量的后面
    }
    for (int i = 0; i < Q; i++)  {
        int xx, yy;
        cin >> xx >> yy;                      // 读入坐标
        int j, ok=0;
        for (j = 0; j < Y[yy].size(); j++){   // 向下标遍历第 yy 列的向量
            if (a[Y[yy][j]].x == xx){         // 找到 x 坐标存在数的格子
                ok=1;
                break;
            }
        }
        if (ok){
            if ( a[Y[yy][j]].v != minX[xx] || a[Y[yy][j]].v != minY[yy]) {
                                              // 不是 xx 行最小值 或者不是 yy
                                              // 列最小值
                cout << -a[ Y[yy][j] ].v << endl; // 不是马鞍数
            }
            else {
                cout << a[ Y[yy][j] ].v << " ";   // 打印这个数
            cout << endl;
            }
        }
    }
    return 0;
}
```

说明：

如果需要进一步优化，可以对每一列数按照 X 坐标排序，使用 STL 的二分查找函数 low_bound 查找。

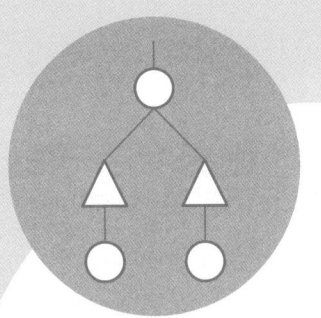

第二章
数据结构及其运用

第一节　线性结构——链表

一、情境导航

珍贵的图书

图书馆的每一本图书都有自己的编号和标签，代表着独特的内容和知识。每本图书都被有序地放在一起，如图2-1所示。

新的图书加入时，管理员会轻松地将其插入适当的位置。借出、过时或损坏的图书可以从链表中移除，不影响其他图书的位置。这使得图书的存储和管理简单而高效。这种链表式的灵活性和便利性使它成为一种理想的线性结构，广泛应用于各种场景中。

图2-1　珍贵的图书

二、问题抽象

链表是一种常见的线性结构，由一系列节点组成，每个节点包含数据元素和指向下一个节点的指针。与数组不同，链表中的节点可以在内存中非连续地存储，通过指针来相互连接，形成一个动态的数据结构。

与数组相比，链表具有一些优势：首先，链表的大小可以动态调整，不受固定容量的限制；其次，插入和删除节点的操作相对高效，不需要移动其他节点。然而，链表也有一些劣势，例如不能通过索引直接访问节点，需要遍历整个链表才能找到特定节点。

链表可以分为单向链表和双向链表两种形式。单向链表中，每个节点只有一个指向下一个节点的指针，而双向链表中的节点则同时具有指向上一个节点和下一个节点的指针。这样，双向链表可以更方便地进行前后遍历和操作，当然使用的辅助空间也多一些。

三、知识探究

(一) 链表的基本概念

链表是由多个节点组成的数据结构,每个节点包含数据和指向下一个节点的指针,如图 2-2 所示。

图 2-2 节点图示

链表有头节点和尾节点,头节点用于表示链表的起始位置,尾节点指向链表的结束位置(通常是空指针)。

(二) 链表的分类

链表一般分为三种。

单向链表(单链表):每个节点只有一个指针,指向下一个节点,如图 2-3 所示。

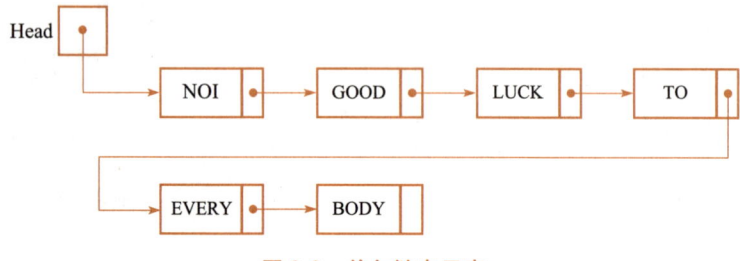

图 2-3 单向链表示意

双向链表:每个节点有两个指针,分别指向上一个节点和下一个节点,如图 2-4 所示。

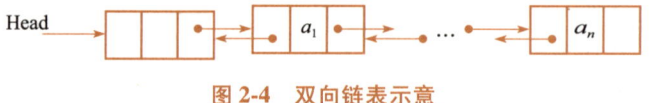

图 2-4 双向链表示意

循环链表:尾节点指向头节点,形成一个循环,如图 2-5 所示。

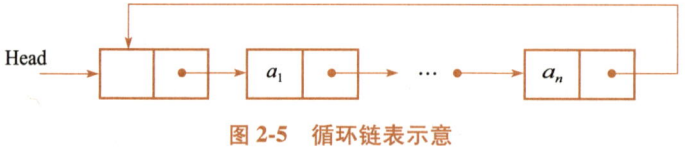

图 2-5 循环链表示意

还有双向循环链表,即既是双向链表,又是循环链表,如图 2-6 所示。

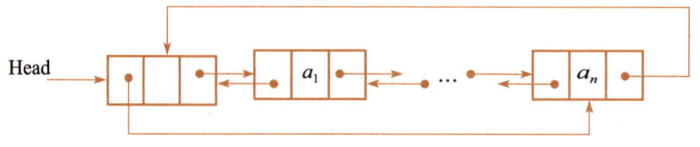

图 2-6 双向循环链表示意

（三）链表的操作

链表通常有以下操作。

创建链表：创建链表，并初始化头节点和尾节点。

插入节点：在链表的特定位置插入一个新的节点。

删除节点：从链表中移除指定位置的节点。

遍历链表：按顺序访问链表中的每个节点，并处理节点的数据。

（四）链表操作的 STL list 实现

STL 里有专门的链表容器 list，下面通过一个简单的例子来说明这些操作。

程序代码：

```cpp
#include <iostream>
#include <list>
#include <iterator>

using namespace std;

int main() {
    // 创建一个空链表
    list<int> myList;

    // 插入元素
    myList.push_back(1);          // 链表现在是：1
    myList.push_front(2);         // 链表现在是：2 1
    myList.push_back(3);          // 链表现在是：2 1 3
    myList.push_front(4);         // 链表现在是：4 2 1 3

    // 在第 3 个位置插入元素
    auto it = myList.begin();
    advance(it, 2);
    myList.insert(it, 5);         // 链表现在是：4 2 5 1 3

    // 打印链表元素
    cout << "The list is: ";
    for (it = myList.begin(); it != myList.end(); ++it) {
        cout << *it << " ";
    }
    cout << endl;                 // 输出：The list is: 4 2 5 1 3

    // 删除元素
    myList.pop_front();           // 链表现在是：2 5 1 3
    myList.pop_back();            // 链表现在是：2 5 1
```

```cpp
    // 删除第 2 个位置的元素
    it = myList.begin();
    advance(it, 1);
    myList.erase(it);              // 链表现在是：2 1

    // 打印链表元素
    cout << "The list is: ";
    for (it = myList.begin(); it != myList.end(); ++it) {
        cout << *it << " ";
    }
    cout << endl;                  // 输出：The list is: 2 1

    return 0;
}
```

（五）链表操作的数组模拟实现

链表可以用指针来实现，也可以用数组来模拟实现，下面通过一个简单的例子来说明如何用数组模拟这些操作。

程序代码：

```cpp
#include <iostream>
using namespace std;

// 定义节点结构
struct Node {
    int value;                     // 节点的值
    int next;                      // 指向下一个节点的指针
};

// 定义链表的头指针和节点数组
int Head = 0;
Node List[2001];                   // 空闲节点链表
int freeHead = 2;                  // 指向空闲节点链表的头指针

// 获取链表第 pos 个节点的位置
int GetPos(int pos) {
    int hd = Head;
    for (int j = 0; j < pos; j++) {
        hd = List[hd].next;
    }
    return hd;
}
```

```cpp
// 分配一个新节点
int NewNode(int val) {
    int newNode = freeHead;
    freeHead = List[freeHead].next;
    List[newNode].value = val;
    return newNode;
}

// 删除回收一个节点
void DeleteNode(int pos) {
// 从链表中删除
    int p = GetPos(pos - 1);
    int delNode = List[p].next;
    List[p].next = List[delNode].next;
    // 回收
List[delNode].next = freeHead;
    freeHead = delNode;
}

// 在链表第 pos 个节点前插入值为 val 的新节点
void InsertValue(int pos, int val) {
    int newNode = NewNode(val);
    int p = GetPos(pos - 1);
    List[newNode].next = List[p].next;
    List[p].next = newNode;
}

// 删除链表的第 pos 个节点
void DeleteValue(int pos) {
    DeleteNode(pos);
}

// 遍历链表,并输出每个节点的值
void traver(){
    for (int i = List[Head].next; i != 0; i = List[i].next) {
        cout << List[i].value << " ";
    }
    cout << endl;
}
int main() {
    // 初始化节点池,也是一个链表
    for (int i = 2; i < 2001; i++) {
        List[i].next = i + 1;
    }
```

```
                List[2001].next = 0;        // 最后一个节点没有后续

    // 创建空链表的头指针——不属于链表节点,链表长度为 0
    Head = 1;
    List[1].next = 0;

                // 在第 1 个节点前插入值为 10 的新节点
                InsertValue(1, 10);
                // 插入节点,在第 1 个节点前插入值为 20 的新节点
                InsertValue(1, 20);
                // 插入节点,在第 2 个节点前插入值为 30 的新节点
    InsertValue(2, 30);

                // 删除节点,删除第 1 个节点
                DeleteValue(1);

                // 遍历链表,并输出每个节点的值
                traver();

                return 0;
    }
```

运行结果:

```
30 10
```

在这段代码中,我们将 value 和 next 封装在 Node 结构体中,创建了一个 Node 类型的数组 List 来存储链表的节点。链表的操作(如插入、删除和获取元素)则通过操作 Node 结构体的 value 和 next 成员函数来实现,如图 2-7 和图 2-8 所示。

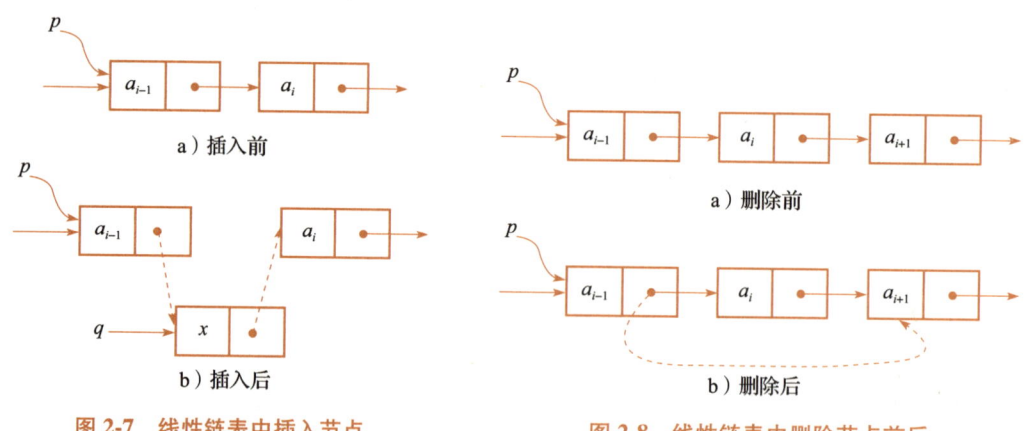

图 2-7　线性链表中插入节点前后指针的变化情况

图 2-8　线性链表中删除节点前后指针的变化情况

通常,如果我们在数组中模拟链表,需要一个额外的数据结构来管理"空闲"的数组(Node List[2001])元素,即那些还没有被用来存储链表节点的元素。

（六）双向链表操作的数组模拟实现

我们可以通过在节点结构中添加一个额外的成员函数 prev 来创建一个双向链表。下面是一个基于给定代码的双向链表版本。

程序代码：

```cpp
#include <iostream>
using namespace std;

// 定义节点结构
struct Node {
    int value;                    // 节点的值
    int next;                     // 指向下一个节点的指针
    int prev;                     // 指向上一个节点的指针
};

// 定义链表的头指针和节点数组
int Head = 0;
Node List[2001];
int freeHead = 2;                 // 指向空闲节点链表的头指针

// 获取链表第 pos 个节点的位置
int GetPos(int pos) {
    int hd = Head;
    for (int j = 0; j < pos; j++) {
        hd = List[hd].next;
    }
    return hd;
}

// 分配一个新节点
int NewNode(int val) {
    int newNode = freeHead;
    freeHead = List[freeHead].next;
    List[newNode].value = val;
    return newNode;
}

// 删除回收一个节点
void DeleteNode(int pos) {
    // 从链表中删除
    int p = GetPos(pos - 1);
    int delNode = List[p].next;
    List[p].next = List[delNode].next;
    List[List[delNode].next].prev = p;    // 更新上一个节点的 next 指针
```

```cpp
    // 回收
    List[delNode].next = freeHead;
    freeHead = delNode;
}

// 在链表的第 pos 个节点前插入值为 val 的新节点
void InsertValue(int pos, int val) {
    int newNode = NewNode(val);
    int p = GetPos(pos - 1);
    List[newNode].next = List[p].next;
    List[newNode].prev = p;
    if(List[p].next != 0) {              // 如果插入位置不是最后,更新下一个节点的
                                         //   prev 指针
        List[List[p].next].prev = newNode;
    }
    List[p].next = newNode;
}

// 删除链表的第 pos 个节点
void DeleteValue(int pos) {
    DeleteNode(pos);
}

// 遍历链表,并输出每个节点的值
void traver(){
    for (int i = List[Head].next; i != 0; i = List[i].next) {
        cout << List[i].value << " ";
    }
    cout << endl;
}

int main() {
    // 初始化节点池,也是一个链表
    for (int i = 2; i < 2001; i++) {
        List[i].next = i + 1;
    }
    List[2001].next = 0;                 // 最后一个节点没有后续
    // 创建空链表的头指针——不属于链表节点,链表长度为 0
    Head = 1;
    List[1].next = 0;
    // 在第 1 个节点前插入值为 10 的新节点
    InsertValue(1, 10);
    // 插入节点,在第 1 个节点前插入值为 20 的新节点
```

```
    InsertValue(1, 20);
// 插入节点,在第 2 个节点前插入值为 30 的新节点
InsertValue(2, 30);

    // 删除节点,删除第 1 个节点
    DeleteValue(1);

    // 遍历链表,并输出每个节点的值
    traver();

    return 0;
}
```

这个程序是一个双向链表的简单实现。每个节点都有一个 next 指针指向下一个节点,以及一个 prev 指针指向上一个节点,如图 2-9 所示。现在,我们可以从链表的任何位置开始向前或向后遍历。示例中只向前遍历了链表。

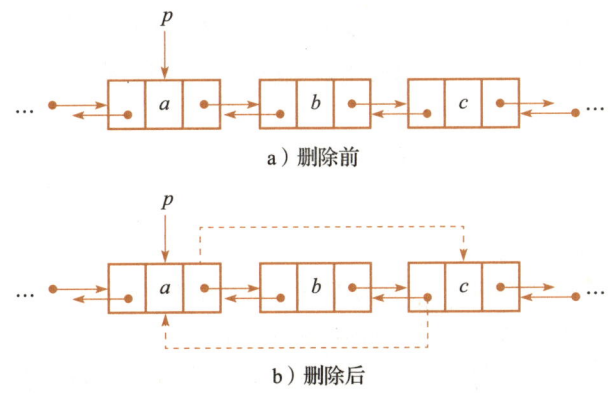

图 2-9 双向链表删除节点前后指针的变化情况

(七) 循环链表操作的数组模拟实现

在循环链表中,最后一个元素指向第一个元素,形成一个循环,所以没有任何一个节点有空指针。这样做的好处是,可以从链表的任何一个节点出发,遍历整个链表。例如:

```
// 遍历循环链表,并输出每个节点的值
void traver( int P){
    for (int i = P; ; i = List[i].next) {
        cout << List[i].value << " ";
        if (List[i].next ==P) break;
    }
    cout << endl;
}
```

（八）为什么学习链表操作的数组模拟实现

用数组模拟来实现链表的功能，需要我们多写一定量的代码。相比较而言，STL 的链表操作更简洁。但学习和理解链表操作的数组模拟实现是有益的，有以下几个原因。

1）深入理解链表：虽然 STL 为我们提供了链表操作的高级抽象，但是通过自己实现链表，我们可以更好地理解链表的工作原理和内部结构。这样不仅可以帮助我们更好地理解 STL 的链表操作，还可以让我们更加熟悉这种数据结构。

2）适应性：有些编程环境或者特殊需求使得我们不能使用 STL 中的链表。在这种情况下，知道如何使用数组来模拟链表就非常有用。

3）提升解决问题的能力：手动实现链表，需要考虑各种可能出现的问题，并找出解决这些问题的可行方法，从而提升解决问题的能力。

4）OI 的时限：在比赛中，程序的执行速度非常重要。在这种情况下，数组模拟实现的链表操作通常比使用 STL 的链表操作快几倍。原因在于数组是一种静态的内存结构，对其进行顺序访问的速度非常快。此外，STL 的实现通常会为了通用性和易用性牺牲一些性能。

因此，如果你正在参加一场对时间复杂度有严格要求的比赛，或者你正在编写一段需要非常高效运行的代码，那么掌握使用数组模拟来实现链表操作，就显得非常重要。

四、实践应用

例 2.1.1　小 A 的烦恼

小 A 生活在一个神奇的国家，这个国家有 $N(N \leqslant 100\,000)$ 个城市，还有 $M(N \leqslant M \leqslant 5\,000\,000)$ 条道路连接两个城市。由道路连接的两个城市可以直接到达。小 A 想知道每个城市能直接到达哪些其他城市，你能帮帮他吗？保证每个城市都有道路与其连接。（注：按照输入的道路顺序输出每个城市直接连接的城市。）

【输入格式】

第 1 行，包含两个整数 N 和 M。

接下来 M 行，每行两个整数，描述一条道路连接的两个城市的编号。

【输出格式】

输出 N 行，每 1 行有若干个用一个空格隔开的整数。第 i 行输出的是与城市 i 直接相连的城市编号，保证城市按照道路输入的先后顺序出现。

【输入样例】

```
4 5
2 3
3 1
1 4
2 4
1 2
```

【输出样例】

```
3 4 2
3 4 1
2 1
1 2
```

题目分析:

每个城市能直接到达的其他城市可以用数组表示,由于有 N 个城市,每个城市最多与 $N-1$ 个城市直接连接,这意味着我们总共需要 $O(N^2)$ 大小的数组,数组大小超过 9GB,计算机内存承受不了。

下面我们介绍一种可行的方法:用链表来保存与某个城市相连接的信息,并把这 N 个链表保存在一个数组中。具体实现是对于输入的一条边 (a,b),把城市 a 添加到城市 b 所在的链表的尾部,把城市 b 添加到城市 a 所在链表的尾部。这样一来,空间的总大小是边数的两倍,即 $O(2×M)$,大大节省了空间。

程序代码:

```cpp
#include <iostream>
#include <list>

using namespace std;
list <int> city[100001];
int main() {
    int N, M;                    // N 是城市数量, M 是道路数量
    cin >> N >> M;

    for (int i = 0; i < M; i++) {
        int a, b;
        cin >> a >> b;           // 输入连接的两个城市

        // 将城市 b 添加到城市 a 的链表中, 将城市 a 添加到城市 b 的链表中
        city[a].push_back(b);
        city[b].push_back(a);
    }

    // 输出每个城市的连接信息
    for (int i = 1; i <= N; i++) {
        for (int p : city[i]) {
            cout << p << " ";
        }
        cout << endl;
    }
    return 0;
}
```

例 2.1.2 约瑟夫环问题

约瑟夫环问题是一个著名的数学和编程问题,描述如下:一群人围成一个圈(可以想象为一个环形),开始报数,从第一个人开始,每次数到第 m 个人,这个人就退出圈子。然后从退出人的下一个人重新开始报数,再数到第 m 个人,然后这个人又退出圈子。如此循环下去,直到圈子里只剩下一个人,那么这个人就是生存者,这个问题就是要找出这个生存者。

【输入格式】

第 1 行,包含两个整数 n 和 m,n 代表总人数,m 代表被淘汰的编号,m 和 n 的范围都为 $[2,10\,000]$。

【输出格式】

一个整数,表示生存者的编号。

【输入样例】

```
5 3
```

【输出样例】

```
4
```

【样例解释】

```
1 2 3 4 5
1 2 4 5
2 4 5
2 4
4
```

题目分析:

在编程中,约瑟夫环问题通常用链表(尤其是循环链表)来模拟。链表中的每个节点代表一个人,删除节点的操作就代表一个人的退出。以下是一个使用 STL 中的 list 来实现的约瑟夫环问题的简单解决方案。

程序代码:

```cpp
#include <list>
#include <iostream>

using namespace std;

int main() {
    int n, m;                              // n 代表总人数,m 代表被淘汰的编号
    cin >> n >> m;

    list<int> people;
```

```
    for(int i = 1; i <= n; ++i) {
        people.push_back(i);              // 初始化，每人一个编号
    }

    auto it = people.begin();
    while(people.size() > 1) {            // 当还剩下一个人时停止循环
        for(int count = 1; count < m; ++count) {
                                          // 报数，每报到 m 就退出一个人
            ++it;
            if(it == people.end()) it = people.begin();
                                          // 如果到了链表的末尾，就回到链表的头部
        }
        it = people.erase(it);            // 淘汰这个人（删除此节点）
        if(it == people.end()) it = people.begin();
    }
    cout << people.front() << endl;       // 输出最后剩下的人的编号
    return 0;
}
```

下面是用数组模拟循环链表方法解决约瑟夫环问题的示例。

程序代码：

```
#include <iostream>

using namespace std;

int Next[10000];                          // Next 数组用于模拟每个人的后继
int main() {
    int n, m;
    cin >> n >> m;

    for (int i = 1; i < n; ++i) {
        Next[i] = i + 1;                  // 初始化每个人的后继为其下一个人
    }
    Next[n] = 1;                          // 最后一个人的后继为第一个人，形成环

    int cur = 1;                          // 从第一个人开始报数
    while (Next[cur] != cur) {            // 当环中只剩下一个人时停止循环
        for (int count = 1; count < m - 1; ++count) {
            cur = Next[cur];              // 报数
        }
        // 删除第 m 个人，并将 cur 移动到下一个人
        Next[cur] = Next[Next[cur]];
        cur = Next[cur];
    }
```

```
        cout << cur << endl;        // 输出最后剩下的人的编号

    return 0;
}
```

五、总结提升

链表是计算机科学中的基础数据结构之一，它具有非常广泛的应用。其主要的优点是可以有效地插入和删除元素，而不需要移动大量的元素，同时能方便地进行动态内存管理。

拓展

可以使用迭代器或范围基础的 for 循环来遍历 List 中的元素。
普通的循环：

```
for(auto i = myList.begin(); i != myList.end(); ++i) {
    cout << *i << '';
}
```

使用范围基础的 for 循环：

```
for( auto i : myList) {
    cout << i << '';
}
```

第二节 线性结构——队列和栈

一、情境导航

网红餐厅

一家新开张的餐厅有一种特别美味的菜肴，每天都会吸引大批食客。由于餐厅的座位有限，顾客在到达餐厅时，会加入一个等待队列的末尾。当有座位空出来时，服务员就会从队列的首部叫下一个顾客用餐，如图 2-10 所示。

这样就保证了先到的顾客会先得到服务。

图 2-10　顾客在餐厅门口排队

二、问题抽象

顾客根据到达餐厅的顺序，依次进入这个等待队列。每个服务员都从队列的前端，即队列的首部（Head）开始，服务第一个等待的顾客，然后这个顾客就从队列中离开。这个过程就是队列的"出队"操作。新到的顾客则会加入队列的尾部，这个过程就是队列的"入队"操作。通过这个等待队列，餐厅能够公平有效地处理顾客的请求。这个故事向我们展示了队列的重要性和其在实际生活中的应用，形象地演示了队列的工作原理。

计算机中的等待队列，在操作系统、网络请求、打印任务等许多场景中都有应用。队列是一种有效管理待处理任务的数据结构，它以先进先出的方式确保了有序性。

三、知识探究

（一）什么是队列

队列是一种特殊的线性结构，它只允许在一端（通常称为队尾）进行插入操作，而在另一端（通常称为队首）进行删除操作。这是一种先进先出的数据结构，它与现实生活中的排队一样，因此而得名，如图 2-11 所示。

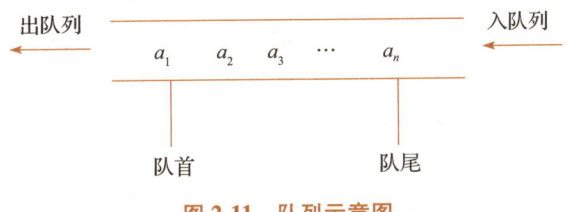

图 2-11　队列示意图

（二）队列的基本操作

队列有以下基本操作：

- 创建队列；
- 入队 push（在队尾添加元素）；
- 出队 pop（删除队首元素）；
- 查看队首元素 front；
- 查看队尾元素 back；
- 检查队列是否为空 empty；
- 获取队列的大小 size。

（三）队列操作的 STL queue 实现

STL 里有专门的队列容器 queue，下面通过一个简单的例子来说明这些操作。

程序代码：

```cpp
#include <iostream>
#include <queue>

using namespace std;

int main() {
    // 创建队列
    queue<int> q;

    // 入队（在队尾添加元素）
    q.push(10);
    q.push(20);
    q.push(30);
    cout << "After enqueue, queue size: " << q.size() << endl;       // 输出：3

    // 查看队首元素
    int front_element = q.front();
    cout << "Front element: " << front_element << endl;              // 输出：10

    // 查看队尾元素
    int back_element = q.back();
    cout << "Back element: " << back_element << endl;                // 输出：30

    // 出队（删除队首元素）
    q.pop();
    cout << "After dequeue, queue size: " << q.size() << endl;       // 输出：2
    front_element = q.front();
    cout << "Front element after dequeue: " << front_element << endl;
                                                                     // 输出：20

    // 检查队列是否为空
```

```
    bool is_empty = q.empty();
    cout << "Is the queue empty? " << (is_empty ? "Yes" : "No") << endl;
                                                    // 输出: No

    // 获取队列的大小
    int size = q.size();
    cout << "Queue size: " << size << endl;     // 输出: 2

    return 0;
}
```

上面的程序首先创建了一个空的队列 q，然后使用 push 函数将三个元素（10、20、30）入队。接着，通过 front 和 back 函数分别查看队首和队尾元素。使用 pop 函数出队，即删除队首元素。然后再次查看队首元素和队列的大小。最后，通过 empty 函数检查队列是否为空，通过 size 函数获取队列的大小。

（四）队列操作的数组实现

队列也可以直接用数组来模拟实现，下面通过一个简单的例子来说明如何通过数组模拟这些操作：

```
#include <iostream>
using namespace std;
const int MAX_SIZE = 1000;                    // 队列最大容量

struct Queue {
    int data[MAX_SIZE];
    int front;                                // 队首索引
    int rear;                                 // 队尾索引
    Queue () {
        front = 0;
        rear = 0;
    }
};

// 检查队列是否为空
bool isEmpty(const Queue &q) {
    return q.front == q.rear;
}

// 入队
bool enqueue(Queue &q, int x) {
    if ((q.rear + 1) % MAX_SIZE == q.front) {      // 队列满了
        return false;
```

```
        q.data[q.rear] = x;
        q.rear = (q.rear + 1) %MAX_SIZE;
        return true;
    }

    // 出队
    bool dequeue(Queue &q, int &x) {
        if (isEmpty(q)) {                                    // 队列空
            return false;
        }
        x = q.data[q.front];
        q.front = (q.front + 1) %MAX_SIZE;
        return true;
    }

    // 获取队首元素
    bool getFront(const Queue &q, int &x) {
        if (isEmpty(q)) {                                    // 队列空
            return false;
        }
        x = q.data[q.front];
        return true;
    }

    int main() {
        Queue q;

        // 入队
        enqueue(q, 10);
        enqueue(q, 20);
        enqueue(q, 30);

        // 获取队首元素
        int x;
        getFront(q, x);
        cout << "Front element: " << x << endl;              // 输出：10

        // 出队
        dequeue(q, x);
        cout << "Dequeued element: " << x << endl;           // 输出：10

        // 再次获取队首元素
        getFront(q, x);
        cout << "Front element after dequeue: " << x << endl; // 输出：20
```

```
        return 0;
}
```

(五) 与队列类似的栈

如果一个队列的首部被封闭，会出现什么情况？新来的人还是只能从队尾进，想出去的人也只能是队尾的那个人。我们可以想象一个只有一端开口的盒子，物品可以从这一端放入或取出，最后放入的物品必须首先被取出，这就是一个新的数据结构——栈。

栈是另一种重要的线性数据结构，然而与队列不同，栈是一种后进先出的数据结构，也就是说最后一个入栈的元素会被首先取出，如图 2-12 所示。

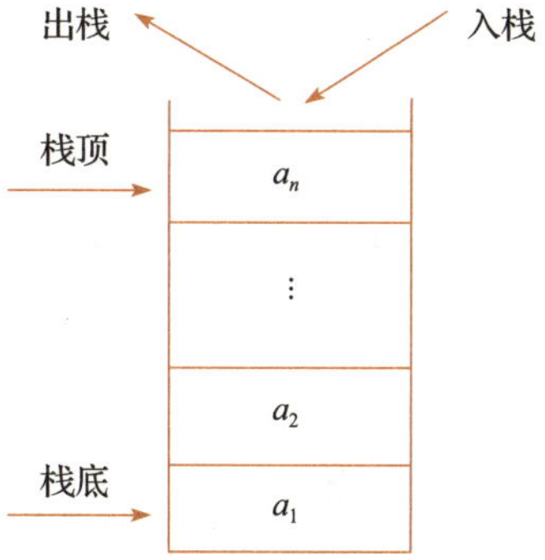

图 2-12 栈示意

(六) 栈的基本操作

栈有以下基本操作。

创建栈：初始化一个空栈。

压栈（push）：在栈顶添加一个元素。

弹栈（pop）：删除栈顶的元素。

获取栈顶元素（top）：查看栈顶的元素但不删除它。

检查栈是否为空（empty）：检查栈是否不含任何元素。

获取栈的大小（size）：返回栈中的元素数量。

(七) 栈操作的 STL stack 实现

STL 里有专门的栈容器 stack，它提供了上述所有操作，而且非常简洁明了。

程序代码：

```
#include <iostream>
#include <stack>

using namespace std;

int main() {
    stack<int> s;

    // 压栈
    s.push(10);
    s.push(20);
    s.push(30);

    // 获取栈顶元素
    cout << "Top element: " << s.top() << endl;          // 输出:30

    // 弹栈
```

```
    s.pop();
    cout << "Top element after pop: " << s.top() << endl;    // 输出:20

    // 检查栈是否为空
    if (s.empty()) {
        cout << "Stack is empty." << endl;
    } else {
        cout << "Stack is not empty." << endl;                // 输出:Stack is not
                                                              //     empty.
    }

    // 获取栈的大小
    cout << "Size of stack: " << s.size() << endl;            // 输出:2

    return 0;
}
```

(八) 栈操作的数组实现

栈也可以用数组来模拟实现。

程序代码：

```
#include <iostream>

#define MAX_SIZE 10000                // 定义最大栈大小

using namespace std;

int top = -1;                         // 栈顶的位置
int arr[MAX_SIZE];                    // 用于保存栈中的元素

// 检查栈是否为空
bool isEmpty() {
    return (top < 0);
}

// 入栈
bool push(int x) {
    if (top >= MAX_SIZE - 1) {
        cout << "Stack Overflow!";
        return false;
    }
    else {
        arr[++top] = x;
        return true;
```

```cpp
    }
}

// 出栈
int pop() {
    if (top < 0) {
        cout << "Stack Underflow!";
        return 0;
    }
    else {
        int x = arr[top--];
        return x;
    }
}

// 获取栈顶元素
int& peek() {
    if (top < 0) {
        cout << "Stack is empty!";
        return top;
    }
    else {
        return arr[top];
    }
}

// 获取栈的大小
int size() {
    return top + 1;
}

int main() {
    push(10);
    push(20);
    push(30);

    // 获取栈顶元素
    cout << "Top element is: " << peek() << endl;        // 输出:30

    // 弹栈
    pop();
    cout << "Top element after pop: " << peek() << endl;  // 输出:20

    // 检查栈是否为空
    if (isEmpty()) {
```

```
            cout << "Stack is empty. " << endl;
        }
        else {
            cout << "Stack is not empty. " << endl;    // 输出:Stack is not empty.
        }

        // 获取栈的大小
        cout << "Size of stack: " << size() << endl;    // 输出:2

        return 0;
    }
```

四、实践应用

例 2.2.1 连通块

有一个 $m×n$ 的方格图,一些格子被涂成了黑色,在方格图中被标为 1,白色格子标为 0。问有多少个四连通的黑色格子连通块?四连通的黑色格子连通块指的是一片由黑色格子组成的区域,其中的每个黑色格子只能通过四连通的走法(上、下、左、右),走黑色格子到达该连通块中的其他黑色格子。求黑色格子连通块的个数。

【输入格式】

第 1 行,两个整数 m 和 $n(m≤100,1≤n)$,表示一个 $m×n$ 的方格图。

接下来 n 行,每行 m 个整数,分别为 0 或 1,表示这个格子是黑色还是白色。

【输出格式】

共 1 行,一个整数 ans,表示图中有 ans 个黑色格子连通块。

【输入样例】

```
3 3
1 1 1
0 1 0
1 0 1
```

【输出样例】

```
3
```

题目分析:

我们可以枚举每个格子,若它是被涂黑的,且它不属于已经搜索过的连通块,则由它开始,扩展搜索它所在的连通块,并把连通块里的所有黑色格子标记为已搜索过。

如何扩展搜索一个连通块?我们用一个搜索队列存储要搜索的格子。每次取出队首的格子,对其进行四连通扩展,若有黑格子,将其加入队尾,扩展完就把该格子删除。

当队列为空时，一个连通块就搜索完了。"连通块"所对应的方格示意如图 2-13 所示。

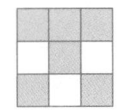

图 2-13 "连通块"对应的方格示意

程序代码：

```cpp
#include <iostream>
#include <queue>

using namespace std;

const int N = 110;

// 定义坐标节点结构体
struct node{
    int x, y;
};

int n, m;
int g[N][N], st[N][N];              // g存储格子信息,st存储搜索状态信息

// 定义广度优先搜索函数
int bfs(int x, int y){
    queue<node> q;
    q.push({x, y});                 // 将起始节点放入队列
    st[x][y] = true;                // 标记起始节点为已搜索

    // 四个方向的偏移量
    int dx[4] = {-1, 0, 1, 0}, dy[4] = {0, 1, 0, -1};

    // 当队列不为空时,取出队首元素,并对其四个方向进行扩展搜索
    while (q.size()) {
        node t = q.front();         // 取出队首元素
        q.pop();                    // 删除已搜索过的队首元素

        for (int i = 0; i < 4; i ++ ) {
            int a = t.x + dx[i], b = t.y + dy[i];
            // 如果坐标越界,或者已经被搜索过,以及该坐标不是黑色格子,则跳过
            if (a < 0 ||a >= n ||b < 0 ||b >= m ||st[a][b] ||! g[a][b]) continue;

            // 否则将新节点加入队列,并标记为已搜索
            q.push({a, b});
```

```
            st[a][b] = true;
        }
    }

    return 1;                          // 搜索完成一个连通块,返回 1
}

int main() {
    cin >> n >> m;

    // 读入方格图
    for (int i = 0; i < n; i ++)
        for (int j = 0; j < m; j ++)
            cin >> g[i][j];

    int res = 0;
    // 遍历所有格子,若格子为黑色且未被搜索过,则开始新的广度优先搜索
    for (int i = 0; i < n; i ++)
        for (int j = 0; j < m; j ++)
            if (g[i][j] && !st[i][j])
                res += bfs(i, j);      // 每完成一次广度优先搜索,连通块数量加 1

    cout << res << endl;               // 输出连通块数量

    return 0;
}
```

例 2.2.2 括号匹配

给定一个只包含左右括号的合法括号序列,按右括号的顺序从左到右输出每一对能配对的括号出现的位置(括号序列以 0 开始编号)。

【输入格式】

共 1 行,表示一个合法的括号序列,长度不超过 100。

【输出格式】

设括号序列有 n 个右括号,则输出包括 n 行,每行两个整数 l 和 r,表示配对的左括号出现在第 l 位,右括号出现在第 r 位。

【输入样例】

(())()

【输出样例】

1 2
0 3
4 5

题目分析：

维护一个栈，从左到右扫描序列，如果当前括号是左括号则将该位置加入栈中，如果是右括号，则该右括号与栈顶位置的左括号匹配，输出这对匹配括号的位置并删除栈顶的左括号。

比如说当前有一个括号序列为(( )( )，那么扫描的过程为：

1) 将位置 0 压入栈，当前栈为{0}。

2) 将位置 1 压入栈，当前栈为{0,1}。

3) 位置 2 为右括号，则位置 2 与栈顶元素 1 配对，输出 1 2，并将栈顶弹出，当前栈为{0}。

4) 位置 3 为右括号，则位置 3 与栈顶元素 0 配对，输出 0 3，并将栈顶弹出，当前栈为{ }。

5) 将位置 4 压入栈，当前栈为{4}。

6) 位置 5 为右括号，则位置 5 与栈顶元素 4 配对，输出 4 5，并将栈顶弹出，当前栈为{ }。

程序结束，得到配对关系为(1 2)，(0 3)，(4 5)。

以下是一个使用 STL 中的 stack 来实现的简单解决方案：

程序代码：

```cpp
#include <iostream>
#include <stack>
#include <string>

using namespace std;

int main() {
    string s;
    cin >> s;                    // 读入括号序列

    stack<int> stk;              // 创建一个栈,存储左括号的位置

    // 从左到右扫描括号序列
    for (int i = 0; i < s.size(); i++) {
        // 如果是左括号,将其位置压入栈
        if (s[i] == '(') {
            stk.push(i);
        }
        // 如果是右括号,输出与其配对的左括号位置和当前右括号位置,并弹出栈顶元素
        else {
            cout << stk.top() << " " << i << endl;
            stk.pop();
        }
```

```
        }
        return 0;
}
```

例 2.2.3 铁轨

每列火车都从 A 方向驶入车站 C，再从 B 方向驶出车站 C，同时它的车厢可以进行某种形式的重新组合，如图 2-14 所示。

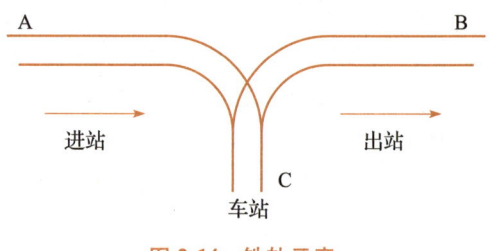

图 2-14 铁轨示意

组合方式为：最晚驶入车站 C 的车厢停在最前面，可在任意时间将停在最前面的车厢驶出车站 C。假设从 A 方向驶来的火车有 $n(n<1000)$ 节车厢，分别按顺序编号为 $1,2,\cdots,n$。假定在进入车站之前每节车厢之间都是不相连的，并且它们可以自行移动，直接移动到 B 方向的铁轨上。另外假定车站 C 可以停放任意多节车厢。但是车厢一旦进入车站 C，就不能再回到 A 方向的铁轨上，并且当车厢进入 B 方向的铁轨后，也不能再回到车站 C。负责车厢调度的工作人员需要知道能否以 $a1,a2,\cdots,an$ 的顺序从 B 方向驶出。

请写一个程序来判断工作人员能否得到指定的车厢顺序。

【输入格式】

第 1 行，一个整数 n，表示有 n 节车厢。

第 2 行，有 n 个整数，表示对应的顺序。

【输出格式】

共 1 行，若可以则输出"Possible"，否则输出"Impossible"。

【输入样例】

```
5
3 5 4 2 1
```

【输出样例】

```
Possible
```

题目分析：

车站 C 相当于一个栈。我们用模拟法解决这个问题，假设我们已经处理了前 $i-1$ 节从 B 方向驶出的车厢，我们现在要让 ai 驶出。若 ai 不在车站 C 中，我们就让若干车厢从 A 方向驶入车站 C，直到 ai 驶入，再将它从 B 方向驶出；若 ai 在车站 C 中，且它是车站 C 中停在最前面的，则将它从 B 方向驶出，否则原问题无解。

如样例中出栈序列是 3 5 4 2 1，模拟过程如下：

1）一开始栈为空。

2）由于3不在栈中，需要把1，2，3依次进栈，再出栈，这样符合出栈序列第一个数是3，当前栈为{1,2}。

3）第2个出栈的是5，5不在栈中，则把4，5压栈，再出栈就可以得到5，此时栈为{1,2,4}。

4）第3个出栈的是4，正好是栈顶元素，直接出栈，栈变为{1,2}。

5）第4个出栈的是2，正好是栈顶元素，直接出栈，栈变为{1}。

6）第5个出栈的是1，正好是栈顶元素，直接出栈，栈变为{}。

在模拟过程中没有碰到要出栈的数在栈中但不是栈顶元素的情况，所以该方案可行。

以下是一个使用STL中的stack函数来实现的简单解决方案。

程序代码：

```cpp
#include <iostream>
#include <stack>
#include <vector>

using namespace std;

int target[1001];              // 存储目标车厢顺序
int main() {
    int n;
    cin >> n;                  // 读入车厢数量

    for (int i = 0; i < n; i++) {
        cin >> target[i];
    }

    stack<int> stationC;       // 车站C,使用栈模拟
    int next = 0;              // 下一节需要驶出的车厢

    for (int i = 1; i <= n; i++) {
        stationC.push(i);      // 车厢从A方向驶入车站C

        // 当栈顶车厢与目标驶出车厢相同时,一直将其驶出
        while (!stationC.empty() && stationC.top() == target[next]) {
            stationC.pop();
            next++;
        }
    }

    // 如果车站C为空,说明所有车厢都成功地按照目标顺序驶出,否则就是不可行的情况
```

```cpp
        if (stationC.empty()) {
            cout << "Possible" << endl;
        } else {
            cout << "Impossible" << endl;
        }

        return 0;
    }
```

五、总结提升

队列是一种数据结构，用于存储元素并遵循先进先出的原则。元素的添加在队尾进行，而元素的删除在队首进行。在编程中，队列可以被用来解决如广度优先搜索、任务调度、缓存等各种问题。

栈也是一种数据结构，它遵循后进先出的原则。在栈中，元素的添加和删除都在同一端进行，这一端通常被称为栈顶。在编程中，栈的用途广泛，如解决一些递归问题、括号匹配问题、浏览器的前进后退问题、函数调用的内存管理问题等。

虽然队列和栈在某种程度上都是线性结构，但它们处理数据的方式完全不同。根据需求，你可能会发现其中一种更有用。例如，在需要按照添加顺序处理问题的情况下，队列是非常有用的。然而，当需要回溯（undo）或者按数据添加的反向顺序进行操作时，栈可能会是更好的选择。

拓展 1

常见的队列变形类型有以下几种。

优先级队列：在这种队列中，每个元素都有一个优先级，优先级最高的元素最先出队。如果多个元素的优先级相同，那么按照其在队列中的顺序出队。

循环队列：在线性队列的基础上，使队尾和队首相连形成一个循环。当队尾到达队列的最后一个位置时，下一个元素将被存放在队列的第一个位置，前提是那个位置是空的。

双端队列（deque）：允许在队首和队尾两端进行插入和删除操作。

这里简单说明一下 STL 的 deque。

C++ STL 中的 deque 是一个具有动态大小的序列容器，可以在其两端进行插入和删除操作。deque 提供了在 $O(1)$ 时间复杂度内进行这些操作的能力。

deque 的主要操作有以下几种。

push_back(data)：在 deque 的末尾添加元素。

push_front(data)：在 deque 的开头添加元素。

pop_back()：删除 deque 末尾的元素。

pop_front()：删除 deque 开头的元素。

size()：返回 deque 中元素的数量。

empty()：如果 deque 为空，则返回 true，否则返回 false。
[ ]：访问 deque 中的元素。
以下是 deque 的使用示例。

程序代码：

```cpp
#include <iostream>
#include <deque>

int main() {
    std::deque<int> d;

    // 在尾部插入元素
    for(int i = 0; i < 5; ++i) {
        d.push_back(i);
    }

    // 在头部插入元素
    d.push_front(-1);

    // 删除头部和尾部元素
    d.pop_front();
    d.pop_back();

    // 遍历 deque
    for(int i = 0; i < d.size(); ++i) {
        std::cout << d[i] << ' ';
    }
    std::cout << '\n';

    return 0;
}
```

拓展 2

例 2.2.4 Blah 数集

数学家高斯小时候偶然间发现一种有趣的自然数集合——以 a 为基的集合 B_a，定义如下：

1）a 是集合 B_a 的基，且 a 是 B_a 的第一个元素；
2）如果 x 在集合 B_a 中，则 $2x+1$ 和 $3x+1$ 也都在集合 B_a 中；
3）没有其他元素在集合 B_a 中了。

现在高斯想知道如果将集合 B_a 中的元素按照升序排列，第 n 个元素是多少。

【输入格式】

输入包含很多行，每行输入包括两个数字，即集合的基 $a(1 \leq a \leq 5)$ 以及所求元素

序号 $n(1 \leq n \leq 50)$。

【输出格式】

对应每个输入，输出集合 B_a 的第 n 个元素值。

【输入样例】

```
 1  100
28  5437
```

【输出样例】

```
   418
900585
```

题目分析：

题目要求输出集合中第 n 小的数，我们可以按照从小到大的顺序把序列中的前 n 个数产生出来放入队列 Q 中，注意队列中除了第一个数 a 以外，其余每一个数 y 一定可以表示成 $2x+1$ 或者 $3x+1$ 的形式，其中 x 是队列中的某一个数。因此除了第一个数 a 以外，可以把队列 $Q[\ ]$ 的所有数分成两个重叠的子队列，一个是用 $2x+1$ 来表示的数的队列 a，另一个是用 $3x+1$ 来表示的数的队列 b，则两个队列要保持有序非常容易，只需用两个指针 idx2 和 idx3 来记录，其中 idx2 表示队列 a 下一个要产生的数是由 $Q[\text{idx2}] \times 2+1$ 得到的，idx3 表示队列 b 下一个要产生的数是由 $Q[\text{idx3}] \times 3+1$ 得到的。接下来比较 $Q[\text{idx2}] \times 2+1$ 和 $Q[\text{idx3}] \times 3+1$ 的大小关系，处理指针移动即可。

下面的程序虽然没有显式的队列，但其中隐含了三个队列：$2x+1$ 的队列、$3x+1$ 的队列和答案队列。

程序代码：

```cpp
#include <iostream>
#include <algorithm>
#define MAX 1000005
#define INF 0x7fffffff
using namespace std;

typedef long long ll;

ll Q[MAX], a, n;

int main() {
    while(cin >> a >> n) {
        fill(Q, Q + MAX, INF);          // 将数组Q初始化为极大值
        Q[0] = a;
        int i = 0, idx2 = 0, idx3 = 0;
        for(i = 1; i < n; i++) {
            // 从Q[idx2]*2+1 和 Q[idx3]*3+1 中选择较小的一个数加入数集
```

```
            Q[i] = min(Q[idx2] *2 + 1, Q[idx3] *3 + 1);
            // 如果选择的是Q[idx2]*2+1,指针idx2向右移动一位
            if(Q[i] == Q[idx2] *2 + 1) idx2++;
            // 如果选择的是Q[idx3]*3+1,指针idx3向右移动一位,注意不能使用else
            if(Q[i] == Q[idx3] *3 + 1) idx3++;
        }
        cout << Q[n - 1] << endl;          // 输出第n个元素
    }
    return 0;
}
```

第三节 树的引入

一、情境导航

家谱的结构

家谱是一个倒过来的树形结构,如图2-15所示。想象一下,祖先就像树的根部一样,是家族的起源。从根部开始,家族逐渐分出更多的子孙,就像树枝一样向外扩展。每一代人都可以看作树的一层,长辈是树干,孩子和孙子则是分出去的枝丫。分支之间不重复、不交叉,脉络结构清晰。

我们可以通过查看一棵家谱树来追溯任何一个人的家族历史,就像在一棵树上,我们可以从任何一片叶子开始,顺着树枝一直向下追溯,直到根部(也就是祖先)。

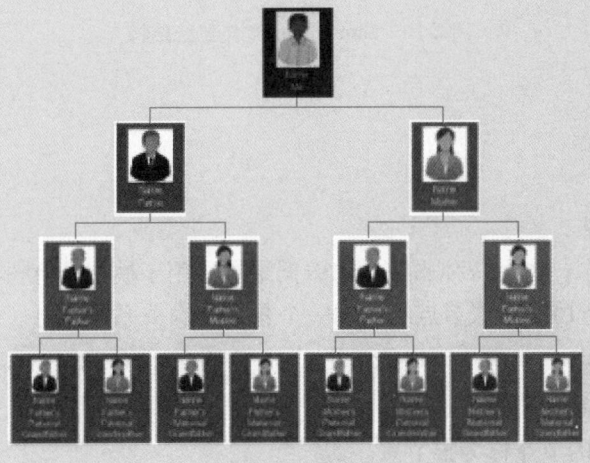

图2-15 家谱

二、问题抽象

树形结构在家谱中的应用具有以下特点。

单一起源：家谱树有一个单一的根节点，这是家族的始祖。从这个根节点开始，所有的家庭成员都是通过连线得到的。

分级结构：家谱树可以清楚地展示家庭成员之间的关系和代际层次。从祖先到子孙，每一层都对应一个代际。

无环：在家谱树中，从一个节点到另一个节点的路径是唯一的，不存在环路。这意味着一个人不能成为自己的祖先或子孙。

有序性：在家谱树中，同一代的成员（比如兄弟姐妹）之间是有顺序的，可以按照出生顺序排列。

叶节点和内部节点：在家谱树中，有子女的人被视为内部节点，而没有子女的人（通常是最年轻的一代）被视为叶节点。

这些特点让家谱树成为理解和探索家族历史的有力工具，树形结构也成为计算机科学中用于表示层次关系和复杂数据结构的重要工具。比如，我们需要像维护和更新家谱以保持其准确性一样，来对计算机的文件系统进行管理和更新，图 2-16 展示了 Linux 树状文件系统结构。

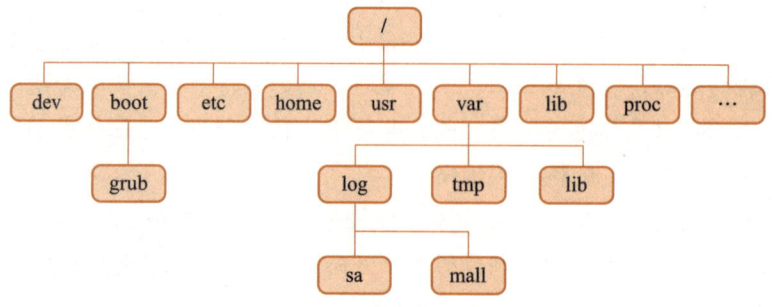

图 2-16　Linux 树状文件系统结构

三、知识探究

（一）什么是树

在计算机科学中，树是一种非线性的数据结构，用于模拟具有树状结构性质的数据集合。它是由 $n(n \geq 1)$ 个有限节点组成的一个具有层次关系的集合。

1. 树结构的特点

1）每个节点有零个或多个子节点。

2）没有父节点的节点称为根节点。

3）每一个非根节点有且只有一个父节点。

4）除了根节点外，每个子节点可以分为多个不相交的子树。

2. 树结构的基本术语

节点的度：一个节点含有的子树的个数称为该节点的度。

叶节点：度为零的节点称为叶节点。

父亲节点或父节点：若一个节点含有子节点，则这个节点称为其子节点的父节点。

子节点或孩子节点：若一个节点有父节点，则这个节点称为其父节点的子节点。

兄弟节点：具有相同父节点的节点互称为兄弟节点。

节点的祖先：从根到该节点所经分支上的所有节点都称为该节点的祖先。

子孙：以某节点为根的子树中任一节点都称为该节点的子孙。

节点的层次：从根开始定义，根为第一层，根的子节点为第二层，以此类推。

树的高度或深度：树中节点的最大层次。

树的度：一棵树中，最大的节点的度称为树的度。

图 2-17 为一棵树的例子。

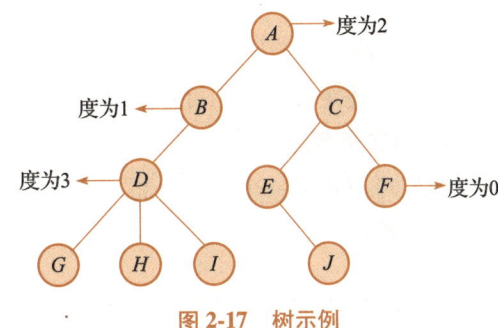

图 2-17 树示例

如图 2-17 所示，A 节点是根节点。

B、E 节点的度为 1；A、C 节点的度为 2；D 节点的度为 3。

F、G、H、I、J 节点都是叶节点，度为 0。

B 是 D 的父节点。

D 是 B 的子节点。

E、F 是兄弟节点。

A、B、D 都是 I 的祖先。

其他节点都是 A 的子孙；D、G、H、I 都是 B 的子孙。

A 在第一层；B 和 C 在第二层；D、E、F 在第三层；G、H、I、J 在第四层。

树的高是 4。

树的度为 3。

（二）树的表示与存储

1. 指针

在一般树中，一个节点可以有任意数量的子节点。为了实现一般树，我们需要定义一个节点，该节点存储数据和子节点的列表。在 C++ 中，我们可以使用结构体和指针向量来表示一般树的节点。

以下是一个简单的例子，展示了如何定义一个一般树的节点：

```
struct TreeNode {
    int val;
    vector< TreeNode*> children;
```

```
        TreeNode(int x) : val(x) {}              // 构造函数,可以省略
};
```

在这个定义中,每个 TreeNode 都有一个整数值和一个子节点的向量。向量 children 中的每个元素都是一个指向 TreeNode 的指针,表示该节点的子节点。

2. 数组

在信息学比赛中,输入数据的格式通常是先给所有节点编号,然后给出一些有序编号对 (a, b),表示 a 是 b 的父节点。因此树的节点可以表示为:

```
struct TreeNode {
    int val;
    vector <int> children;

} nodes[maxN];
```

(三)树的基本操作

有了上述定义,我们可以实现树的一些基本操作,如添加子节点和遍历树。

1. 添加子节点

我们可以定义一个函数,将一个节点添加到另一个节点的子节点列表中。

(1) 指针

```
void addChild(TreeNode* parent, TreeNode* child) {
    parent->children.push_back(child);
}
```

(2) 数组

```
void addChild(int parent, int child) {
    nodes[parent].children.push_back(child);
}
```

2. 遍历树

我们可以使用深度优先搜索来遍历树的所有节点。以下是一个递归函数,它打印出一个节点及其所有子节点的值。

(1) 指针

```
void traverse(TreeNode* node) {
    if (node == nullptr) return;

    // 打印节点的值
    cout << node->val << endl;

    // 遍历该节点的所有子节点
```

```
    for (auto child : node->children) {
        traverse(child);
    }
}
```

(2) 数组

```
void traverse(int node) {
    if (node == 0) return;

    // 打印节点的值
    cout << char(nodes[node].val) << endl;

    // 遍历该节点的所有子节点
    for (auto child : nodes[node].children) {
        traverse(child);
    }
}
```

四、实践应用

例 2.3　树的括号表示

一棵树可以用一个括号加字母结构的字符串表示，每一个左括号表示一个新的子树的开始，每一个右括号表示当前子树的结束。如图 2-18 所示的树可以用 "A(B(DE(HI)F)C(G))" 这样的括号结构表示。请设计一个程序，输入一个树结构，则输出相应的括号结构。

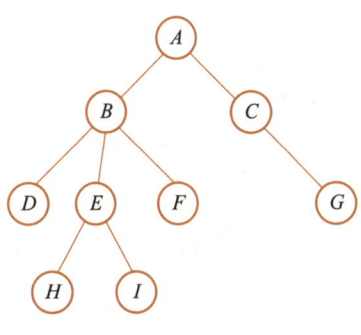

图 2-18　一棵树

【输入格式】

第 1 行，1 个整数 $N(1 \leqslant N \leqslant 24)$，表示树有 N 个节点。节点编号从 1 到 N，根节点是 1 号。

第 2 行，N 个字母，表示节点 1 到节点 N 的符号。

接下来 $N-1$ 行，每行两个整数 a 和 b，表示编号 b 的节点的父节点编号是 a。

【输出格式】

一行字符串，表示输入树的相应括号结构表示。

注意，输出结果可能不唯一，请按照字典序最小的顺序输出。

【输入样例】

9
abcdefghi

```
5 8
5 9
1 2
1 3
2 4
2 5
2 6
3 7
```

【输出样例】

```
a(b(de(hi)f)c(g))
```

题目分析：

使用数组实现方法，按照要求建立树。然后用深度优先搜索来解决。我们首先访问节点自身，然后递归访问其所有的子节点。在访问子节点前输出左括号，在递归访问子节点之后输出右括号。

程序代码：

```cpp
#include <iostream>
#include <vector>
#include <algorithm>              // 用于 sort 函数
using namespace std;

const int MAX_N = 100;

struct TreeNode {
    char val;
    vector<int> children;
} nodes[MAX_N];

// 添加子节点，维护树的结构
void addChild(int parent, int child) {
    nodes[parent].children.push_back(child);
}
bool cmp(int a, int b) {
    return nodes[a].val < nodes[b].val;
}
// 深度优先遍历，进行树的括号结构输出
void traverse(int node) {
    if (node == 0) return;

    // 输出节点自身的值
    cout << nodes[node].val;
```

```cpp
        // 如果该节点有子节点
        if (!nodes[node].children.empty()) {
            cout << "(";

            // 对子节点进行排序,确保字典序最小
            sort(nodes[node].children.begin(), nodes[node].children.end(),
                cmp);

            // 遍历排序后的子节点
            for (int child : nodes[node].children) {
                traverse(child);
            }
            cout << ")";
        }
}

int main() {

    int N;
    cin >> N;
    for (int i = 1; i <= N; i++)         // 读入 N 个节点的值
        cin >> nodes[i].val;

    for (int i = 0; i < N - 1; i++) {    // 读入 N-1 条边
        int a, b;
        cin >> a >> b;
        addChild(a, b);
    }

    // 从根节点开始遍历
    traverse(1);
    return 0;
}
```

五、总结提升

树结构是计算机科学中的一种关键的数据结构,可以有效地组织和管理信息。在树结构中,有以下几个关键的概念。

节点:每个单独的数据元素称为一个节点。每个节点不仅包含数据元素本身,还包含它与其他节点的关系信息。

边:节点之间的链接称为边。

根节点：没有父节点的节点称为根节点。在一个树结构中只有一个根节点。

树结构的存储和表示主要有两种方式：链式存储结构和顺序存储结构。链式存储结构通过**指针**链接每个节点，每个节点中包含数据域和指针域；顺序存储结构则将数据存储在**数组**中，通过数组下标的关系表达节点之间的关系。

使用树结构时，常见的操作包括树的建立、遍历、查找等。遍历树的方法有多种，如深度优先搜索和广度优先搜索，分别以深度和广度为优先条件，访问树的所有节点。

在许多信息学竞赛题目中，都需要运用树结构的相关知识，如计算树的高度或深度、查找特定节点、查找最近公共祖先等。

拓展

广度优先搜索(Breadth-First Search，BFS)是一种策略，用于遍历或搜索树或图的数据结构。它从根节点开始访问所有相邻的节点，然后对每个相邻节点做同样的操作，以此类推。

在树的场景中，广度优先搜索可以用于查找节点、计算树的宽度、寻找两个节点之间的最短路径等。

以下是使用C++实现广度优先搜索的一个基本程序示例。

程序代码：

```cpp
#include <iostream>
#include <vector>
#include <queue>

using namespace std;

// 树的节点
struct TreeNode {
    int val;
    vector<int> children;                      // 子节点的索引
};

// 执行广度优先搜索
void BFS(vector<TreeNode>& tree, int root) {
    queue<int> q;
    q.push(root);                              // 将根节点的索引加入队列

    while (!q.empty()) {
        int nodeIndex = q.front();             // 获取队列首部的节点索引
        q.pop();                               // 弹出队列首部的节点索引

        cout << tree[nodeIndex].val << " ";    // 打印节点值
```

```cpp
            // 将该节点的所有子节点索引加入队列
            for (auto childIndex : tree[nodeIndex].children) {
                q.push(childIndex);
            }
        }
    }
}

int main() {
    // 创建树
    vector<TreeNode> tree(3);
    tree[0].val = 1;                          // 根节点
    tree[1].val = 2;                          // 子节点 1
    tree[2].val = 3;                          // 子节点 2

    tree[0].children.push_back(1);
    tree[0].children.push_back(2);

    // 执行广度优先搜索
    BFS(tree, 0);

    return 0;
}
```

这个程序创建了一个只有 3 个节点的简单树,并对其进行广度优先搜索。这个程序的运行结果是 1　2　3,这是因为按照广度优先搜索的规则,我们首先访问根节点,然后是它的所有子节点。

第四节　二叉树

一、情境导航

熊猫家谱

在一个熊猫部落,有一条特殊的规矩:如果一只雌性熊猫生育了一窝可爱的小熊猫,它就会离开部落,去外面的世界流浪天涯,再也不回来。由于熊猫每胎最多生 2 只幼仔,所以每个节点最多有两个子节点。这个规矩让部落中的熊猫家谱形成了一棵特殊的二叉树,如图 2-19 所示。

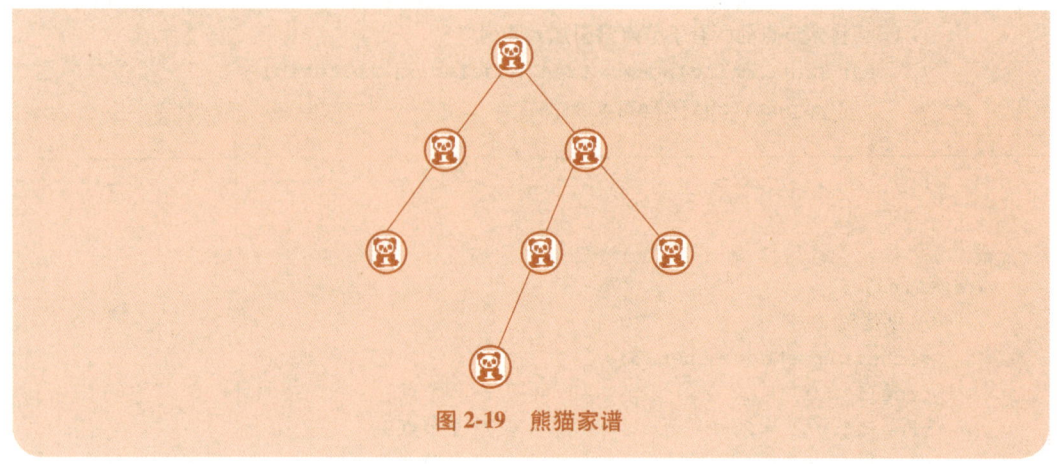

图 2-19 熊猫家谱

二、问题抽象

欢迎进入计算机科学中的神秘森林，这里有一种非常特殊且神奇的树，我们称之为二叉树。二叉树，如同一棵在现实世界中的树，具有自己独特的生命线条和结构规律。

二叉树是一种重要的树结构，每个节点最多有两个子节点，分别为左节点和右节点。二叉树的 5 种基本形状，如图 2-20 所示。

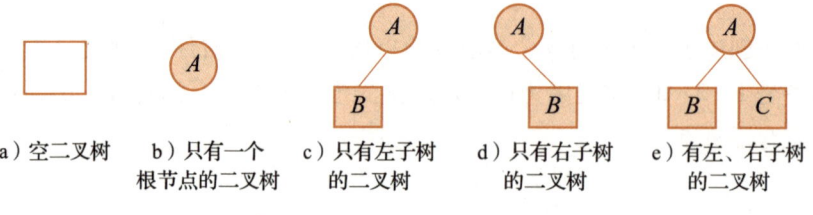

图 2-20 二叉树的 5 种基本形状

空二叉树：一棵没有节点的树。

只有一个根节点的二叉树：只有一个节点的树，该节点即根节点，也是叶节点。

只有左子树的二叉树：这棵树有一个根节点，而根节点只有一个子节点，且该孩子节点位于左侧。

只有右子树的二叉树：这棵树有一个根节点，而根节点只有一个子节点，且该孩子节点位于右侧。

有左、右子树的二叉树：这棵树有一个根节点，而根节点有两个子节点。

三、知识探究

（一）什么是二叉树

二叉树是每个节点最多有两个子树的树结构，通常子树被称作"左子树"和"右子树"。

特别要注意的是对于一般树，一个节点的子节点的次序是不重要的。但对于二叉树，一个节点的两个子节点是有序的，分左子节点和右子节点，不能混淆。

（二）二叉树的性质

二叉树除了有树的通常性质，还有以下数学性质。

（1）第 i 层最多有 2^{i-1} 个节点（$i \geq 1$）。

（2）深度为 k 的二叉树至多有 2^k-1 个节点（$k \geq 1$）。

（3）包含 n 个节点的二叉树的高度至少为 $\log_2(n+1)$，向上取整。

（4）在任意一棵二叉树中，若叶节点数为 $n0$，度为 2 的节点数为 $n2$，则 $n0=n2+1$。

假设一棵二叉树中，叶节点数为 $n0$，度为 1 的节点数为 $n1$，度为 2 的节点数为 $n2$。

我们考虑二叉树的边的数目。在树中，每个节点都会从它的父节点那里得到一条边，只有根节点除外。所以，一棵含有 n 个节点的树（$n=n0+n1+n2$）有 $n-1$ 条边。

现在，我们再从另一个角度考虑边的数目。对于度为 1 的节点，它会提供一条边；对于度为 2 的节点，它会提供两条边。而终端节点（度为 0 的节点）不会提供边。所以，二叉树的边的数目也可以表示为 $n1+2 \times n2$。

根据上面的论述，我们可以得到：

$n1+2 \times n2 = n-1$，

即

$n1+2 \times n2 = n0+n1+n2-1$，

通过简化，我们可以得到：

$n0=n2+1$。

（三）二叉树的表示与存储

假设给定一棵二叉树，如图 2-21 所示，如何用数据结构表示？

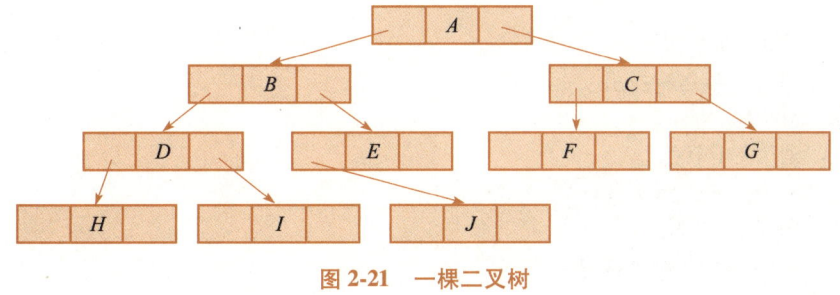

图 2-21　一棵二叉树

我们可以定义二叉节点的数据结构为：

left	data	right
左子树指针	数据	右子树指针

具体实现如下。

(1)指针

在链式存储结构中,每个节点包含三部分:节点值,左子节点的指针和右子节点的指针。在C++中,我们可以用一个结构体来表示:

```
struct TreeNode {
    int val;                                                    // 节点值
    TreeNode *left;                                             // 左子树指针
    TreeNode *right;                                            // 右子树指针
    TreeNode(int x) : val(x), left(nullptr), right(nullptr) {}  // 构造函数
};
```

(2)数组模拟

```
struct TreeNode {
    int val;
    int left, right;
} nodes[maxN];
```

(四)二叉树的基本操作

二叉树除了具有普通树的基本操作,还具备二叉树特有的三种遍历。

前序遍历:先访问根节点,然后访问左子树,最后访问右子树。
中序遍历:先访问左子树,然后访问根节点,最后访问右子树。
后序遍历:先访问左子树,然后访问右子树,最后访问根节点。
下面是使用数组模拟的前序遍历函数。

程序代码:

```
void traverseA(int root) {          // 前序遍历
    if (root == 0) return;

    // 打印节点的值
    cout << nodes[root].val <<" ";

    // 遍历左子节点
    traverseA(nodes[root].left);
    // 遍历右子节点
    traverseA(nodes[root].right);
}
```

四、实践应用

例2.4 二叉树遍历

现有 N 个节点的二叉树,节点的编号从 1 到 N。每个节点数据是一个字符串表示的

名称，左、右"指针"为其左、右子节点的编号。

现在要求输出中序遍历和后序遍历的结果。

【输入格式】

第 1 行，1 个整数 $N(1 \leq N \leq 1000)$，表示二叉树有 N 个节点。节点编号从 1 到 N。

接下来 $N-1$ 行，每行 1 个字符串 S 和 2 个整数 L 和 R。S 代表节点的名称，L 表示左子节点的编号，R 表示右子节点的编号。如果编号为 0 表示没有子节点。

【输出格式】

2 行字符串序列，分别表示中序遍历和后序遍历的输出结果。

【输入样例】

```
6
A 2 3
B 4 5
E 0 6
C 0 0
D 0 0
F 0 0
```

【输出样例】

```
C B D A E F
C D B F E A
```

【样例解释】

输入对应的二叉树如图 2-22 所示。

题目分析：

使用数组模拟实现方法，可以简单按照题目输入建立树。然后类似前面的前序遍历函数，修改输出次序即可。

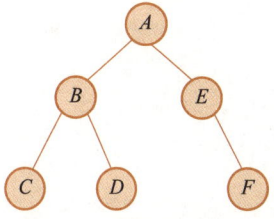

图 2-22 样例二叉树 1

程序代码：

```cpp
#include <iostream>
using namespace std;
const int maxN = 10000;

// 二叉树的节点
struct BTreeNode {
    string val;
    int left, right;
} nodes[maxN];
int N;

void traverseB(int root) {                    // 中序遍历
```

```cpp
        if (root == 0) return;

        // 遍历左子节点
        traverseB(nodes[root].left);

        // 打印节点的值
        cout << nodes[root].val <<" ";

        // 遍历右子节点
        traverseB(nodes[root].right);
}

void traverseC(int root) {                    // 后序遍历
        if (root == 0) return;

        // 遍历左子节点
        traverseC(nodes[root].left);
        // 遍历右子节点
        traverseC(nodes[root].right);

        // 打印节点的值
        cout << nodes[root].val << " ";
}

int main() {
        cin >> N;
        for (int i=1; i<=N; i++){
            cin >> nodes[i].val >> nodes[i].left >> nodes[i].right;
        }
        traverseB(1); cout << endl;
        traverseC(1); cout << endl;
        return 0;
}
```

五、总结提升

二叉树的优势在于其结构的规整性，使其在进行搜索、插入和删除等操作时，复杂度都可以保持在较低的水平。特别是搜索，如果二叉树是平衡的，那么其搜索的复杂度可以达到对数级别，这是非常快的。此外，二叉树的有序性使其非常适合数据的排序和检索操作。

由于上述优点，二叉树在信息学竞赛中的地位非常重要，很多复杂的问题都可以使用二叉树进行简化和高效解决。例如，哈夫曼编码就是一个典型的利用二叉树进行编码的算法。线段树和二叉索引树等数据结构,就是在二叉树的基础上进一步发展起来的,它们在处理一些区间查询和修改问题时有很大的优势。

同时,一般的树结构也常常通过左孩子右兄弟表示法转化为二叉树来进行存储和操作。这种转化方法既可以利用二叉树的优点,又保持了树结构的特性,在处理树形问题时能够更加高效和灵活。

因此,掌握二叉树和相关算法对于信息学竞赛选手来说是非常必要的。只有深入理解了二叉树,才能在解决问题中更好地发挥它的作用,提高竞赛的成绩。

拓展 1

已知一棵二叉树的中序遍历和前序遍历的结果,求出后序遍历。例如已知:
中序遍历的结果是:3 6 1 5 2 4
前序遍历的结果是:1 3 6 2 5 4
可以确定二叉树如图 2-23 所示。

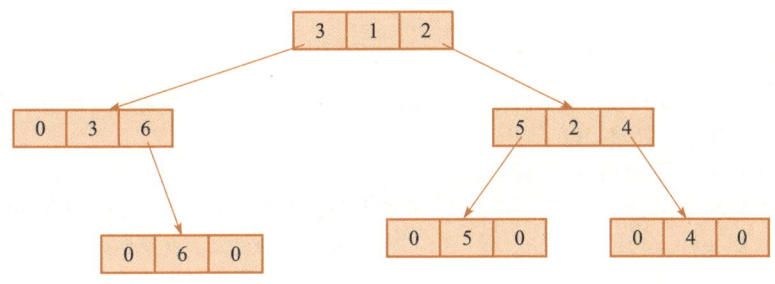

图 2-23 样例的二叉树 2

得到后续遍历为:6 3 5 4 2 1

【输入格式】

第 1 行一个正整数 N,不超过 1000。
第 2 行有 N 个整数,表示二叉树的中序遍历结果。
第 3 行有 N 个整数,表示二叉树的前序遍历结果。

【输出格式】

输出 N 个整数,表示二叉树的后序遍历。

题目分析:

分析这个问题,我们需要了解二叉树的三种遍历方式(前序、中序和后序)的特性。
前序遍历:访问顺序为"根节点->左子树->右子树"。
中序遍历:访问顺序为"左子树->根节点->右子树"。
后序遍历:访问顺序为"左子树->右子树->根节点"。

如果我们知道一棵二叉树的前序遍历和中序遍历的结果,那么我们可以唯一地确定这棵二叉树的结构。因为在前序遍历中,第一个元素总是树的根节点;在中序遍历中,根节点把左子树和右子树分开。左子树的所有节点都在根节点的左边,右子树的所有节点都在根节点的右边。

所以，我们可以先在前序遍历结果找到根节点，然后在中序遍历结果中找到根节点的位置，把左子树和右子树的节点分开。这样，我们就可以知道左子树和右子树的节点分别是什么，然后我们可以递归地对左子树和右子树进行同样的操作，得到整棵二叉树的结构。

当我们得知二叉树的结构时，就可以按照后序遍历的方式得到后序遍历的结果。

以上的分析可以用递归的方式实现。我们可以定义一个函数，这个函数的输入是前序遍历和中序遍历的结果，输出是后序遍历的结果。

以下是使用 C++ 实现一个基本的程序示例。

程序代码：

```cpp
#include<bits/stdc++.h>
using namespace std;

int N;
int ma[1005],pa[1005];

// DFS 是一个递归函数,lm,rm,lp 分别表示当前处理的子树在中序遍历中的左右边界,以及在前序遍历中的根节点位置
void DFS( int lm, int rm, int lp ){
    if (lm > rm) return ;           // 如果左边界大于右边界,表示子树为空,直接返回
    int x=pa[lp];                   // 前序遍历的首元素就是当前子树的根节点
    for (int i=lm; i<=rm ; i++)     // 在中序遍历中找到根节点的位置
        if (ma[i]==x){              // 找到根节点
            DFS(lm,i-1,lp+1);       // 递归处理左子树
            DFS(i+1,rm,lp+i-lm+1);  // 递归处理右子树
            cout << x << " ";       // 因为我们是后序遍历,所以根节点最后输出
            break;
        }
}
int main(){
    cin >> N;                       // 输入节点数量
    for (int i=0; i<N; i++){
        cin >> ma[i];               // 输入中序遍历的结果
    }
    for (int i=0; i<N; i++){
        cin >> pa[i];               // 输入前序遍历的结果
    }
    
    DFS(0,N-1,0);                   // 调用 DFS 开始处理
    
    return 0;
}
```

📖 拓展 2

要将普通树转化为二叉树，左孩子右兄弟表示法是一种常见的从树形结构到二叉树的转换方法。在这种表示法中，每个节点只有两个指针：一个指向第一个子节点（我们称之为左孩子），另一个指向其紧邻的兄弟节点（我们称之为右兄弟）。换句话说，每一个节点的子节点都被视作一个链表，这个链表的头节点是该节点的左孩子，其余节点都是其右兄弟。

这种表示法可以将任意的树形结构转换为二叉树，并且转换的过程不会丢失原树的结构信息。接下来，让我们来具体看看如何实现转换。

1. 准备工作

我们首先需要定义树的节点的数据结构，它包含三个字段，一个用来存储节点值，两个用来存储指向左孩子和右兄弟的指针：

```
struct Node {
    int value;
    Node *leftChild;
    Node *rightSibling;
};
```

然后，我们可以通过这个数据结构来创建树的节点，并建立它们之间的关系。

2. 转换过程

要将一般树转换为二叉树，我们只需要遍历一般树的每一个节点，并将该节点的子节点链表转换为一个二叉树。

具体来说，对于每一个节点，我们首先取出其子节点链表的头节点作为左孩子，然后将链表中的其他节点依次设为左孩子的右兄弟。

程序代码：

```
struct Node {
    Node* firstChild;          // 指向第一个子节点
    Node* nextSibling;         // 指向同一父节点的下一个兄弟节点
    Node* leftChild;           // 二叉树中的左子节点
    Node* rightSibling;        // 二叉树中的右子节点
};

// 该函数将普通的多子节点树转换为二叉树形式
Node* convert(Node* root) {
    if (root == nullptr) {
        return nullptr;        // 如果节点为空,直接返回 nullptr
    }
    // 第一个子节点变为左子节点
    Node* leftChild = convert(root->firstChild);
```

```cpp
                        // 递归调用 convert 将第一个子节点及其所有兄
                        弟节点转换为二叉树形式

    // 第一个子节点的所有兄弟节点变为右子节点
    Node* sibling = leftChild;      // 从左子节点开始
    while (sibling != nullptr) {
        sibling->rightSibling = convert(sibling->nextSibling);
                        // 将当前节点的下一个兄弟节点转换并设置为当
                        前节点的右子节点
        sibling = sibling->rightSibling;
                        // 移动到右子节点,继续处理下一个兄弟节点
    }

    root->leftChild = leftChild;    // 设置转换后的左子节点
    root->rightSibling = nullptr;   // 在二叉树中,新节点右兄弟是 nullptr
    return root;                    // 返回修改后的当前节点
}
```

说明:

在上面的代码中,我们使用递归的方式完成了转换,这是因为树的结构天然适合递归处理。我们首先处理根节点,然后再递归处理它的每一个子节点。

3. 结果

经过转换,原来的一般树就被转换为一个二叉树,而且我们可以通过中序遍历这个二叉树来还原树的结构。

总的来说,左孩子右兄弟表示法是一种高效的从树到二叉树的转换方法,它不仅可以简化树的存储,也可以将树的操作转化为二叉树的操作,从而利用已有的二叉树算法和数据结构。

第五节 二叉搜索树

一、情境导航

奶牛排队

在草原上,农场主约翰有群牛。约翰是一个非常有条理的人,决定按照一种特殊的方式来给牛排队。每次他会从牛群中挑选一头牛作为参考,然后把比这头参考牛重量轻的都放到它的左边,重的都放到右边。并且,对左边和右边都进行递归处理。

这种管理牛群的方法就像一棵大树，参考牛就是树的根，左边和右边的牛就是左子树和右子树，并且二叉树按照某种方式重量有序，如图2-24所示。

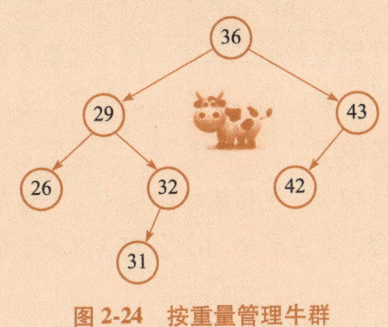

图2-24 按重量管理牛群

二、问题抽象

农场主约翰管理牛群的方式，就好比一棵特别的二叉树。在这种二叉树中，每一个节点的左子节点的值都小于该节点的值，右子节点的值都大于该节点的值。有了这个数据结构，约翰可以非常快速地找到任何重量的牛，大大提高了管理效率。

这种树叫二叉搜索树（Binary Search Tree，简称BST），可以高效检索是二叉搜索树的核心思想。

三、知识探究

（一）什么是二叉搜索树

二叉搜索树是一种特殊的二叉树，具有以下特性：每个节点的值都大于其左子树中的任何节点的值，小于其右子树中的任何节点的值；左子树和右子树也都是二叉搜索树。

如果有键值相等的节点，有如下两种处理方法。

方法一：

1）若左子树不空，则左子树上所有节点的值均小于其根节点的值；

2）若右子树不空，则右子树上所有节点的值均大于或等于其根节点的值；

3）左、右子树也分别为二叉搜索树。

方法二：

1）若左子树不空，则左子树上所有节点的值均小于或等于其根节点的值；

2）若右子树不空，则右子树上所有节点的值均大于其根节点的值；

3）左、右子树也分别为二叉搜索树。

由于这些特性，二叉搜索树的查找、插入、删除操作在平均情况下可以在 $O(\log n)$

的时间内完成(要避免最坏情况出现还需要还未学习的"平衡"技术),其中 n 是二叉搜索树中节点的数量。因此,二叉搜索树在许多场合下被用作高效动态查找和排序的工具。

二叉树搜索树的表示与存储与普通二叉树一样,这里不再累述。

二叉树搜索树的最基本操作有:插入、查找、删除、遍历。

(二) 二叉搜索树的插入操作

二叉搜索树的插入操作是指向二叉搜索树中插入一个新节点的操作。插入节点时需要保证二叉搜索树的性质不变,即左子树的所有节点都小于根节点,右子树的所有节点都大于根节点。

二叉搜索树的插入操作可以使用递归或迭代的方式实现。下面给出一种递归的实现方法。

如果根节点为空,直接将新节点作为根节点;否则从根节点开始,将新节点插入到合适的位置:如果新节点值小于当前节点值,递归插入到左子树;如果新节点值大于等于当前节点值,递归插入到右子树。

以下是伪代码:

```
insert(root, val):
    if root is null:
        root = new TreeNode(val)
        return
    if val < root.val:
            insert( root.left, val);
    else:
            insert( root.right, val);
```

用指针实现的 C++ 代码如下:

```
struct TreeNode {
    int val;
    TreeNode* left;
    TreeNode* right;
    TreeNode(int x) : val(x), left(NULL), right(NULL) {}
};

// 插入函数
TreeNode* insertNode(TreeNode* root, int val) {
    if (root == NULL) {          // 如果根节点为空,则插入新的节点为根节点
        return new TreeNode(val);
    }

    if (val < root->val) {       // 如果要插入的值小于当前节点的值,则插入到左子树
```

```
            root->left = insertNode(root->left, val);
    }
    else if (val > root->val) {    // 如果要插入的值大于当前节点的值,则插入到右子树
            root->right = insertNode(root->right, val);
    }

    return root;                   // 返回根节点
}
```

用数组模拟指针实现的 C++代码如下:

```
struct Node {
    int val = 0;
    int left = 0;                  // 0 表示空指针
    int right = 0;                 // 0 表示空指针
};

vector<Node> tree(1000);           // 创建一个足够大的数组来存储节点
int num_nodes = 0;                 // 记录树中的节点数量

void insert(int &node, int val) {
    if(node == 0) {
        node = ++num_nodes;
        tree[node].val = val;
        return;
    }

    if(val < tree[node].val) {
        insert(tree[node].left, val);
    } else {
        insert(tree[node].right, val);
    }
}
```

(三) 二叉搜索树的查找操作

二叉搜索树的查找操作用指针实现的 C++代码如下:

```
TreeNode* searchNode(TreeNode* root, int val) {
    if (root == NULL || root->val == val)    // 如果树是空的,或者当前节点的值
                                             //   就是我们要查找的值,直接返回
        return root;

    if (root->val <= val)                    // 如果当前节点的值小于我们要查
                                             //   找的值,去右子树中查找
```

```
            return searchNode(root->right, val);
    else
            return searchNode(root->left, val);   // 否则去左子树中查找
}
```

二叉搜索树的查找操作用数组模拟指针实现的C++代码如下：

```
int search(int node, int val) {
    if(node == 0) {
        return 0;
    }

    if(val == tree[node].val) {
        return node;
    } else if(val < tree[node].val) {
        return search(tree[node].left, val);
    } else {
        return search(tree[node].right, val);
    }
}
```

(四) 二叉搜索树的遍历操作

二叉搜索树的遍历操作用指针实现的C++代码如下：

```
void inorderTraversal(TreeNode* root) {
    if(root != NULL) {
        inorderTraversal(root->left);
        cout << root->val << '';
        inorderTraversal(root->right);
    }
}
```

二叉搜索树的遍历操作用数组模拟指针实现的C++代码如下：

```
void inorder(int node) {
    if(node == 0) return;
    inorder(tree[node].left);
    cout << tree[node].val << '';
    inorder(tree[node].right);
}
```

说明：

按中序遍历的顺序输出二叉搜索树的所有元素，输出的元素是升序排列的。因此二叉搜索树的另外一个名称是二叉排序树(Binary Sort Tree)。

四、实践应用

例 2.5 求第 K 大

农场主约翰有很多牛。有一天,约翰不断让牛随机进入一个新的牛栏,但过程中一直记录每头牛是第几大的。

【输入格式】

第 1 行,1 个整数 $N(1 \leqslant N \leqslant 10\,000)$。

第 2 行,有 N 个不同正整数。表示依次进来一头牛的重量。

【输出格式】

N 个正整数,对应输入,给出相应牛的排名。

【输入样例】

```
7
20 30 5 10 40 15 35
```

【输出样例】

```
1 2 1 2 5 3 6
```

题目分析:

要知道一个节点的排名,可以给每个节点增加一个新的属性:子树的节点个数。那么节点的排名就可以容易计算出来了。

在 C++ 中我们可以用 struct 结构来表示一个二叉搜索树的节点,每个节点包含以下几个属性。

key:节点的关键值,这里就是牛的重量。

size:以此节点为根的子树的节点数量。

left 和 right:指向左、右子树的指针。

使用数组模拟实现方法,可以简单按照题目输入建立二叉搜索树。然后用类似二分查找方法快速查找第 K 大的节点。

程序代码:

```cpp
#include<bits/stdc++.h>
using namespace std;

const int maxn = 20010;

// 定义结构体表示节点
struct Node {
    int key, size, left, right;
} node[maxn];
```

```cpp
int tot = 0, root = 0;

// 初始化节点
int createNode(int key) {
    node[++tot].key = key;
    node[tot].size = 1;
    node[tot].left = node[tot].right = 0;
    return tot;
}

// 更新节点的 size
void update(int x) {
    node[x].size = node[node[x].left].size + node[node[x].right].size + 1;
}

// 插入操作
int insert(int &x, int key) {
    if(!x) {
        x = createNode(key);
        return 1;
    }
    int rank;
    if(node[x].key < key) {
        rank = insert(node[x].right, key) + node[node[x].left].size + 1;
    } else {
        rank = insert(node[x].left, key);
    }
    update(x);
    return rank;
}

int main() {
    int n; cin >> n;
    for(int i = 1; i <= n; i++) {
        int x; cin >> x;
        cout << insert(root, x) << " ";
    }

    return 0;
}
```

在这个程序中，我们插入新节点时，如果新节点的值小于或等于当前节点的值，我们在左子树中插入，然后返回插入后的排名；如果新节点的值大于当前节点的值，我们在右子树中插入，然后返回插入后的排名再加上左子树的大小和 1。这是因为新节点的值大于当前节点和其左子树中的所有节点,所以其排名需要加上左子树的大小和1。

五、总结提升

二叉搜索树是一种重要的数据结构,具有如下特点。

有序性:二叉搜索树中任一节点的左子树所有节点的值都小于该节点的值,而右子树所有节点的值都大于该节点的值,具有天然的有序性,它的中序遍历结果是一个递增的序列。

查找效率:在二叉搜索树中查找、插入、删除等操作的时间复杂度是$O(h)$,其中h是树的高度。对于一棵高度平衡的二叉搜索树,这些操作的时间复杂度可达到$O(\log n)$。

动态性:二叉搜索树可以动态地进行插入和删除操作,并且在操作后依然保持其本身的性质,在处理动态数据时展现出强大的优势。

在实际应用中,由于二叉搜索树在数据有序的情况下可能退化为链表,导致查找效率下降,因此需要进行一些改进,以保持树的高度平衡,从而提高操作效率。

拓展1

二叉树搜索树节点的前驱(Predecessor)和后继(Successor)。

1. 前驱

节点的前驱是这样一个节点,它的值小于当前节点的值,并且是所有小于当前节点值的节点中值最大的。换句话说,如果从所有小于当前节点值的节点中选出最大的一个,那么这个节点就是当前节点的前驱。

在二叉搜索树中,节点的前驱可以通过以下方法得到。

- 如果一个节点有左子树,那么该节点的前驱节点是其左子树中最右(值最大)的节点。
- 如果一个节点没有左子树,则它的前驱节点需要找某个尽量低的祖先:该祖先节点的右子节点也是当前节点的一个祖先。

2. 后继

节点的后继是这样一个节点,它的值大于当前节点的值,并且是所有大于当前节点值的节点中值最小的。换句话说,如果从所有大于当前节点值的节点中选出最小的一个,那么这个节点就是当前节点的后继。

在二叉搜索树中,节点的后继可以通过以下方法得到。

- 如果一个节点有右子树,那么该节点的后继节点是其右子树中最左(值最小)的节点。
- 如果一个节点没有右子树,则它的后继节点需要找某个尽量低的祖先:该祖先节点的左子节点也是当前节点的一个祖先。

拓展 2

二叉树搜索树的删除操作可能涉及树结构的调整,一般按照以下步骤进行。

1)寻找要删除的节点。从根节点开始,根据二叉搜索树的性质,比根节点小就往左子树找,比根节点大就往右子树找,直至找到要删除的节点。

2)判断要删除节点的子节点情况。根据要删除的节点的子节点的数量,有以下几种情况。

没有子节点:如果该节点没有子节点(即该节点是叶子节点),则直接删除该节点即可。

只有一个子节点:如果该节点只有一个子节点(只有左子节点或者只有右子节点),则删除该节点后,将其子节点提升到被删除节点的位置。

有两个子节点:如果该节点同时有左右两个子节点,此时有两种处理策略。寻找待删除节点的前驱(左子树中最大的节点),将待删除节点的值替换为前驱节点的值,然后转化为删除前驱节点的问题。由于前驱节点至多只有一个子节点,因此可以按照前面的方法删除该节点。另一种处理策略是对后续节点进行类似上述的操作也能删除。

注意,删除操作后需要保持二叉搜索树的性质,即任一节点的左子树所有节点的值都小于该节点的值,而右子树所有节点的值都大于该节点的值。

程序代码:

```cpp
#include<iostream>
using namespace std;

struct TreeNode{
    int val;
    int left, right;
}tree[1000];                         // 定义树节点结构体,包含节点值,左孩子和
                                     //   右孩子的索引


int root, idx;                       // root 为根节点的索引,idx 为节点计数,同
                                     //   时也用于生成新节点的索引

// 创建新节点
int newNode(int v) {
    tree[++idx].val = v;             // 新节点的值为 v
    return idx;                      // 返回新节点的索引
}

// 插入节点
int insert(int& root, int v) {
    if(root == 0) {                  // 如果当前子树为空,创建新节点
        root = newNode(v);
    } else if(v < tree[root].val) {  // 如果 v 小于当前节点值,向左子树插入
```

```cpp
        insert(tree[root].left, v);
    } else if(v > tree[root].val) {            // 如果v大于当前节点值,向右子树插入
        insert(tree[root].right, v);
    }
    return root;
}

// 找到前驱——左子树的最右节点,即左子树中值最大的节点
int findMax(int root) {
    while(tree[root].right != 0) {             // 向右走到底即为最大值节点
        root = tree[root].right;
    }
    return root;
}

// 删除节点
int deleteNode(int& root, int v) {
    if(root == 0) return 0;                    // 如果树为空,直接返回
    if(v == tree[root].val) {                  // 如果找到需要删除的节点
        if(tree[root].left == 0 && tree[root].right == 0) {
                                               // 如果待删除节点是叶子节点,直接删除
            root = 0;
        } else if(tree[root].left != 0) {      // 如果待删除节点有左子树
            int maxNode = findMax(tree[root].left);
                                               // 找到左子树中的最大节点
            tree[root].val = tree[maxNode].val;
                                               // 将待删除节点的值替换为左子树的最大值
            deleteNode(tree[root].left, tree[maxNode].val);
                                               // 删除左子树中的最大值节点
        } else {                               // 如果待删除节点只有右子树
            root = tree[root].right;           // 将右子树提升为新的子树
        }
    } else if(v < tree[root].val) {            // 如果待删除值v小于当前节点值,向左子
                                               //   树寻找并尝试删除
        deleteNode(tree[root].left, v);
    } else {                                   // 如果待删除值v大于当前节点值,向右子
                                               //   树寻找并尝试删除
        deleteNode(tree[root].right, v);
    }
    return root;
}

int main(){
    int n, v;
```

```
    cin >> n;                          // 输入节点个数
    for(int i = 0; i < n; i++) {
        cin >> v;                      // 输入节点值
        insert(root, v);               // 插入节点
    }
    deleteNode(root, v);               // 删除节点
    return 0;
}
```

第六节　哈夫曼树

一、情境导航

哈夫曼的启示

大卫·哈夫曼在学生时期学习信息理论课程时，得知课程项目的一个挑战是找出一种有效的数据压缩方法。哈夫曼花了很多时间思考，某天晚上，他在睡梦中想出了现在我们称之为"哈夫曼编码"的算法，如图 2-25 所示，他醒来随即写下这个想法。后来哈夫曼因这个发明而被誉为数据压缩领域的先驱。

一个梦中的启示，带来了一个巨大的科研突破。所以，珍视自己的每一个想法，因为那可能就是下一个伟大的发现。

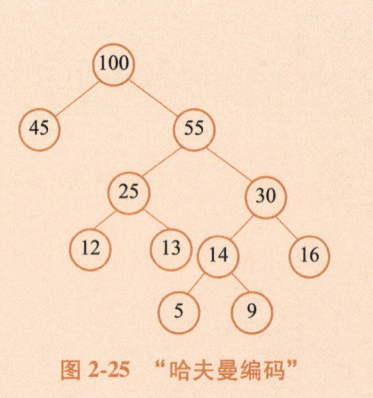

图 2-25 "哈夫曼编码"算法示意

二、问题抽象

哈夫曼编码是一种高效的数据编码方式，算法核心是哈夫曼树，其发明对于信息理论和数据压缩领域产生了深远影响。以下是大卫·哈夫曼发明哈夫曼编码的主要意义。

提高数据存储和传输效率：哈夫曼编码是一种变长编码方式，通过为使用频率高的字符分配更短的编码，可以显著提高数据的存储和传输效率。这对于大数据处理、网络通信等领域具有重要意义。

无损数据压缩：哈夫曼编码是一种无损压缩技术，也就是说，经过哈夫曼编码压缩的数据可以完全还原，不会造成任何数据丢失。这使哈夫曼编码在文本、图片、音频、视频等各类数据的压缩存储和传输中被广泛应用。

促进信息理论的发展：哈夫曼编码的理论基础和应用实践推动了信息理论，特别是源编码理论的发展，深化了我们对信息、熵、编码等基本概念的理解和应用。

三、知识探究

（一）什么是哈夫曼树

哈夫曼编码是通过哈夫曼树（Huffman Tree）实现的。哈夫曼树也被称为最优二叉树，它是一种带权路径长度（WPL）最小的二叉树。这里的带权路径长度指的是二叉树中所有叶子节点的权值与其到根节点的路径长度（边的数量）的乘积之和。

哈夫曼树有以下相关概念。

路径：树中一个节点到另一个节点之间的边构成这两个节点之间的路径。

路径长度：路径上的边的数目称作路径长度。

树的路径长度：从树根到每一个节点的路径长度之和。

节点的带权路径长度：在一棵树中，如果其节点上附带有一个权值，通常把该节点的路径长度与该节点上的权值之积称为该节点的带权路径长度。

树的带权路径长度（WPL）：如果树中每个叶节点上都带有一个权值，则把树中所有叶节点的带权路径长度之和称为树的带权路径长度。

例如，有 4 个叶节点，权值分别是 7、5、2、4，可以构造如图 2-26 所示的 3 种二叉树。

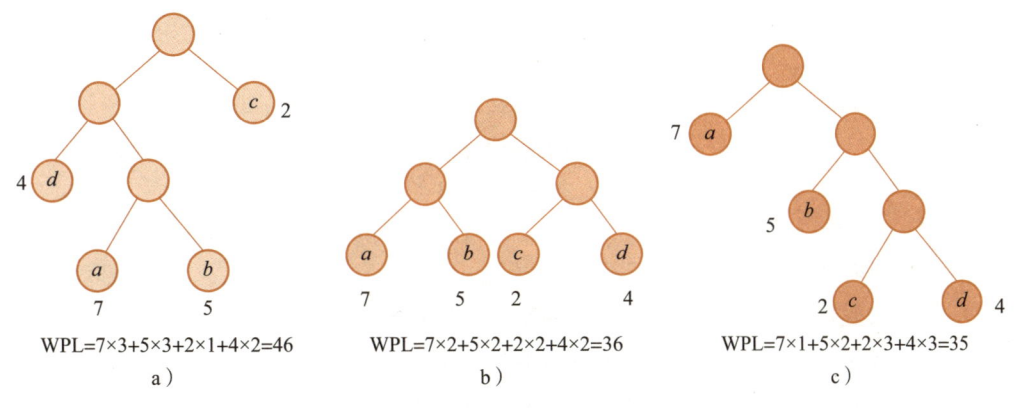

图 2-26　4 个叶节点的 3 种二叉树

图 2-26c）中的 WPL 是最小的，其树为哈夫曼树。

（二）构建哈夫曼树

构建哈夫曼树具体有以下步骤。

1）将给定的一系列权值看作是一棵棵独立的二叉树（只有一个节点）。

2）在所有的二叉树中找出两棵根节点的权值最小的树，然后合并它们，成为一棵新的二叉树。这里的合并过程是：将两棵二叉树的根节点作为新二叉树的两个子节点，且新二叉树根节点的权值为两个子节点的权值之和。

3）将这棵新的二叉树放回到二叉树的序列中。

4）重复步骤2）和步骤3），直到所有的二叉树合并为一棵二叉树为止，这棵树就是哈夫曼树。

图2-27展示了构建哈夫曼树的步骤。

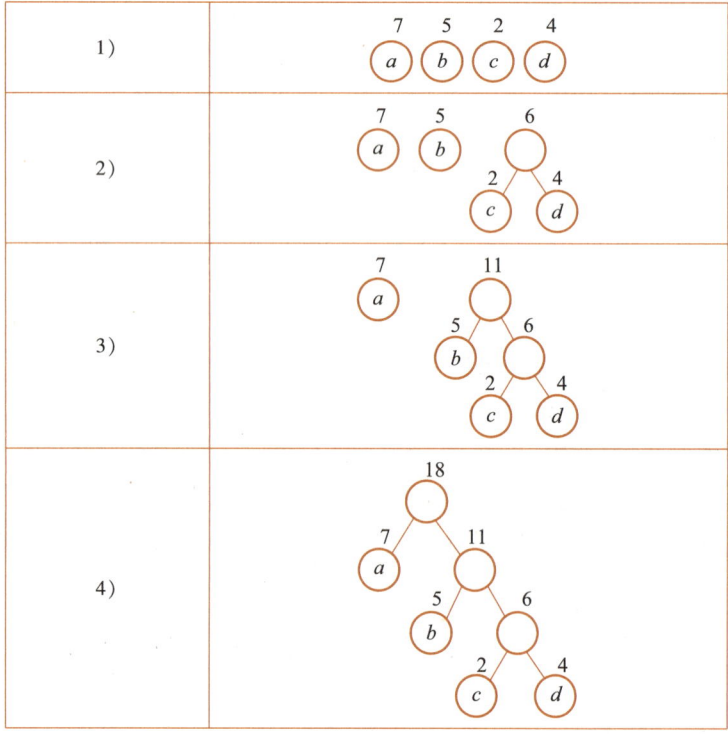

图 2-27 构建哈夫曼树的步骤

（三）哈夫曼树的性质

哈夫曼树的性质有以下几点：

- 在哈夫曼树中，权值较大的节点离根节点较近；
- 哈夫曼树的带权路径长度是所有可能的二叉树中最小的；
- 哈夫曼编码是一种最优编码，它对应的是一种最有效的数据压缩方案；
- 哈夫曼树及其编码在数据压缩、电信传输等领域被广泛应用。

（四）哈夫曼编码

根据哈夫曼树的结构，可以生成哈夫曼编码，这是一种前缀码，即任何字符的编码都不是另一个字符编码的前缀，这使得哈夫曼编码可以被唯一解码。

构建哈夫曼编码的步骤：

1）从哈夫曼树的根节点出发，如果向左则记为 0，向右则记为 1。

2）到达叶节点时，从根节点到叶节点的路径上的所有数字连起来就是该节点对应的哈夫曼编码。

例如，在图 2-26c）这棵哈夫曼树中，节点 a 的哈夫曼编码是 0，节点 b 的哈夫曼编码是 10，节点 c 的哈夫曼编码是 110，节点 d 的哈夫曼编码是 111。

（五）哈夫曼编码的实现

基于上述示例，我们可以在 C++ 中实现哈夫曼树。首先，我们需要定义一个节点，用来存储每个字符以及它的权重。其次，我们使用优先队列来存储这些节点，优先队列会根据节点的权重进行排序。最后，我们构建哈夫曼树，遍历这个二叉树，并为每个字符生成其哈夫曼编码。

用指针实现的 C++ 代码如下：

```cpp
#include <iostream>
#include <queue>
#include <vector>
#include <map>

using namespace std;

// 定义哈夫曼树节点
struct HuffmanNode {
    char data;
    int freq;
    HuffmanNode *left, *right;
    HuffmanNode(char data, int freq) : data(data), freq(freq), left(NULL),
        right(NULL) {}
};

// 定义优先队列比较函数
struct compare {
    bool operator()(HuffmanNode* l, HuffmanNode* r) {
        return l->freq > r->freq;
    }
};

// 生成哈夫曼编码
void printCodes(HuffmanNode* root, string str) {
    if (!root) {
        return;
    }
    if (root->data != '$') {
```

```cpp
        cout << root->data << ": " << str << "\n";
    }
    printCodes(root->left, str + "0");
    printCodes(root->right, str + "1");
}

// 构建哈夫曼树
void buildHuffmanTree(char data[], int freq[], int size) {
    priority_queue<HuffmanNode*, vector<HuffmanNode*>, compare> minHeap;

    for (int i = 0; i < size; ++i) {
        minHeap.push(new HuffmanNode(data[i], freq[i]));
    }

    while (minHeap.size() != 1) {
        HuffmanNode *left = minHeap.top();
        minHeap.pop();

        HuffmanNode *right = minHeap.top();
        minHeap.pop();

        HuffmanNode *top = new HuffmanNode('$', left->freq + right->freq);
        top->left = left;
        top->right = right;

        minHeap.push(top);
    }

    printCodes(minHeap.top(), "");
}

int main() {
    char arr[] = { 'a', 'b', 'c', 'd', 'e', 'f' };      // 需要编码的字母
    int freq[] = { 5, 9, 12, 13, 16, 45 };              // 字母的权重——重新排序
    int size = sizeof(arr) / sizeof(arr[0]);
    buildHuffmanTree(arr, freq, size);
    return 0;
}
```

用数组模拟指针实现的 C++代码如下：

```cpp
#include <iostream>
#include <queue>
#include <string>
```

```cpp
using namespace std;

const int MAX_N = 1000;

// 定义哈夫曼树的节点结构
struct HuffmanNode {
    char data;              // 数据元素
    int freq;               // 频率
    int left, right;        // 左右子节点
} huffNodes[MAX_N];         // 哈夫曼树节点数组

// 比较函数,用于优先队列
struct compare {
    bool operator()(int i, int j) {
        return huffNodes[i].freq > huffNodes[j].freq;
    }
};

// 生成并打印哈夫曼编码
void printCodes(int root, string str) {
    if (huffNodes[root].left == -1 && huffNodes[root].right == -1) {
        cout << huffNodes[root].data << ": " << str << " \n";
        return;
    }
    if (huffNodes[root].left != -1)
        printCodes(huffNodes[root].left, str + "0");
    if (huffNodes[root].right != -1)
        printCodes(huffNodes[root].right, str + "1");
}

// 构建哈夫曼树的函数
void buildHuffmanTree(char data[], int freq[], int size) {
    // 初始化哈夫曼树节点
    for(int i = 0; i < size; ++i) {
        huffNodes[i].data = data[i];
        huffNodes[i].freq = freq[i];
        huffNodes[i].left = huffNodes[i].right = -1;
    }

    // 节点优先队列,存储节点在 huffNodes 的索引中
    priority_queue<int, vector<int>, compare> nodes;

    // 将节点加入优先队列
    for(int i = 0; i < size; ++i) nodes.push(i);
```

```cpp
        // 构建哈夫曼树
        for(int i = 0; i < size-1; ++i) {
            // 取出频率最小的两个节点
            int min1 = nodes.top();
            nodes.pop();
            int min2 = nodes.top();
            nodes.pop();

            // 创建新节点,代表 min1 和 min2 的父节点
            huffNodes[size+i] = {0, huffNodes[min1].freq + huffNodes[min2].
                freq, min1, min2};

            // 将新创建的节点加入优先队列
            nodes.push(size + i);
        }

        // 生成并打印哈夫曼编码
        printCodes(nodes.top(), "");
    }

    int main() {
        char arr[] = { 'a', 'b', 'c', 'd', 'e', 'f'};
        int freq[] = { 5, 9, 12, 13, 16, 45 };
        int size = sizeof(arr) / sizeof(arr[0]);

        // 构建哈夫曼树
        buildHuffmanTree(arr, freq, size);
        return 0;
    }
```

运行结果:

```
f: 0
c: 100
d: 101
a: 1100
b: 1101
e: 111
```

四、实践应用

例 2.6 修篱笆

农场主约翰想维修牧场周围的一小段篱笆。他测量了一下篱笆,发现需要 $N(1 \leqslant$

$N \leq 200\ 000$）块木板，每块木板都有一些整数长度 L_i（$1 \leq L_i \leq 100\ 000$）单位长度。然后，他买了一块长木板，长度刚好足以锯入 N 块木板（即长度是长度 L_i 的总和）。约翰想忽略"切口"，即锯切时锯屑损失的额外长度，你也可以忽略它。

约翰意识到，他没有用来锯木头的锯子，所以他带着这块长木板来到 Don 的农场借锯子。Don 是一位资本家，他不借锯子，而是提议向约翰收取切割木板 $N-1$ 次的费用。切割一块木头的费用正好等于它的长度（如切割一块长度为 21 的木板需要 21 元）。

然后，Don 让约翰决定切割木板的顺序和位置。约翰知道他可以按照不同的顺序切割木板，这将导致不同的费用，因为产生的中间木板的长度不同。请你帮助约翰确定他能花多少钱来制作 N 块木板。

【输入格式】

第 1 行一个整数 N，木板的数量。

第 2 行至 $N+1$ 行每行包含一个整数，用于描述所需板材的长度。

【输出格式】

一个整数，约翰进行 $N-1$ 次削减必须花费的最低金额。

【输入样例】

```
3
8
5
8
```

【输出样例】

```
34
```

样例说明：

约翰想把一块长度为 21 的木板切成长度分别为 5、8、8 的三段。

原始木板的长度为 8+5+8=21。第一次切割成本为 21 元，应用于将木板切割成 13 和 8 的长度。第二次切割将花费 13 元，并应用于将长度 13 的木板切割成长度为 8 和 5 的两段。这将花费 21+13=34 元。如果在第一次将长度为 21 的木板切割为长度为 16 和 5 的两段，那么第二次切割将花费 16 元，总计 37 元（超过 34 元）。

题目分析：

把这个问题用逆向思维考虑，就是 N 段木板需要合并，合并一次的费用等于 2 段木板长度的和，从而转化为经典的哈夫曼树问题。算法本质是贪心的，因为它每次都选择了当前最优（即最小成本）的切割方式，而且这个贪心的策略可以保证得到全局的最小成本，因为根据哈夫曼编码的性质，最优的切割方式就是每次选择最小的两块木头进行切割。

在 C++ 中，可以使用 std::priority_queue 实现优先队列。注意到默认的 std::priority_queue 是一个大顶堆，即最大的元素在顶部，所以我们需要提供一个比较函数使其变为小顶堆。

程序代码:

```cpp
#include <iostream>
#include <queue>
#include <vector>

using namespace std;

// 定义比较函数
struct Compare {
    bool operator()(int a, int b) {
        return a > b;
    }
};

int main() {
    int N;
    cin >> N;

    // 使用优先队列存储木板长度,使用自定义的比较函数使其成为最小堆
    priority_queue<long long, vector<long long>, Compare> pq;

    for(int i = 0; i < N; i++) {
        long long L;
        cin >> L;
        pq.push(L);
    }

    long long totalCost = 0;

    // 每次取出两块最短的木板,计算切割成本,然后将新木板放回队列
    while(pq.size() > 1) {
        long long a = pq.top();
        pq.pop();
        long long b = pq.top();
        pq.pop();

        totalCost += a + b;
        pq.push(a + b);
    }

    cout << totalCost << endl;
    return 0;
}
```

五、总结提升

哈夫曼树又称最优二叉树，是一种带权路径长度（WPL）最短的二叉树，也是数据压缩算法中的重要数据结构。哈夫曼树在许多领域都有应用，如数据压缩、编码理论、密码学、计算机图形学等。

哈夫曼树以其独特的最优性质，成为解决特定问题的有力工具。哈夫曼编码就是一种利用哈夫曼树的权值进行编码的方式，其主要目的是对数据进行压缩处理。

哈夫曼树的构建过程是一个迭代过程，通常使用优先队列（堆）实现，其时间复杂度为 $O(n \log n)$。

哈夫曼树不是唯一的，对于同一组权值，可能存在多种不同形态的哈夫曼树，但它们的带权路径长度都是相等的。

拓展

哈夫曼编码被广泛应用于数据压缩的算法。基本原理是对频率（或者说出现次数）更高的字符用较短的编码，而对频率较低的字符则用较长的编码，这样就可以实现对数据的有效压缩。

1. 压缩加密过程

1）统计每个字符的出现频率。

2）使用哈夫曼算法，根据每个字符的频率，构建出一棵哈夫曼树。

根据哈夫曼树，生成每个字符的哈夫曼编码。

3）将原来的文字，按照生成的哈夫曼编码进行替换，得到加密后的文字。

2. 解压解密过程

对于已经进行哈夫曼编码加密的文字，我们要进行解密，需要经过以下步骤：

1）我们需要知道构建的对应哈夫曼编码。

2）我们将加密后的文字，在哈夫曼树上按照哈夫曼编码进行解析，还原出原来的文字。

例如：已知哈夫曼树 HuffmanNode，和压缩后的 01 字符串 str，写一个解压函数。

程序代码：

```cpp
void decode(HuffmanNode* root, int &index, string str) {
    if (root == NULL)                    // 如果根节点为空,返回
        return;

    // 到达叶节点,输出字符
    if (!root->left && !root->right) {
        cout << root->data;
        return;
    }
```

```
    index++;

    // 根据当前编码位的值来决定遍历左子树还是右子树
    if (str[index] =='0')
        decode(root->left, index, str);
    else
        decode(root->right, index, str);
}
```

第七节 完全二叉树

一、情境导航

完美的二叉树

假设我们有 16 支球队参加一个淘汰制比赛。在开始的第一轮，这 16 支队伍两两对阵，形成 8 场比赛，比赛的胜者晋级下一轮。然后进入第二轮。在第二轮中，之前 8 场比赛的胜者再次两两对阵，形成 4 场比赛，比赛的胜者再次晋级下一轮。同样地，再进入第三轮……最后，胜者将是整个淘汰赛的冠军。

通过这个比赛，我们形象地描述了一个完美二叉树，它的每一层都是满的，如图 2-28 所示。

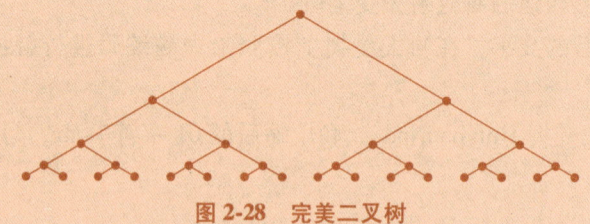

图 2-28 完美二叉树

二、问题抽象

二叉树的形状有很多，也有一些形状特殊的二叉树。

1) 如果二叉树每一层的节点都是满的，都能形成一个完美三角形，就称之为完美二叉树(Perfect Binary Tree)。

可以看到，完美二叉树的第 1 层有 1 个节点，第 2 层有 2 个节点，第 3 层有 4 个节点，第 4 层有 8 个节点，第 5 层有 16 个节点，…，第 k 层有 2^{k-1} 个节点。

可以计算出在深度为 k 的完美二叉树中，总共有 2^k-1 个节点。

2）如果一棵二叉树每个节点具有 0 个或 2 个子节点，则称为满二叉树（Full Binary Tree）。

3）如果完美二叉树只少了"最后的一些"节点——移除一些节点，使剩下的节点从根节点开始，从左到右、从上到下依次填满每一层，则称为完全二叉树（Complete Binary Tree），如图 2-29 所示。

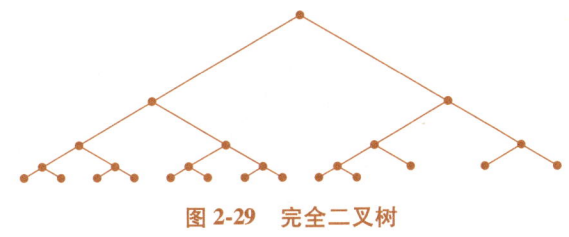

图 2-29　完全二叉树

完全二叉树是二叉树的一种重要类型，理解其定义和性质对于深入理解许多计算机科学中的算法和数据结构都是非常有帮助的。下面详细讲解完全二叉树的相关内容。

三、知识探究

（一）什么是完全二叉树

完全二叉树是一种特殊的二叉树。在完全二叉树中，除了最底层外，其他各层的节点数都达到最大值，且最下一层的节点都连续地紧密排列在左侧。

一个完全二叉树满足以下条件：
- 每一层都有最大数量的节点，除了可能的最底层；
- 最底层的所有节点都尽可能地集中在左侧。

（二）完全二叉树的平衡性质

完全二叉树除了具备普通二叉树的性质，还有一个很优秀的特点：完全二叉树除了最后一层其他层都是满的，是一棵平衡二叉树。它的搜索效率很高，时间复杂度为 $O(\log 节点个数)$。

（三）完全二叉树的数组实现

完全二叉树可以使用之前普通二叉树的实现方法来编程。

如果给完全二叉树的节点按照从上到下、从左到右的方式编号，可以看到节点编号是连续的，如图 2-30 所示。

对于完全二叉树来说，使用数组进行存储是一种非常有效的方式，主要有以下两个理由。

1）完全二叉树的特性保证了在数组中没有空位，即每个

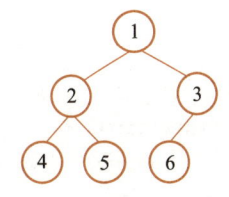

图 2-30　完全二叉树的节点编号

索引位置都对应一个节点，使内存的利用率达到最大。

2）由于完全二叉树的特性，我们可以通过计算得到任何一个节点在数组中的位置，以及它的父节点和子节点的位置，而无须额外的指针来维护节点之间的关系。

要在数组中表示完全二叉树，可以按照下面的规则来确定节点的位置关系：假设根节点位于数组的位置1。那么对于任意位置为 i 的节点（数组索引从1开始）：

- 它的父节点的位置为 $i/2$（整除）。
- 它的左子节点的位置为 $2\times i$。
- 它的右子节点的位置为 $2\times i+1$。

例如，对于下面这个完全二叉树：

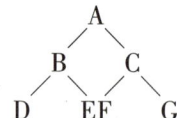

在数组中的表示形式为[* ,A,B,C,D,E,F,G]。对于位置为2的节点B，它的父节点A位于位置 2/2=1，左子节点D位于位置 2×2=4，右子节点E位于位置 2×2+1=5。

这样，我们就可以只用一个数组，而无须额外的指针或链接，存储完全二叉树的结构，并高效地访问任意节点及其父节点和子节点。

用数组实现的C++代码如下：

```cpp
#include <iostream>
#include <vector>

using namespace std;

// 一个节点的中序遍历为:左子树 -> 当前节点 -> 右子树
void inorder(vector<char> &tree, int i) {
    if (i < tree.size()) {
        // 遍历左子树
        inorder(tree, 2*i);

        // 访问当前节点
        cout << tree[i] << ' ';

        // 遍历右子树
        inorder(tree, 2*i + 1);
    }
}

int main() {
    vector<char> tree = {'*','A', 'B', 'C', 'D', 'E', 'F', 'G'};

    // 从根节点开始中序遍历
```

```
    inorder(tree, 1);

    return 0;
}
```

运行结果：

```
D B E A F C G
```

(四) 什么是堆

堆(heap)是一种特殊的树形数据结构，满足以下堆属性。

在一个堆中，对于任意节点 P，如果 P 是 C 的父节点，那么 P 的值大于 C 的值，称为大根堆(Max Heap)。

在一个堆中，对于任意节点 P，如果 P 是 C 的父节点，那么 P 的值小于 C 的值，称为小根堆(Min Heap)。

堆可以用数组来实现，根节点存储在数组的起始位置，每个节点 P 的左子节点和右子节点分别存储在数组中 $2 \times P$ 和 $2 \times P+1$ 的位置。

用数组实现的堆可以看成：完全二叉树+大根堆/小根堆属性。

以下是一个最大堆的例子：

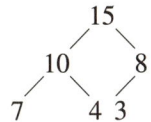

在这个堆中，父节点的值总是大于其子节点。

(五) 堆的操作

堆有两种主要的操作：插入和删除。

插入操作：在堆中插入一个新的元素，需要保持堆的属性。新元素首先被添加到数组的末尾，然后被上移(在大根堆中，如果该元素大于其父节点，则和父节点交换位置)，直到恢复堆的属性。

删除操作：在堆中删除一个元素(通常是堆顶的元素)，也需要保持堆的属性。通常，堆顶的元素被移走，数组末尾的元素移动到堆顶，然后被下移(在大根堆中，如果堆顶元素小于其子节点，则和值较大的子节点交换位置)，直到恢复堆的属性。

下面是一个包含小根堆的常见操作的程序。

程序代码：

```
#include <iostream>
#include <vector>
#include <algorithm>

using namespace std;
```

```cpp
struct MinHeap {                                    // 定义一个小根堆的结构和成员函数
    vector<int> heap;

    void siftUp(int i) {                            // 向上调整
        while (i/2 > 0 && heap[i] < heap[i/2]) {
            swap(heap[i], heap[i/2]);
            i /= 2;
        }
    }

    void siftDown(int i) {                          // 向下调整
        while (i*2 < heap.size()) {                 // 有左子树节点
            int minChild = i*2;
            if (i*2+1 < heap.size() && heap[i*2+1] < heap[i*2]) {
                                                    // 要先判断是否有右子树节点
                minChild = i*2+1;
            }
            if (heap[i] > heap[minChild]) {         // 根节点值大就向下调整
                swap(heap[i], heap[minChild]);
                i = minChild;
            } else {
                break;
            }
        }
    }

    MinHeap() {                                     // 构造函数,相当于自动初始化
        heap.push_back(-1);                         // 堆的第 0 个位置不存储数据
    }

    void insert(int val) {                          // 插入一个数
        heap.push_back(val);                        // 将新元素插入到堆的末尾
        siftUp(heap.size()-1);                      // 对新元素执行上浮操作
    }

    int deleteMin() {                               // 删除堆顶元素
        if (heap.size() <= 1) {
            cout << "Heap is empty!" << endl;
            return -1;
        }

        int minVal = heap[1];
        heap[1] = heap.back();                      // 将最后一个元素移动到堆顶
        heap.pop_back();                            // 删除最后一个元素
```

```cpp
            siftDown(1);                    // 对堆顶元素执行下沉操作
            return minVal;
        }

        void printSorted() {                // 排序输出
            vector<int> tmp = heap;
            while (heap.size() > 1) {
                cout << deleteMin() << " ";
            }
            cout << endl;
            heap = tmp;
        }

};

int main() {
    MinHeap heap;
    heap.insert(3);
    heap.insert(1);
    heap.insert(6);
    heap.insert(5);
    heap.insert(2);
    heap.insert(4);
    heap.printSorted();
    return 0;
}
```

运行结果：

```
1 2 3 4 5 6
```

堆是一种重要的数据结构，它的主要特点是高效地进行插入和删除操作，并找到最大或最小元素。这些操作的时间复杂度都是 $O(\log N)$。

STL 的优先队列通常就是用堆实现的，因此很多情况下可以用优先队列来代替堆。

四、实践应用

例 2.7.1 中位数查找

你现在被要求开发一个实时数据处理系统，这个系统需要持续接收一串整数输入，同时在每接收一个数字后，计算并返回当前所有接收到的数字的中位数。

中位数的定义是：

- 如果接收到的数字数量为奇数，那么中位数就是所有数字排序后中间的那个数字；

- 如果接收到的数字数量为偶数，那么中位数就是所有数字排序后中间两个数字的平均值。

【输入格式】

第 1 行，一个正整数 N，$N \leq 10^5$。

第 2 行，N 个正整数，每个数不超过 10^6。

【输出格式】

共 1 行，N 个整数，代表相应的中位数。

【输入样例】

```
5
1 2 3 4 5
```

【输出样例】

```
1 1.5 2 2.5 3
```

题目分析：

由于数据量可能很大，因此每读入一个数就直接排序并找到中位数的方法不够高效。

解决这个问题的方法有多种，比较简单的方法是使用一个大根堆和一个小根堆来解决这个问题。其中大根堆存放较小的数，小根堆存放较大的数，这样就可以保证大根堆的堆顶（最大值）始终小于小根堆的堆顶（最小值），因此这两个堆顶的数就是所有数的中位数，如图 2-31 所示。

可以使用 STL 的优先队列实现堆。

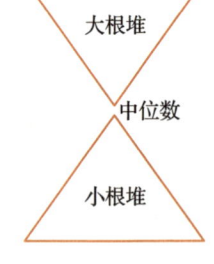

图 2-31　中位数示意

程序代码：

```cpp
#include <iostream>
#include <vector>
#include <queue>

using namespace std;

vector<double> getMedians(vector<int>& nums) {
    // 大根堆存放较小的数,小根堆存放较大的数
    priority_queue<int> small;
    priority_queue<int, vector<int>, greater<int>> large;
    vector<double> medians;

    for (int num : nums) {
        if (small.empty() || num <= small.top()) {
```

```cpp
            small.push(num);
        } else {
            large.push(num);
        }

        // 调整两个堆的大小,使它们的大小差距不超过1
        while (small.size() < large.size()) {
            small.push(large.top());
            large.pop();
        }
        while (small.size() > large.size() + 1) {
            large.push(small.top());
            small.pop();
        }

        // 计算中位数
        if (small.size() == large.size()) {
            medians.push_back(((double)small.top() + large.top()) / 2);
        } else {
            medians.push_back(small.top());
        }
    }

    return medians;
}

int main() {
    vector<int> nums = {1, 2, 3, 4, 5};
    vector<double> medians = getMedians(nums);
    for (double median : medians) {
        cout << median << ' ';
    }
    return 0;
}
```

五、总结提升

完全二叉树:完全二叉树是一种特殊的二叉树,它除最后一层外都是完全填充的,并且最后一层的所有节点都集中在左侧。这种结构使我们可以用一个数组来高效地存储和操作。在此基础上,还可以实现堆。

堆是一种特殊的完全二叉树,它可以被分为两种类型:大根堆和小根堆。在大根堆中,每个节点的值都大于或等于其子节点的值;在小根堆中,每个节点的值都小于或等于其子节点的值。这种结构使得堆能在常数时间内找到最大值（大根堆）或最小值（小根堆），并在 log$N$ 时间内完成动态插入和删除操作。

总的来说，完全二叉树和堆是两种强大的工具，掌握它们可以帮助我们解决许多复杂的问题。我们应该不断地研究和实践，以便更好地理解和使用这些数据结构。

📖 拓展 1

在 C++中，pair 是一种特殊的容器，它的一个对象可以存储两个元素，这两个元素可能是相同的数据类型，也可能是不同的数据类型。pair 类型的对象通常用来返回包含两个元素的函数结果，或者用在需要存储两个相关元素的地方。

例如，pair<int,int>就是一个存储两个整型数的 pair 对象。你可以通过成员变量 first 和 second 分别访问这两个元素。例如：

```cpp
pair<int, int> p;
p.first = 1;
p.second = 2;
cout << p.first << " " << p.second << endl;
```

运行结果：

```
1 2
```

也可以在创建 pair 对象时直接初始化：

```cpp
pair<int, int> p = make_pair(1, 2);
```

在很多算法和数据结构中，pair 类型的对象都很有用。例如，在哈希表中，可以用 pair 存储键值对；在图算法中，可以用 pair 存储边的两个端点；在平面坐标系中，可以用 pair 存储一个点的坐标等。

📖 拓展 2

在 C++中，用于定义排序规则的函数对象（functor）包括以下两种。

std::greater<>：用于实现从大到小的排序。

std::less<>：用于实现从小到大的排序。

当你在定义数据结构（如堆）的排序规则或者调用排序函数（如 std::sort）时，可以使用这些函数对象。例如：

```cpp
// 使用 std::greater 创建小根堆
priority_queue<int, vector<int>, greater<int>> minHeap;

// 使用 std::less 创建大根堆
priority_queue<int, vector<int>, less<int>> maxHeap;

// 使用 std::less 从小到大排序
```

```
sort(v.begin(), v.end(), less<int>());

// 使用 std::greater 从大到小排序
sort(v.begin(), v.end(), greater<int>());
```

在这些例子中，std::greater 和 std::less 都是模板函数，你可以用任何可比较的类型替换<int>。

📚 拓展 3

例 2.7.2 查询的最小区间

给你 N 个区间，$[left_i, right_i]$ 表示第 i 个区间开始于 $left_i$、结束于 $right_i$（包含两侧取值，闭区间）。区间的长度是 $right_i-left_i+1$。

再给你 M 个整数，对第 j 个整数，查询包含第 j 个整数的长度最小区间的长度。如果不存在这样的区间，那么答案是 0。

【输入格式】

第 1 行，2 个正整数 N、M，$N,M \leq 10^5$。

第 $2 \sim N+1$ 行，每行 2 个正整数，表示一个区间的左右端点。每个数不超过 10^6。

第 $N+2$ 行，有 M 个整数，表示 M 个查询。

【输出格式】

共 1 行 M 个整数，相应的最短区间长度。

【输入样例】

```
4 4
1 4
2 4
3 6
4 4
2 3 4 5
```

【输出样例】

```
3 3 1 4
```

题目分析：

这个问题要求找到满足包含查询点并且长度最短的区间。对于区间我们按照左端点进行排序。对查询点排序，然后我们遍历查询点，对于每个查询点，将满足左端点小于等于查询点的区间都加入一个小根堆中，堆中的排序条件为区间长度。这样，堆顶元素就是满足条件的最小区间。同时，为了保证堆中的区间都是有效的，我们在每次查询的时候都需要将右端点小于当前查询点的区间从堆中移除。

程序代码：

```cpp
#include <bits/stdc++.h>
using namespace std;

int n,m;
int res[1000001];          // 记录答案

int main() {
    // 输入区间数量 n 和查询数量 m
    cin >> n >> m;
    
    vector<pair<int, int>> intervals;
    vector<int> queries;
    
    // 读取区间
    for (int i = 0; i < n; i++) {
        pair<int, int> t;
        cin >> t.first >> t.second;
        intervals.push_back(t);
    }
    
    // 读取查询
    for (int i = 0; i < m; i++) {
        int x;
        cin >> x;
        queries.push_back(x);
    }
    
    // 对查询和区间进行排序，按照从小到大扫描处理
    vector<int> Q = queries;
    sort(Q.begin(), Q.end());
    sort(intervals.begin(), intervals.end());
    
    // 定义小根堆，其中保存的是 {区间长度，区间右边界}
    priority_queue<pair<int, int>, vector<pair<int, int>>, greater<pair<
        int, int>>> pq;
    
    int idx = 0, n = intervals.size();
    
    // 遍历每一个查询点 q
    for (int q : Q) {
        // 将满足区间左边界 <= q 的区间加入优先队列中
        while (idx < n && intervals[idx].first <= q) {
            int l = intervals[idx].first, r = intervals[idx].second;
```

```
            pq.push({r - l + 1, r});
            idx++;
        }

        // 移除优先队列中右边界 < q 的区间
        while (!pq.empty() && pq.top().second < q) {
            pq.pop();
        }

        // 如果优先队列非空,则 res[q] 为优先队列的堆顶元素(即最小区间的长度)
        if (!pq.empty()) {
            res[q] = pq.top().first;
        }
    }

    // 输出每一个查询的结果
    for (int& q : queries) {
        cout << res[q] << " ";
    }

    return 0;
}
```

第八节 图的定义和存储

一、情境导航

周末的秘密

在远离城市喧嚣的一所超级学校中,302寝室的8位同学过着快乐而繁忙的学习生活,如图2-32所示。由于校方希望同学少用微信多学习,特别规定大家不能建立微信群,微信好友也不能多于4人。于是,她们都只和其中一些室友互相加了微信好友。

在一次的偶然机会中,小美提前得知学校周末将举行一场演唱会。小美兴奋之余,在晚上悄悄将这个消息传递给寝室的微信好友。第二天早上,她惊讶地发现寝室里的所有人都得知了这个消息!

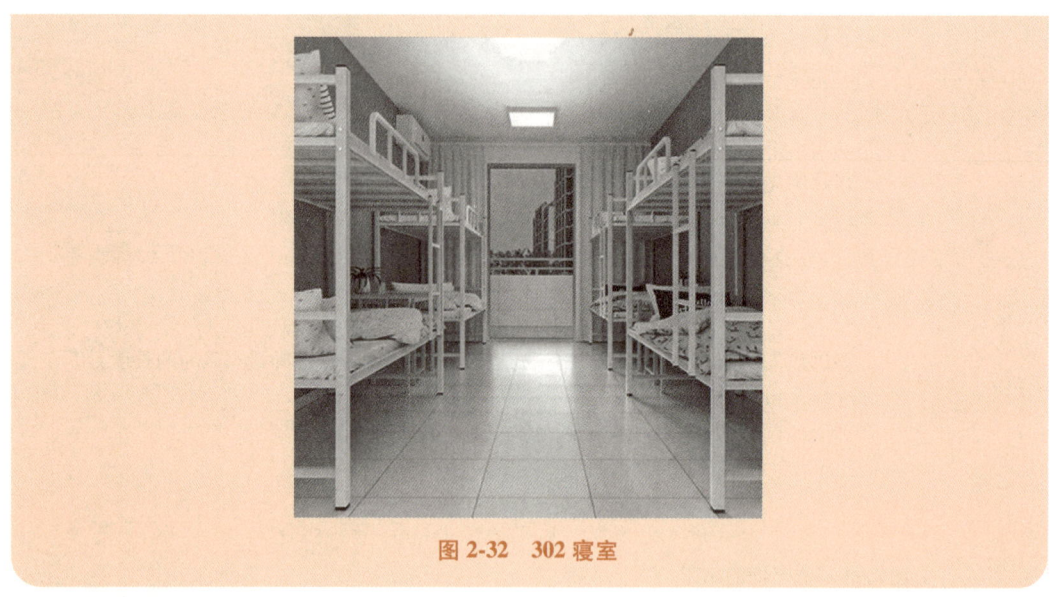

图 2-32 302 寝室

二、问题抽象

从这个故事中我们可以引出一个概念,就是"图"(graph)。图是一种常见且强大的数学和计算机科学的概念,它用于描述对象(在这里,对象就是同学)之间的关系(这里的关系是微信好友)。

具体来说,我们可以将每个同学看作图中的一个节点,如果两个同学是微信好友,那么我们就在他们之间画一条边。这样,我们就得到了一个完整的图,可以直观地显示出所有的好友关系,如图 2-33 所示。

在这个图中,小美就是一个开始节点,她与其他同学之间的边代表了她可以直接向这些同学发送消息。而当小美将消息传递给她的好友后,这些好友又可以将消息进一步传递给各自的好友,这就形成了一个信息传播的网络。

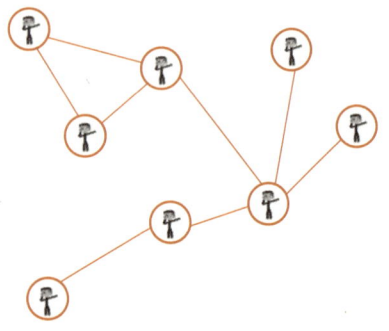

图 2-33 用图表示好友关系

在图中,这种传播过程可以看作是一种广度优先搜索(BFS)或深度优先搜索(DFS)的过程。从小美(源节点)开始,我们可以按照好友的关系(边)来逐层(在 BFS 中)或逐条(在 DFS 中)地传播消息,直到所有可以到达的节点(得知消息的同学)都被访问到。

通过这个例子,我们可以看出图的概念和相关的算法如何在现实生活中找到应用,而图在计算机科学和许多领域中也有广泛的应用。

三、知识探究

(一) 什么是图

在计算机科学中,图是一种数据结构,用于表示对象(顶点或节点)之间的对应关系。这种对应关系被表示为边。简单来说,图就是顶点(Vertice)和边(Edge)的集合。

图在计算机科学和许多实际问题中都有广泛的应用,如社交网络的好友关系、网页的超链接结构、地图中的路线网络,以及程序之间的依赖关系等。

图中的算法,如深度优先搜索(DFS)、广度优先搜索(BFS)、最短路径(Dijkstra、Floyd-Warshall)、最小生成树(Prim、Kruskal)等是信息学竞赛中最常见的算法。

例如,图 G 通常被定义为 $G=(V,E)$,其中 V 是顶点的集合,E 是边的集合。每一条边连接两个顶点,如果边有方向,则连接的两个顶点有序,我们称前一个顶点为边的起点,后一个顶点为边的终点。如果边无方向,则连接的两个顶点无序。

如果这些边有方向,我们称之为有向图(Directed Graph),如图 2-34 所示,否则称为无向图(Undirected Graph),如图 2-35 所示。

图 2-34　有向图　　　　　　　图 2-35　无向图

除此之外,还有一些特殊类型的图,如树是一种没有环路的连通图,如图 2-36 所示,网络是一种边带有权重的图,如图 2-37 所示。

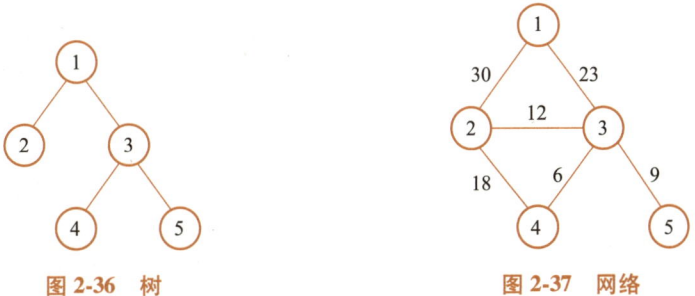

图 2-36　树　　　　　　　图 2-37　网络

(二) 图的性质

图的性质包括以下几个方面。

节点度:节点度指与该节点相连的边的数量。节点度可以帮助我们了解一个节点在图中的重要程度。在网络中,节点度可以表示节点的度量或者重要性,如在社交网络中，节点度可以表示一个人的朋友数量。

路径：路径指由一系列边连接起来的节点序列。路径可以帮助我们了解两个节点之间的关系以及它们之间的距离。在实际应用中，路径可以帮助我们找到最短路径或最优路径。例如，在地图应用中，我们可以使用最短路径算法来规划最短驾车路线或者最优步行路线。

连通性：连通性指图中任意两个节点之间是否存在路径。如果一个图中所有节点都是连通的，那么这个图就是连通图。否则，这个图就是非连通图。连通性可以帮助我们了解一个图的整体结构。在实际应用中，连通性可以用于社交网络中的群组发现、互联网中的网络拓扑分析等。

环：环指一条起点和终点相同的路径。环可以帮助我们判断一个图是否是树、是否有闭合结构。

在有向图中，每个节点都有一个入度和一个出度。入度表示有多少条边指向该节点，出度表示有多少条边从该节点出发。

例如，在图 2-34 中，节点 1 的出度为 2，入度为 0；节点 2 的出度为 1，入度为 1；节点 3 的出度为 2，入度为 1；节点 4 的出度为 0，入度为 2；节点 5 的出度为 0，入度为 1。

（三）什么是图的邻接矩阵

在图中需要表示顶点间的连接关系时，最直接的数据结构是邻接矩阵。邻接矩阵能够明确地表示出图中任意两个节点之间是否有边相连。

具体来说，假设图 G 有 n 个顶点，那么 G 的邻接矩阵 A 是一个 $n \times n$ 的矩阵，其中 $A[i][j]$ 表示从顶点 i 到顶点 j 是否存在一条边。对于无向图，如果顶点 i 和顶点 j 之间有边相连，那么 $A[i][j]$ 和 $A[j][i]$ 都为 1，否则为 0；对于有向图，如果存在从顶点 i 到顶点 j 的边，那么 $A[i][j]$ 为 1，否则为 0，从 j 到 i 的情况需要单独判断。

一个图的邻接矩阵是一个二维数组，其行数和列数都等于图中的顶点数量。对于无向图，邻接矩阵是对称的，如图 2-38 所示；对于有向图，邻接矩阵不必是对称的，如图 2-39 所示。

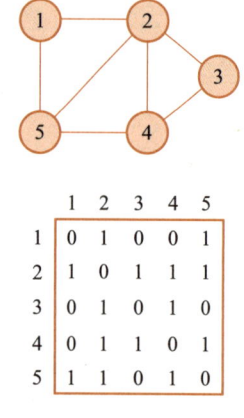

图 2-38 无向图的邻接矩阵

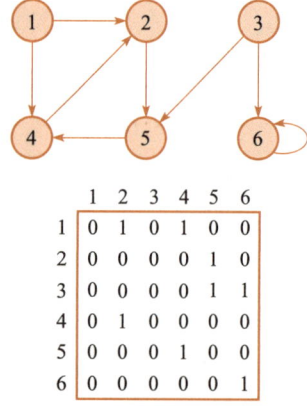

图 2-39 有向图的邻接矩阵

(四) 图的邻接矩阵的实现

用于存储邻接矩阵的二维数组可以在图创建时被初始化。例如，对于一个有 V 个顶点的图，我们可以创建一个 $V×V$ 的二维数组，所有元素初始值为 0（需要根据题目的具体情况调整，比如设置初始值为无穷大）。每当在两个顶点之间添加一条边时，我们只需将对应的矩阵元素设为 1（无权图）或设为权重值（有权图）。同样，如果需要删除边，只需将对应的矩阵元素设回 0。

这种方式可以很容易地检查任意两个顶点之间是否存在边，只需直接查看对应的矩阵元素即可。

下面是用邻接矩阵表示一个简单无向图的 C++代码实现：

```cpp
#include <bits/stdc++.h>
using namespace std;

struct Graph {
    int vertices;                              // 顶点数
    vector<vector<int>> adj_matrix;            // 邻接矩阵

    // 初始化图，设置顶点数并将邻接矩阵的所有元素初始化为 0
    Graph(int num_V) : vertices(num_V), adj_matrix(num_V, vector<int>(num_V, 0)) {}

    // 插入一条无向边
    void insert_edge(int u, int v) {
        adj_matrix[u][v] = 1;
        adj_matrix[v][u] = 1;
    }

    // 移除一条无向边
    void remove_edge(int u, int v) {
        adj_matrix[u][v] = 0;
        adj_matrix[v][u] = 0;
    }

    // 打印邻接矩阵
    void print_adj_matrix() {
        for (auto row : adj_matrix) {
            for (auto elem : row) {
                cout << elem << " ";
            }
            cout << endl;
        }
    }
};

int main() {
```

```
            Graph g(5);                    // 创建一个有 5 个顶点的图
            g.insert_edge(0, 1);           // 添加一条边(0, 1)
            g.insert_edge(0, 4);           // 添加一条边(0, 4)
            g.insert_edge(1, 2);           // 添加一条边(1, 2)
            g.insert_edge(1, 3);           // 添加一条边(1, 3)
            g.insert_edge(1, 4);           // 添加一条边(1, 4)
            g.insert_edge(2, 3);           // 添加一条边(2, 3)
            g.insert_edge(3, 4);           // 添加一条边(3, 4)

            // 打印邻接矩阵
            g.print_adj_matrix();

            return 0;
        }
```

运行结果：

```
0 1 0 0 1
1 0 1 1 1
0 1 0 1 0
0 1 1 0 1
1 1 0 1 0
```

（五）图的邻接矩阵的优缺点

优点： 表达简单明了，特别适合稠密图（即边的数量接近顶点对的数量）的情况；可以直接查看任意两个顶点之间是否存在边，时间复杂度为 $O(1)$。

缺点： 对于稀疏图，邻接矩阵可能会有很多 0 元素，造成内存空间浪费。

（六）图的邻接链表

邻接链表是另一种图的表示形式，对于每个顶点 i，都有一个与之关联的链表，其中包含了所有与顶点 i 相邻的顶点。在实践中，邻接链表常常是一个包含链表的数组。这是一种用于表示稀疏图（即边的数量远小于顶点对的数量）的有效方法，无向图的邻接链表如图 2-40 所示；有向图的邻接链表如图 2-41 所示。

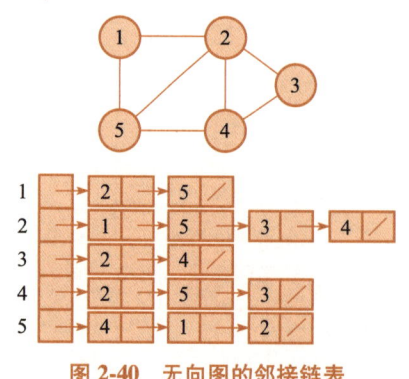

图 2-40　无向图的邻接链表

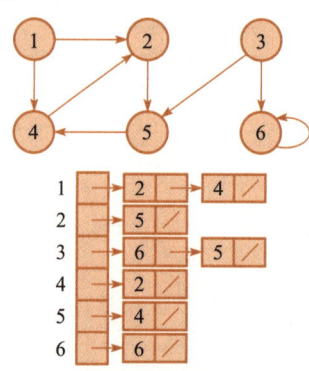

图 2-41　有向图的邻接链表

（七）图的邻接链表的实现

邻接链表通常使用以下数据结构。

顶点列表：一个包含所有顶点的数组。

边列表：一个包含链表的数组，每个链表包含了与某个顶点相邻的所有顶点。

下面是用邻接链表表示一个简单无向图的 C++代码实现：

```cpp
#include <bits/stdc++.h>
using namespace std;

struct Graph {
    int vertices;                        // 顶点数
    vector<list<int>> adj_list;          // 邻接链表

    // 初始化图，设置顶点数并初始化邻接链表
    Graph(int num_V) : vertices(num_V), adj_list(num_V) {}

    // 插入一条无向边
    void insert_edge(int u, int v) {
        adj_list[u].push_back(v);
        adj_list[v].push_back(u);
    }

    // 打印邻接链表
    void print_adj_list() {
        for (int i = 0; i < vertices; ++i) {
            cout << i << ": ";
            for ( auto& v : adj_list[i]) {
                cout << v << " ";
            }
            cout << endl;
        }
    }

};

int main() {
    Graph g(5);                    // 创建一个有5个顶点的图
    g.insert_edge(0, 1);           // 添加一条边(0, 1)
    g.insert_edge(0, 4);           // 添加一条边(0, 4)
    g.insert_edge(1, 2);           // 添加一条边(1, 2)
    g.insert_edge(1, 3);           // 添加一条边(1, 3)
    g.insert_edge(1, 4);           // 添加一条边(1, 4)
    g.insert_edge(2, 3);           // 添加一条边(2, 3)
    g.insert_edge(3, 4);           // 添加一条边(3, 4)
```

```
    // 打印邻接链表
    g.print_adj_list();

    return 0;
}
```

运行结果：

```
0: 1 4
1: 0 2 3 4
2: 1 3
3: 1 2 4
4: 0 1 3
```

（八）图的邻接链表的优缺点

图的邻接链表有以下优点。

空间效率高：对于稀疏图（即边的数量远小于顶点的平方），邻接链表比邻接矩阵更节省空间。因为邻接链表只为存在的边分配空间，而邻接矩阵需要为所有可能的边（包括不存在的边）分配空间。

插入、删除边效率高：在邻接链表中，插入或删除一条边的时间复杂度为 $O(1)$，只需要在链表中添加或删除节点即可。

遍历相邻顶点高效：对于给定的顶点，我们可以通过遍历其链表，快速找到所有相邻的顶点。

图的邻接链表有以下缺点。

查询边的效率低：在邻接链表中，检查两个顶点之间是否存在边需要遍历链表，时间复杂度为 $O(E)$，其中 E 是边的数量。在邻接矩阵中，此操作的时间复杂度为 $O(1)$。

需要额外的指针空间：链表中每个节点都需要额外的空间来存储引用或指针，指向链表中的下一个节点（使用 vector 在多数情况下可以避免额外的指针空间）。

在实际应用中，选择使用邻接链表还是邻接矩阵，主要取决于图的稀疏性以及主要的操作类型（如是否需要频繁地检查边的存在）。

四、实践应用

例 2.8.1 计算图的顶点度

图是一种重要的数据结构，可以用来表示对象之间的关系。在图中，每个顶点的度定义为与其直接相连的边的数量。给定一个无向图的顶点数 V 和边数 E，顶点编号从 0 到 $V-1$，再给出 E 条边的数据，你的任务是计算并输出每个顶点的度。

【输入格式】

第 1 行，2 个正整数 V，E，且 V，$E \leq 10^3$。

第 2~E+1 行，每行 2 个整数，每个数不超过 V-1，表示 2 个节点编号之间有无向边。

【输出格式】

共 1 行，E 个整数，代表相应顶点的度。

【输入样例】

```
4 5
0 1
0 2
1 2
1 3
2 3
```

【输出样例】

```
2 3 3 2
```

题目分析：

了解图度的定义，我们可以在读入边的同时简单地用数组 dArr 统计每个点的度即可。

程序代码：

```cpp
#include <bits/stdc++.h>
using namespace std;

int main() {
    int V, E;
    cin >> V >> E;

    vector<int> dArr(V, 0);          // 初始化度数组为 0
    for (int i = 0; i < E; i++) {
        int u, v;
        cin >> u >> v;
        dArr[u]++;
        dArr[v]++;
    }

    for (int i = 0; i < V; i++)
        cout << dArr[i] << " ";

    return 0;
}
```

五、总结提升

图是由顶点和边组成的一种数据结构,广泛用于表示各种实际问题中的关系。

图有多种存储方式,其中最常用的是邻接矩阵和邻接链表。

邻接矩阵:优点是可以快速判断任意两个顶点之间是否存在边,但是其空间效率较低,特别是对于稀疏图。

邻接链表:优点是空间效率高,特别适合于稀疏图,但是查找特定的边需要遍历链表,效率较低。

图的基本操作包括插入顶点、删除顶点、插入边、删除边等,同时我们还关注图的一些属性,如顶点的度、图是否连通等。

📖 拓展

逆向边

在有向图中有向边不仅连接两个顶点,而且具有明确的方向。例如,如果有一条从顶点 A 指向顶点 B 的边,我们不能假定存在从顶点 B 到顶点 A 的路径,除非图中明确包含这样一条边。

那么,什么是逆向边?逆向边,顾名思义就是与某条边方向相反的边。例如,如果有一条从顶点 A 到顶点 B 的边,那么从顶点 B 到顶点 A 的边就被称为这条边的逆向边。

在这些算法中,我们通常会构造一个逆向图,即将图中的所有边的方向反向,然后在逆向图上运行算法。通过这种方式,可以解决一些在原图上难以解决的问题。

例 2.8.2 超级间谍

曾经有一个神秘的情报组织,他们的成员都是一些具有超强能力的特工。这些特工之间通过传递消息的方式进行联系,以便更好地完成各自的任务。

特工们编号为 1 到 N,将每个人看作一个节点,如果节点 A 可以传递消息给节点 B,则在 A 到 B 之间连一条单向边。如果存在一条 A 到 B 的传递关系,则任何从 A 得到的消息都会传递给 B。

然而,这个组织中有一个特别的神秘人。据说,无论是谁发出的消息,只要是与组织有关的内容,他都能够接收到。这使他成为整个组织中最重要的人物,也被称为"超级间谍"。

有一天,组织中的一些成员开始怀疑神秘人是否真的如传说中那般神奇。于是他们决定通过传递消息来测试一下神秘人是否能够接收到他们的消息。

现在已知所有节点之间的传递关系,问神秘人 Q 是否真的是超级间谍?

【输入格式】

第 1 行,3 个正整数 N,M,Q,且 N,$M \leqslant 10^4$。

第 2~M+1 行,每行 2 个正整数,表示一个传递关系。每个数表示一个特工编号(1~N)。

【输出格式】

Yes 或 No，表示 Q 是否为超级间谍。

【输入样例】

```
4 5 6
1 4
2 4
3 6
4 5
5 6
```

【输出样例】

```
Yes
```

题目分析：

本题是一道图论的基础题目，需要判断所有其他节点是否都可以到达编号为 Q 的节点。看每个节点是否能连接到 Q，需要从每个节点出发判断一次，效率低。

逆向思维：可以建立反向边构图，只要从 Q 出发判断是否能到所有其他节点即可。具体来说，可用以下两种方式解决。

反向建图：因为题目中给出的是传递关系，即如果 A 可以传递消息给 B，则 B 是 A 的下属，因此在建图时需要反向建图。

从节点 Q 开始进行 DFS 遍历：将遍历到的节点标记为已访问。最后，如果存在未被遍历到的节点，则说明编号为 Q 的节点不是超级间谍。时间复杂度：DFS 遍历一次整张图的时间复杂度为 $O(N+M)$。

程序代码：

```cpp
#include<bits/stdc++.h>
using namespace std;

// 由于节点数可能达到10000,所以预设数组大小为10005
const int MAX = 1e4+5;

// 使用邻接表来存储图
vector<int> g[MAX];
// 记录节点是否已被访问
bool vis[MAX];

// 深度优先遍历函数
void dfs(int node){
    // 标记当前节点已被访问
    vis[node] = true;
    // 遍历所有与当前节点相连的节点
```

```cpp
    for(int i = 0; i < g[node].size(); i++){
        // 如果相连节点未被访问过,进行深度优先遍历
        if(!vis[g[node][i]]){
            dfs(g[node][i]);
        }
    }
}

int main(){
    int n, m, q;
    cin >> n >> m >> q;
    for(int i = 1; i <= m; i++){
        int u, v;
        cin >> u >> v;
        // 由于我们需要从超级间谍节点出发判断能否到达每一个节点,所以这里构建的是反
           向的边
        g[v].push_back(u);
    }
    memset(vis, false, sizeof(vis));
    dfs(q);
    bool flag = true;
    // 检查是否所有的节点都被访问过
    for(int i = 1; i <= n; i++){
        if(!vis[i]){
            flag = false;
            break;
        }
    }
    if(flag) cout << "Yes \ n";
    else cout << "No \ n";
    return 0;
}
```

第三章
算法设计

第一节 算法基础

一、算法概述

(一) 算法的定义

算法是解决特定问题的一系列明确、有序、可执行的步骤,用于将输入转换为期望的输出。使用算法有 3 个目标:高效(时间复杂度和空间复杂度低)、正确(输出符合预期)、通用(适用于同类问题)。

(二) 算法的特性

算法具有以下五大特性。

- 有穷性:步骤有限,能在有限时间内终止。
- 确定性:每个步骤含义明确,无歧义。
- 可行性:每一步均可通过基本操作实现。
- 输入:有零个或多个输入。
- 输出:至少有一个输出。

二、算法的描述

算法可以通过自然语言、流程图、伪代码 3 种方式描述。

(一) 自然语言描述

1. 定义

使用自然语言(如中文、英文)描述算法步骤,直观易懂,但可能存在模糊性。

2. 适用场景

初步设计算法逻辑时以及与非技术人员沟通时。

3. 示例

问题:求两个数的最大值。

算法描述如下。

1) 输入两个数 a 和 b。
2) 如果 a 大于 b,则最大值是 a;否则,最大值是 b。
3) 输出最大值。

4. 优缺点

优点：简单，无须学习特定语法。

缺点：易产生歧义，不适合复杂逻辑。

(二) 流程图描述

1. 定义

使用图形符号表示算法流程，直观展示控制结构(顺序、分支、循环)。

2. 常用符号

使用流程图描述算法的常用符号：

符号	名称	功能
⬭	开始/结束框	表示算法起点或终点
▭	处理框	表示操作或计算步骤
▱	数据	数据的输入/输出
◇	判断框	表示条件分支(是/否)
↓↳	流程线	指示步骤执行方向

3. 示例

问题：判断一个数是否为偶数。

流程图描述如图 3-1 所示。

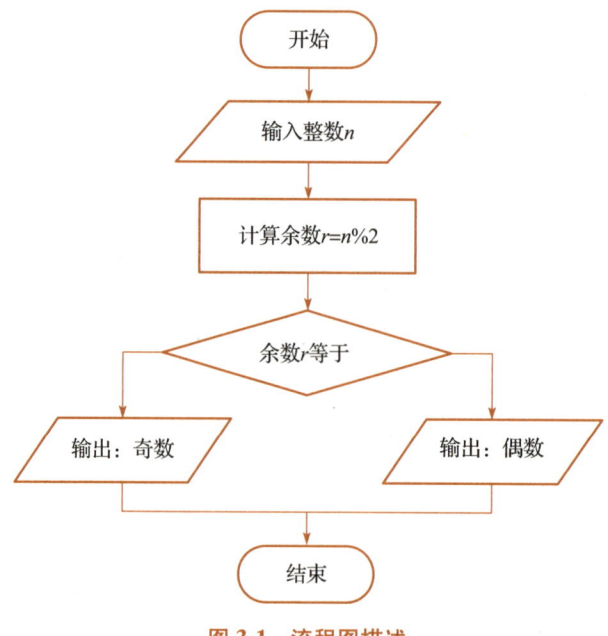

图 3-1　流程图描述

4. 优缺点

优点：逻辑清晰，适合展示复杂流程。

缺点：绘制耗时，修改不便。

（三）伪代码描述

1. 定义

介于自然语言与编程语言之间的半形式化描述，结合代码结构与自然语言，无须严格遵循语法规则。

2. 规则

1）使用关键词（如 if，else，while）。

2）缩进表示代码块。

3）允许使用数学符号。

3. 示例

问题：计算 1 到 n 的累加和。

算法：$\text{Sum}(n)$。

输入：正整数 n。

输出：$1+2+\cdots+n$ 的和。

1) sum ← 0

2) i ← 1

3) while $i \leq n$ do

4) sum ← sum + i

5) i ← i + 1

6) end while

7) return sum

4. 优缺点

优点：结构清晰，易转换为代码。

缺点：需具备一定的编程基础。

（四）三种描述方式的比较

描述方法	优点	缺点	适用场景
自然语言	易理解	不精确	初步解释算法
流程图	直观形象	复杂算法可能难以绘制	展示算法流程
伪代码	精确清晰	需要一定技术背景	详细算法设计

第二节 基础算法1——贪心法

一、情境导航

分发饼干

在阳光灿烂的一天,幼儿园老师准备用50块各具特色的饼干,为50个孩子带来欢笑,如图3-2所示。每个饼干都有一个"美味值Bi",每个孩子对饼干的喜好程度也用一个"美味值Li"表示。老师要巧妙地匹配,以确保尽可能多的孩子得到一块他喜欢的饼干。

图 3-2 分发 50 块各具特色的饼干

二、问题抽象

对于这个问题,我们可以抽象出一个经典的算法问题:如何通过匹配策略最大化匹配的"满意度"?

输入: 两个数组,一个表示孩子的美味值需求(Li),另一个表示饼干的美味值(Bi)。每个值都是整数。

目标: 匹配饼干和孩子,使尽可能多的孩子通过 $Bi \geq Li$ 得到满足。

盲目地穷举,50 块饼干与 50 个孩子的匹配情况是非常多的。这里,聪明的老师希望使用贪心算法——每次做出在当前看来最佳的选择:

尽量给一个孩子分配刚好满足的饼干，即满足 $Bi \geq Li$ 的最小 Bi；

或

一块饼干给刚好满足的孩子，即满足 $Bi \geq Li$ 的最大 Li。

三、知识探究

（一）贪心法的定义与原理

贪心法亦称为贪婪算法，其核心在于每一步都做出当前状态下的最优选择，以希望达到全局的最优解。此算法不从整体最优解出发，而是通过局部最优选择来逐步构建全局最优解。

例如，对于前面的"分发饼干"问题，老师可以每次分配一块饼干，给最接近的满足美味值的孩子，这是当前的局部最优解。每次的复杂度不超过 50 次。迭代 50 次，最终就是最优解。时间复杂度从 $O(N!)$ 降低到 $O(N \times N)$，如果使用"排序+单调性"优化，时间复杂度可以降低到 $O(N \log N)$。

例如，在求一个从 A 走到 S 的最优解（如图 3-3 所示）时，枚举所有路径的时间复杂度高。但使用贪心法，每次都选当前的"最优路径"，最终就只找出 1 条路径，因此时间复杂度很低，如图 3-4 中加粗的路径所示。

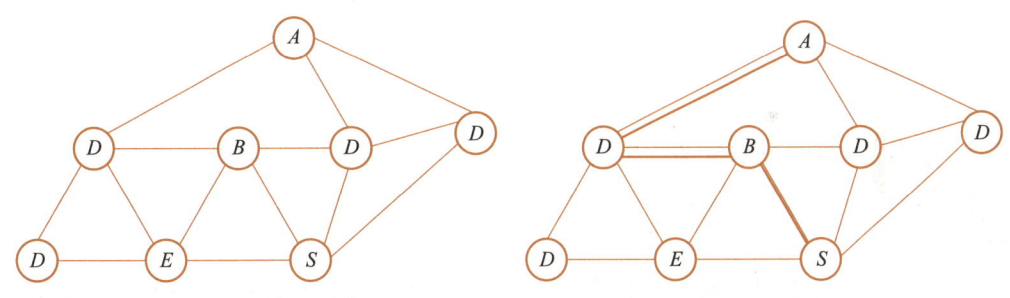

图 3-3　求一个从 A 走到 S 的最优解　　　图 3-4　贪心法得到的"最优路径"

（二）贪心法的适用场景

贪心法适用于那些局部最优解能决定全局最优解的问题，如排队等待问题、活动选择问题等。它不是对所有问题都能得到整体最优解，正确性需要通过数学归纳法或反证法等验证。

（三）分发饼干问题

例 3.2.1　分发饼干

幼儿园老师准备用 N 块各具特色的饼干为 N 个孩子带来欢笑。每个饼干都有一个"饼干的美味值 Bi"，每个孩子对饼干的喜好程度也用"喜欢的美味值 Li"表示。老师要确保尽可能多的孩子得到一块他喜欢的饼干，即获得的饼干的美味值 Bi 不低于孩子喜欢的美味值 Li。

【输入格式】

第1行,一个正整数 N,N 的范围为 $[1, 10\,000]$。

第2行,N 个空格隔开的正整数 B_i,表示饼干的美味值。每个数的范围为 $[1, 100\,000\,000]$。

第3行,N 个空格隔开的正整数 L_i,表示孩子喜欢的美味值。每个数的范围为 $[1, 100\,000\,000]$。

【输出格式】

一个整数,表示答案。

【输入样例】

```
6
9 2 4 5 6 5
15 3 6 8 2 6
```

【输出样例】

```
4
```

题目分析:

首先,对孩子喜欢的美味值 L_i 和饼干的美味值 B_i 进行排序,都按照美味值从小到大排序。

初始化两个指针,分别指向排序后的孩子数组和饼干数组的起始位置。遍历饼干数组,尝试为每个孩子分配饼干。

1)如果当前饼干的美味值大于或等于当前孩子喜欢的美味值($B_i \geq L_i$),则这个孩子得到满足,移动孩子数组的指针(即考虑下一个孩子)和饼干数组的指针(分配下一块饼干)。

2)如果当前饼干的美味值小于当前孩子喜欢的美味值($B_i < L_i$),则这块饼干不能满足任何孩子(因为孩子是按需求增序排列的),只移动饼干数组的指针。

每次成功匹配一个孩子,计数器加1。

程序代码:

```cpp
#include <iostream>
#include <vector>
#include <algorithm>

using namespace std;

int maxChildren(int N, vector<int>& B, vector<int>& L) {
    // 对饼干和孩子的需求进行排序
    sort(B.begin(), B.end());
    sort(L.begin(), L.end());
```

```
        int i = 0, j = 0;
        int ans_count = 0;

        // 使用双指针遍历饼干和孩子的数组
        while (i < N && j < N) {
            if (B[j] >= L[i]) {
                ans_count++;
                i++;
                j++;
            } else {
                j++;
            }
        }

        return ans_count;
}

int main() {
    // freopen("cookies.in","r", stdin);
    // freopen("cookies.out","w", stdout);
    int N;
    cin >> N;
    vector<int> B(N), L(N);

    for (int i = 0; i < N; i++) {
        cin >> B[i];
    }

    for (int i = 0; i < N; i++) {
        cin >> L[i];
    }

    cout << maxChildren(N, B, L) << endl;

    return 0;
}
```

此程序实现了得到满足的孩子的数量最大化，时间复杂度为 $O(N \log N)$，主要由排序操作决定。这种贪心策略不仅逻辑清晰，而且在实际应用中也非常高效。

四、实践应用

例 3.2.2 统计目标数

给定两个正整数 D 和 S，返回满足以下条件的最小正整数：

①它有恰好 D 位数字；
②它的各位数字之和等于 S；
③它的各位数字的乘积为零。
如果不存在这样的整数，返回-1。

【输入格式】
一行两个正整数，中间用空格分隔，表示 D 和 S。

【输出格式】
共一行，输出一个整数。注意：没有前导 0。

【数据范围】
10 个测试点，每个测试点 10 分。
对于 20%数据：D 的范围在[1,3]，S 的范围在[1,200]。
对于 70%数据：D 的范围在[1,8]，S 的范围在[1,200]。
对于 100%数据：D 的范围在[1,18]，S 的范围在[1,200]。

【输入样例】

```
3 11
```

【输出样例】

```
209
```

样例解释：
209 是 3 位数，并且 2+0+9=11，2×0×9=0。

题目分析：

方法 1：暴力枚举法指的是对每个 D 位数检查，可能超时。

方法 2：这是一个有趣的数学问题，我们可以使用贪心算法来解决它。主要思路是尽可能让低位的数字大（每次确定当前位的数），同时确保至少有一个 0（必然在第 2 位），以满足各位数字的乘积为零的条件。以下是使用 C++实现的解决方案。

程序代码：

```cpp
// 贪心:第2位一定是0,从后向前,尽量放大的数字
#include <bits/stdc++.h>

using namespace std;

long long chang( string s) {
    long long ans=0;
    for (int i=0; i<s.size(); i++){
        ans = ans*10 +(s[i]-'0');
    }
```

```cpp
        return ans;
}
long long find(int D, int S)
    {
        if (D == 1) return -1;          // 因为需要 0,至少是 2 位数
        if (D == 2) {                   // 判断所有以 0 结尾的 2 位数
            if (S <= 9) {
                return S *10;
            }
            return -1;
        }

        string ans = "";
        int dig = 0;
        while (S > 1 && D > 2) {
            dig = min(S-1, 9);          // 从低到高,尽量放 9 或剩余值,但至少要留 1 给开
                                        //   头,所以 S-1
            ans = char(dig+'0') + ans;
            S -= dig;
            D--;
        }
        if (D < 2 || S > 9) return -1;  // 最后 2 位:开头数和第 2 位的 0
        while (D > 1) {
            ans = "0" + ans;
            D--;
        }
        ans = char(S+'0') + ans;
        return chang(ans);
    }

int main(){
    int D,S;
    cin >> D >> S;
    cout <<find(D,S) <<endl;

    return 0;
}
```

例 3.2.3 叠罗汉

农场的 N 头奶牛喜欢玩叠罗汉游戏,就是 1 头奶牛接着 1 头奶牛站成一根柱子的形状。不过奶牛的力量不一样,用数值 C_i 表示第 i 头奶牛的上面最多可以站多少头奶牛,问这些奶牛最少可以站成几个柱子?

【输入格式】

第 1 行,1 个整数 N,表示有多少头奶牛。范围为 $1 \leqslant N \leqslant 1000$。

第 2 行，N 个正整数 Ci，表示这些奶牛的力量。范围为 $0 \leqslant Ci \leqslant 1000$。

【输出格式】

一个整数，表示最少叠成几个"罗汉"。

【输入样例】

```
5
0 2 1 2 2
```

【输出样例】

```
2
```

样例解释：

可以第 1、第 3、第 2 头奶牛从上向下叠罗汉；

第 4、第 5 头奶牛叠罗汉。

题目分析：

为了解决这个问题，我们可以将其视作一个多队列问题，尤其是可以通过贪心算法来寻求最优解。整体思路是：尽可能地将奶牛堆叠在一起以形成尽可能少的柱子。我们可以按照奶牛的承载力（Ci）进行排序，然后用一种贪心策略逐一放置奶牛以最小化柱子的数量。

算法步骤：

1) 奶牛排序。将所有奶牛按照它们的承载力 Ci 进行排序（升序）。这样，承载力较小的奶牛应该站在较上部的位置，因为它们不能承受太多的奶牛重量。

2) 建立柱子。从承载力最小的奶牛开始，尝试将每头奶牛放到现有的柱子上。如果当前的奶牛能放到某个柱子的底部而不违反其承载限制，我们就放置它。如果不能放到任何现有柱子的底部，我们就需要新建一个柱子。

3) 贪心策略。对于每头奶牛，从左到右检查每个柱子，找到第一个能放置该奶牛的柱子，并放置它。如果找不到，就新建一个柱子。

4) 柱子计数。柱子的总数就是我们要求的最少柱子数。

程序代码：

```cpp
#include <iostream>
#include <vector>
#include <algorithm>
using namespace std;

int minTowers(int N, vector<int>& cows) {
    // 对奶牛按承载力排序
    sort(cows.begin(), cows.end());
    
    vector<int> towers;
```

```
    // 遍历每一头奶牛
    for (int i = 0; i < N; ++i) {
        bool placed = false;
        for (int j = 0; j < towers.size(); ++j) {
            if (towers[j] <= cows[i]) {
                // 如果找到一个现有的柱子可以放置当前奶牛
                towers[j]++;
                placed = true;
                break;
            }
        }

        if (!placed) {
            // 如果没有找到可用的柱子,则新建一个柱子
            towers.push_back(1);
        }
    }
    return towers.size();
}

int main() {
    int N;
    cin >> N;
    vector<int> cows(N);
    for (int i = 0; i < N; ++i) {
        cin >> cows[i];
    }

    cout << minTowers(N, cows) << endl;
    return 0;
}
```

还有其他贪心法来构建"叠罗汉"。例如,使用贪心法尝试构建最少的"叠罗汉"。每次循环贪心地尝试在现有"叠罗汉"上增加奶牛,如果超出某个奶牛的承载力而无法继续叠加,则重新创建一个新的"叠罗汉",对剩下的奶牛进行迭代处理。

程序代码:

```
#include <iostream>
#include <vector>

using namespace std;

int main() {
    int n;
    cin >> n;
```

```cpp
    vector<int> c(1001, 0);            // 承载力计数器
    int inputCap;

    // 读取奶牛的承载力并计数
    for (int i = 0; i < n; ++i) {
        cin >> inputCap;
        c[inputCap]++;
    }

    int ans = 0;                       // 最少"叠罗汉"数量
    int k = 0;                         // 已处理的奶牛数量
    int f;                             // 当前的最大承载数

    // 使用贪心算法寻找最小的"叠罗汉"数
    while (k < n) {
        f = 0;                         // 重置当前柱子的承载数
        ans++;                         // 新增一个"叠罗汉"

        for (int i = 0; i <= 1000; ) {
            if (c[i] > 0 && i >= f) {  // 如果当前奶牛的承载力还有剩余且可以放到当
                                       // 前柱子
                c[i]--;
                k++;                   // 处理了一头奶牛
                f++;                   // 当前柱子的承载数增加
            } else {
                i++;                   // 检查下一头奶牛的承载力
            }
        }
    }

    cout << ans << endl;
    return 0;
}
```

虽然给出了两种贪心方法,但要证明它们的正确性并不容易,需要归纳法、构造法和反证法。

五、总结提升

贪心法是一种在每一步选择中都做出当前状态下最优(即最有利)的选择,希望通过局部最优的选择达到全局最优解的算法策略。

1. 贪心法的一般步骤

1)确定问题的贪心选择性质。首先要分析问题的特性,确定在每一步选择中可以选择哪些方案,以及如何判断哪一个是最优的。

2）构造贪心解。通过局部最优选择，逐步构建出全局最优解。

3）证明贪心选择的正确性。通过数学方法证明从贪心选择的步骤中能够推导出最优解。

4）设计贪心法。将上述步骤转化为可实现的算法，通过编程语言实现。

5）分析算法复杂度。分析算法的时间复杂度和空间复杂度，确保算法的效率。

2. 贪心法的常见类型

贪心法主要解决选择问题、优化问题、调度问题和分割问题等几类常见问题。

3. 注意事项

1）局部最优和全局最优。贪心法总是寻求局部最优解，希望它能导致全局最优解。然而，这种策略并不总是有效的，因此在使用贪心算法之前应该分析其是否适用于当前问题。

2）证明正确性。在使用贪心策略之前，重要的是要能够证明每一步的贪心选择最终会导致全局最优解。通常可以通过数学归纳法、反证法或贪心选择性质来证明。

3）排序。贪心法常常需要事先按某种规则排序输入数据，排序可能会影响算法的整体效率。

4）考虑复杂度。实现贪心法前，应考虑其时间复杂度和空间复杂度是否满足问题的需求。

4. 贪心法的复杂度

贪心法通常具有较好的时间复杂度，大多能在多项式时间内求解。具体复杂度取决于问题本身和所选的贪心策略。一般情况下：

时间复杂度为 $O(n\log n)$ 到 $O(n^2)$，其中排序操作通常是主要的时间开销；

空间复杂度为 $O(n)$，即输入数据的规模。

5. 贪心法的优缺点

1）优点：简单直观，易于实现；计算速度快，时间复杂度较低。

2）缺点：需要对问题有深入的了解；通常只能用于求解最优化问题；可能得不到全局最优解，需证明其正确性。

6. 结论

贪心法由于实现简单和具备高效处理某些类型问题的能力而受到青睐，是解决优化问题的重要工具之一。

📚 **拓展**

在实际应用中，贪心法常常与其他算法（如动态规划、回溯算法等）配合使用，以处理更复杂或贪心法无法直接解决的问题。贪心策略常被用于设计近似算法，应用于搜索算法的剪枝等。

贪心法在信息学中有广泛应用。

排队打水问题：有 n 个人排队等待打水，每个人打水所需时间不同。只有一个水龙头可供大家使用，每个人只能单独使用水龙头。要求找到一个合理的打水顺序，使得所有人的等待时间之和最小。

活动选择问题：在一系列活动中选择最多的互不冲突的活动。

区间覆盖问题：选择一些区间，使它们的合并覆盖给定的区间。

背包问题：在一些特殊情况下，贪心法能够解决背包问题。

哈夫曼编码：在数据压缩领域，贪心法用于构建最优的哈夫曼编码，以实现数据的压缩和解压。

最小生成树：在图论中，贪心法用于构建最小生成树，如 Prim 算法和 Kruskal 算法。

Dijkstra 最短路径算法：用于求解单源最短路径问题，基于贪心策略依次选择最短路径的顶点。

车辆加油问题：在一条道路上有若干个加油站，每个加油站有一个加油量，车辆的油箱有一定容量，目标是选择恰当的加油站使车辆能够从起点到达终点。

欧拉回路问题：欧拉回路问题是一个图论问题，目标是找到一个路径，经过图中每条边一次且仅一次，最终回到起始节点。如果这个路径也是一个环（起点和终点相同），则称为欧拉回路。如果一个图具有欧拉回路，则称为欧拉图。

第三节　基础算法 2——递推法

一、情境导航

猴子吃桃

在一个遥远的森林里，有两只聪明的猴子发现了一堆桃子，如图 3-5 所示。它们决定每天吃掉剩下桃子的一半再加一个。第 1 天，它们吃了一半多一个，心想："这桃子真好吃！"第 2 天，它们又吃了剩下的一半多一个……到了第 10 天，只剩下 1 个桃子。猴子想知道一开始发现时有多少个桃子。

图 3-5　猴子吃桃

二、问题抽象

从数学方法上讲,我们要先从已知条件入手,逐步分析,最终推导出原始桃子的数量。

已知是第十天的桃子数为 1,需要求解的是第一天的桃子数量。这个问题属于递推问题的范畴,我们可以从后往前推算出桃子的总数。猴子每天吃掉剩下桃子的一半再加一个,这意味着第 10 天先把多吃的"再加一个"还原,是两个桃子,再把吃掉的一半还原:

$$第 9 天桃子数 = (1+1) \times 2 = 4$$

同理:

$$第 8 天桃子数 = (4+1) \times 2 = 10$$

……

如果我们设第 n 天剩下 $p[n]$ 个桃子,那么第 $n-1$ 天剩下的桃子数量为:

$$p[n-1] = (p[n]+1) \times 2$$

程序代码:

```
int calculate_peaches(int n) {
    int peaches = 1;                      // 第 n 天的桃子数为 1

    // 从第 n 天递推到第 1 天
    for (int day = n; day > 1; --day) {
        peaches = (peaches + 1) *2;       // 按照递推公式计算前一天的桃子数
    }
    return peaches;
}
```

这个问题很好地体现了递推算法的思想:从已知条件出发,通过递推关系,逐步推导出问题的解。同时,这个问题也告诉我们,有时从结果倒推比从开始正推更容易找到解决方案。在实际问题中,我们要学会灵活运用递推的思路,根据具体情况选择正向递推还是反向递推。

三、知识探究

递推法是一种基于递推关系求解问题的常用算法。递推法利用已知条件,通过递推公式或状态转移方程,逐步推导出问题的解。

(一)递推法的基本步骤

递推法的基本步骤如下。

初始化：设定问题的初始状态，即基本情况。
递推关系：确定每个状态是如何从前一个或多个状态导出的。
迭代：从初始状态开始，使用递推关系逐步推导出问题的最终状态。

（二）递推法的适用场景

在计算机科学领域，递推法有着广泛的应用，尤其在动态规划、数学问题求解等方面发挥着重要作用。

四、实践应用

例 3.3.1　斐波那契数列

斐波那契数列是一系列数字，其中除了前两个数字外，每一个数字是前两个数字的和。通常斐波那契数列定义为：

$$F(0) = 0$$
$$F(1) = 1$$
$$F(n) = F(n-1) + F(n-2)，对于 n \geq 2$$

编写一个 C++ 程序，计算并打印斐波那契数列的第 n 项，其中 n 是用户输入的一个正整数。

【输入格式】

第 1 行，一个正整数 n，范围为 $[2, 1000]$。

【输出格式】

一个整数。由于答案可能很大，我们只需要输出"答案%10000007"的值。

【输入样例】

```
5
```

【输出样例】

```
3
```

题目分析：

本题的递推关系要从前面两个状态推导出来，直接把题目中的定义换成数组即可。

程序代码：

```cpp
#include <bits/stdc++.h>
using namespace std;

int cal(int n) {
    // 创建数组存储斐波那契数列
    vector <int> fib(n+1);
```

```
        // 初始化斐波那契数列的前两项
        fib[0] = 0;
        fib[1] = 1;

        // 计算斐波那契数列的其余项
        for (int i = 2; i <= n; i++) {
            fib[i] = (fib[i - 1] + fib[i - 2])%10000007;
        }

        return fib[n];
}

int main() {
    int n;
    cin >> n;
    cout << cal(n-1);
    return 0;
}
```

例 3.3.2 红绿蓝格子

有 n 个格子，每个格子可以放置红、绿、蓝三种颜色中的一种，但红色格与绿色格不能相邻。请计算有多少种不同的放置方案。

【输入格式】

第 1 行，1 个整数 n，表示有多少格子。$1 \leqslant n \leqslant 1000$。

【输出格式】

一个整数，表示方案数。由于答案可能很大，我们只需要输出"答案%10000007"的值。

【输入样例】

3

【输出样例】

17

样例解释：
有以下方案。
红，蓝，红
红，蓝，绿
红，蓝，蓝
红，红，蓝
红，红，红

绿，蓝，红
绿，蓝，绿
绿，蓝，蓝
绿，绿，蓝
绿，绿，绿
蓝，红，蓝
蓝，红，红
蓝，绿，蓝
蓝，绿，绿
蓝，蓝，红
蓝，蓝，绿
蓝，蓝，蓝

题目分析：

为了计算在给定条件下的放置方案数，我们可以使用递推法。这种方法通过建立一个递推关系，从已知的简单情况出发，逐步推导出更复杂情况的解。

递推思路：

我们定义 dp$[i][c]$ 表示第 i 个格子颜色为 c 的放置方案数，其中 c 可以是 0（红色）、1（绿色）或 2（蓝色）。我们的目标是建立从 $i-1$ 到 i 的递推关系，来计算所有可能的放置方案。

递推关系：

如果第 i 个格子是红色（$c=0$），那么第 $i-1$ 个格子只能是蓝色或红色。因此，dp$[i][0]$=dp$[i-1][2]$+dp$[i-1][0]$。

如果第 i 个格子是绿色（$c=1$），那么第 $i-1$ 个格子只能是蓝色或绿色。因此，dp$[i][1]$=dp$[i-1][2]$+dp$[i-1][1]$。

如果第 i 个格子是蓝色（$c=2$），那么第 $i-1$ 个格子可以是任何颜色。因此，dp$[i][2]$=dp$[i-1][0]$+dp$[i-1][1]$+dp$[i-1][2]$。

程序代码：

```
#include <iostream>
using namespace std;

const int MOD = 1e7 + 7;

int countArrangements(int n) {
    // 初始化 dp 数组
    int dp[n + 1][3];

    // 初始条件:只有 1 个格子时的放置方案
    dp[1][0] = dp[1][1] = dp[1][2] = 1;
```

```
    // 使用递推公式计算放置方案数
    for (int i = 2; i <= n; i++) {
        dp[i][0] = (dp[i - 1][0] + dp[i - 1][2]) %MOD;          // 红色
        dp[i][1] = (dp[i - 1][1] + dp[i - 1][2]) %MOD;          // 绿色
        dp[i][2] = (dp[i - 1][0] + dp[i - 1][1] + dp[i - 1][2]) %MOD;   // 蓝色
    }

    // 返回总的放置方案数
    return (dp[n][0] + dp[n][1] + dp[n][2]) %MOD;
}

int main() {
    int n;
    cin >> n;
    cout << countArrangements(n) << endl;
    return 0;
}
```

五、总结提升

递推法在许多领域都有应用，以下是一些常见的例子：
等差数列和等比数列的通项公式；
排列组合数的计算；
斐波那契数列及其变种；
字符串匹配或数位问题；
线性递推数列求解；
一些动态规划问题。

1. 递推法的空间优化

在斐波那契数列的例子中，我们只需要存储前两项就可以计算出当前项，因此可以将空间复杂度优化到 $O(1)$。

```
int fibonacci(int n) {
    if (n == 0) return 0;
    if (n == 1) return 1;

    int a = 0, b = 1, c;
    for (int i = 2; i <= n; i++) {
        c = a + b;
        a = b;
        b = c;
    }
```

```
        return c;
}
```

类似地，许多递推法都可以通过只存储必要的中间状态来优化空间复杂度，比如用滚动数组。

2. 总结

递推法是解决问题的一种强有力的工具，它通过将问题分解成一系列逐步求解的步骤来简化问题的复杂性。掌握递推法不仅可以帮助我们解决实际问题，还能深化我们对问题结构的理解。

拓展

时间复杂度优化（矩阵快速幂）

对于某些线性递推问题，如斐波那契数列，我们可以使用矩阵快速幂的方法将时间复杂度降低到 $O(\log n)$。这种优化方法利用了递推关系的线性性质，通过矩阵乘法的性质来快速求解。详见本章第五节倍增法内容。

第四节 基础算法3——递归法

一、情境导航

优雅高效的计算

20个小朋友玩"接力算阶乘"游戏，如图3-6所示。第1个小朋友问第2个小朋友"19!是多少?"，第2个小朋友问第3个小朋友"18!是多少?"，直到第20个小朋友直接喊"1!等于1!"。于是，答案沿递归链回传，每人仅做一次乘法：1!变2!，2!变6!……最终，第1个小朋友得到20!的值。

图3-6 接力算阶乘

二、问题抽象

先让我们一起看看完整版的故事。

想象你是一名小学老师,班上有 20 个聪明的小朋友。有一天,你决定考考他们,提出了一个看似简单但实际上非常复杂的问题:20!等于多少?

第 1 个小朋友面对这个问题似乎很苦恼,但他很快想到了一个绝妙的主意。他转身问第 2 个小朋友:"19!等于多少?"第 2 个小朋友也不知道答案,于是他问第 3 个小朋友:"18!等于多少?"……就这样,问题一路传递下去,直到第 20 个小朋友。

第 20 个小朋友听到问题后,立即回答:"1!等于 1。"这个答案迅速沿着小朋友链传递回来:第 19 个小朋友收到 1 后,将其乘以 2 得到 2!,第 18 个小朋友收到 2!后,将其乘以 3 得到 3!……最终,第一个小朋友收到了 19!的值,将其乘以 20,得到了 20!的最终结果。

在这个过程中,每个小朋友只做了一次简单的乘法运算,但通过他们的协作,一个看似复杂的问题被轻松解决了。

从这个故事中,我们可以提取出算法的几个关键要素。

1) 问题分解:将一个复杂的问题(计算 20!)分解为一系列更小的子问题(计算 19!,18!,17!,…,1!)。

2) 基本情况:当问题被分解到最简单的情况(计算 1!)时,我们可以直接给出答案,无须进一步递归。

3) 递归过程:每个小朋友都将问题转化为一个更小的子问题,并等待下一个小朋友的答案。这个过程一直持续到出现基本情况为止。

4) 回溯过程:一旦基本情况得到解决,答案就开始沿着递归链向上传递。每个小朋友将收到的答案做一次简单的计算,然后将结果传递给上一个小朋友,直到得到原问题的解。

算法描述:

```
int F(int n) {
    if (n == 1) {                      // 基本情况
        return 1;
    } else {                           // 递归
        int sub_result = F(n - 1);     // 递归调用,求解子问题
        return n * sub_result;         // 回溯,将子问题的解与当前问题的特定操作相
                                       //   结合
    }
}
```

举个例子,如果我们调用 $F(5)$,计算过程将如下进行:

$$F(5) = 5 \times F(4)$$
$$= 5 \times (4 \times F(3))$$
$$= 5 \times (4 \times (3 \times F(2)))$$
$$= 5 \times (4 \times (3 \times (2 \times F(1))))$$
$$= 5 \times (4 \times (3 \times (2 \times 1)))$$
$$= 5 \times (4 \times (3 \times 2))$$
$$= 5 \times (4 \times 6)$$
$$= 5 \times 24$$
$$= 120$$

三、知识探究

（一）什么是递归法

递归法是一种通过调用自身函数来解决问题的算法。它将一个复杂问题分解为一个或多个与原问题类似的更简单的子问题，通过解决这些子问题来解决原问题。这是一种非常强大而优雅的问题解决方法，有"递归"和"回溯"的过程，它有几个关键特点。

问题分解：将原问题分解为更小的子问题。

基本情况：递归的终止条件，当问题足够小时直接给出答案。

递归过程：将问题转化为更小的子问题，并等待子问题的解。

回溯过程：一旦子问题得到解决，将答案传递回去，并组合子问题的解以得到原问题的解。

前面递归计算 $n!$ 的例子，是大问题分解成 n 乘以一个小问题 $(n-1)!$。也有很多情况是将一个大问题分解成多个小问题，比如斐波那契数列。

（二）斐波那契数列的递归法描述

用递归法描述斐波那契数列的伪代码如下：

```
int fibonacci(int n) {
    if (n <= 1) {          // 基本情况
        return n;
    } else {               // 递归情况,调用两个子任务
        return fibonacci(n-1) + fibonacci(n-2);
    }
}
```

（三）递归法的优点

递归法的优点有以下几点。

1) 递归法通常更容易理解和实现，因为它以一种自然的方式反映了许多问题的递

归结构。

2）递归法可以非常简洁地表示某些问题，特别是那些具有递归定义的问题，如阶乘、斐波那契数列、树的遍历等。

3）递归法可以通过递归树或递归公式来分析其时间和空间复杂度。

四、实践应用

例 3.4.1　对称三角形

编写一个递归程序，生成一个三角形字母方阵。该方阵的每一行字母数量递增，中心对称，形成一个完美的三角形结构（参见下面的输出样例）。输入一个正整数 n，表示三角形的高，输出对应的三角形字母方阵。

【输入格式】

第 1 行，1 个整数 n，表示三角形的高。$1 \leq n \leq 26$。

【输出格式】

输出一个三角形字母方阵，其中第 i 行包含 $2i-1$ 个字母。每行字母从 A 开始逐行递增。每行前面的空用符号"."填充。

【输入样例】

```
5
```

【输出样例】

```
....A
...BAB
..CBABC
.DCBABCD
EDCBABCDE
```

题目分析：

为了构建三角形字母方阵，我们重点需要考虑如何构造每一行的内容，并且保证每行的字母是对称的。每行的中心字母都是 A，两侧字母对称。可以按照递归法分析。

1）问题分解：将原问题分解为更小的子问题，比如 DCBABCD 可以看成 D+子任务 CBABC+D。

2）基本情况：递归的终止条件，当问题足够小时直接给出答案。递归的终止条件在此问题中是一个字母，直接输出 A，无须进一步递归。

3）递归过程：将问题转化为更小的子问题，并等待子问题的解，即 cout<<开头字母+递归调用下一个字母开头。这个过程将问题不断缩小，直到到达基本情况。

4）回溯过程：一旦子问题得到解决，组合子问题的解以得到原问题的解。解决子问题后，该解即沿递归调用链向上传递至最初的调用。

程序代码：

```cpp
#include <iostream>
using namespace std;

// 打印由给定字符构成的一行
void outLine(int n, char c) {
    if (n < 2) {                    // 基本情况:如果 n 小于 2,则打印字符并返回
        cout << c;
        return;
    }
    cout << char(c);                // 打印行的开头字符
    outLine(n - 2, c - 1);          // 递归调用以打印行的中间部分
    cout << char(c);                // 打印行的结尾字符
}

int main() {
    int n;
    cin >> n;

    for (int i = 0; i < n; i++) {
        for (int j = 1; j < n - i; j++) {
            cout << ".";            // 打印每行前面的点以创建三角形形状
        }
        outLine(2 * i + 1, 'A' + i); // 调用函数打印一行
        cout << endl;
    }
    return 0;
}
```

例 3.4.2 最大公约数

编写一个递归函数来计算两个正整数的最大公约数（Greatest Common Divisor，GCD）。最大公约数是能同时整除两个给定数的最大正整数。

【输入格式】

第 1 行，两个正整数 a 和 b，范围为 $[1, 10^{15}]$；

【输出格式】

一个整数，即 a 和 b 的最大公约数。

【输入样例】

30 42

【输出样例】

6

题目分析：

在使用递归解决最大公约数（GCD）问题时，我们可以清楚地看到递归法的 4 个关键特点如何被完美地应用。以下是每个特点在这个问题中的具体体现。

1. 问题分解

将原问题分解为更小的子问题：利用欧几里得算法，我们将原问题 $GCD(a,b)$ 转化为一个更小的问题 $GCD(b, a\%b)$，由原来的两个数变为较小的一对数，快速缩小了问题的规模。

2. 基本情况

递归的终止条件，当问题足够小时直接给出答案：递归的终止条件在此问题中是 $b==0$。当 b 变为 0 时，a 即为两数的最大公约数。这个条件直接给出了解答，无须进一步递归。

3. 递归过程

将问题转化为更小的子问题，并等待子问题的解：每次递归调用都是基于当前的 a 和 b 值来求 b 和 $a\%b$ 的 GCD。这个过程将问题不断缩小，直到到达基本情况。

4. 回溯过程

一旦子问题得到解决，将答案传递回去，并组合子问题的解以得到原问题的解：在 GCD 问题中，回溯过程较为简单，因为每次递归调用的解就是最终解，没有需要额外组合的步骤。解决子问题后，该解即沿递归调用链向上传递至最初的调用。

程序代码：

```cpp
#include <iostream>
using namespace std;
long long  gcd(long long a, long long b) {
    if (b == 0) {
        return a;
    } else {
        return gcd(b, a %b);
    }
}

int main() {
    long long a , b;
    cin >> a >>b ;
    cout << gcd(a, b) << endl;
    return 0;
}
```

例 3.4.3 双对称字符串

编写一个递归程序，生成一个字符串。字符串是由两个子任务的子字符串对称拼成的。

具体来说：
最小的 A 开头字符串是 A；
下一个大点的 B 开头字符串是 BABAB；
下一个大点的 C 开头字符串是 CBABABCBABABC；
……
Z 开头字符串是：Z+Y 开头的子任务+Z+Y 开头的子任务+Z
输入一个大写字母 C，表示字符串开头字母，输出对应的双对称字符串。

【输入格式】
第 1 行，1 个字符 C。'B'≤C≤'N'。

【输出格式】
输出对应的双对称字符串。

【输入样例】

D

【输出样例】

DCBABABCBABABCDCBABABCBABABCD

题目分析：
题目的任务描述已经是标准的递归法分析，直接按照描述编程即可。

程序代码：

```cpp
#include <iostream>
using namespace std;

void outLine(char c){
    if (c=='A') { cout << c; return; }
    cout << c;
    outLine(c-1);
    cout << c;
    outLine(c-1);
    cout << c;
}
int main() {
    char c;
    cin >> c;
    outLine(c);
    return 0;
}
```

五、总结提升

1. 循环与递归法

前面的例题中，对称三角形和最大公约数都可以改用循环编写程序。递归和循环都是编程中用于执行重复任务的常用结构，但它们在实现方式和适用场景上有明显的区别。

递归更适用于处理可以自然分解为相似问题的任务，如树的遍历、图的搜索等。

循环更适用于简单的重复任务，如计数、累计总和、遍历数组或列表等。

有些能分解成子问题的算法很难用循环实现，比如前面的双对称字符串例子，还有二叉树的遍历等。这类问题使用递归法就特别自然、简单。

2. 递推法与递归法

在计算机科学中，递推和递归是解决问题时常用的两种方法。这两种方法在形式上相似，都涉及将大问题分解成更小的问题来解决，但它们在实现上有本质的区别。递推法通常用于构建动态规划解决方案，而递归法则是分治策略的核心。

递推法主要通过已知的初始状态，逐步应用递推关系，求出问题的最终解。递推法的核心是定义状态转移方程。递推法通常使用循环结构，不涉及自身的调用。

递推法有以下优点。

效率高：避免了重复计算，通过保存中间结果来优化性能。

易于实现：递推通常不需要复杂的栈操作，简单迭代即可实现。

广泛应用：在动态规划等算法设计中频繁使用。

递归法在函数内部调用自身。它将问题分解成更小的子问题，直到到达基本情况（最简单的问题），然后逐层返回解答。

递归法有以下优点。

编码简洁：递归法的代码通常更简洁，更容易理解。

自然的问题分解：递归能自然地将问题分解成子问题，适合处理树形结构、图的深度优先搜索等。

递归法有以下缺点。

内存消耗大：每一次函数调用都会在栈上占用内存空间，如果递归深度过大，可能会导致栈溢出。

性能问题：递归可能包含大量的重复计算，尤其是在没有优化的情况下（例如，不使用记忆化）。

3. 递推和递归的区别与联系

虽然递推和递归都是通过处理问题的一部分来逐步解决整个问题，但它们在思考方式和实现方式上有本质的区别。

（1）相同点

有以下两方面。

问题分解：将复杂问题分解成更简单的子问题。

逐步求解：通过逐步计算解决问题。

（2）不同点

有以下三方面。

1）计算方向。递推通常从问题的初始状态开始，向终态递进。递归从问题的终态开始，逐步分解到初始状态。

2）内存占用。递推通常只占用与迭代次数成正比的空间。递归可能因深层的函数调用而占用大量栈空间。

3）实现复杂度。递推的逻辑较为直观，易于实现。递归可能需要处理更多的边界条件和递归终止条件。

第五节 基础算法4——二分法

一、情境导航

寻找外星钻石

在遥远的外星矿厂，1 枚钻石重 50 克。管理员发现在 10 000 枚钻石中混入了一枚外表相同、重 51 克的外星钻石，如图 3-7 所示。管理员有一台精准分子秤，可以每次称任意多的钻石，他希望能用尽可能少的次数找出那枚神秘的外星钻石。请你帮助管理员想个好的方法。

图 3-7 寻找外星钻石

二、问题抽象

作为一名训练有素的管理员,他会利用精准的分子秤与二分搜索法将这枚外星钻石找出来。具体方法如下:

首先,管理员将钻石分为两堆,每堆 5000 个,然后使用电子秤称重其中的一堆,通过这堆的重量,他能快速确定较重的那一堆包含外星钻石。接着,他继续将包含外星钻石的那堆钻石对半分,重复上述过程,每次都将搜索范围缩小一半,这种方法只需要 14 次称量,就能锁定那枚外星钻石。

这种方法通过逐步缩小搜索范围,不断地将问题"二分"为规模较小的子问题,从而大幅提高查找效率。

再比如,你在一家大型图书馆中寻找一本特定的书,而图书馆的书都严格按照书名的字母序顺序排列,你显然不会一本一本地查找,面对成千上万本书,这种方法效率太低。你可能会选择从中间某处开始,根据书名看是不是要找的书,如果不是要找的书就可以确定是向左查找还是向右查找。

这种高效的查找方式就是我们要学习的"二分法"。

三、知识探究

(一)二分法原理

二分法是一种高效的搜索技术,通常在有序数组中查找目标元素时表现出色,也称为二分查找或折半查找算法。它的基本思想是:通过将目标值与数组中间的元素进行比较,缩小搜索范围,直到找到目标值或确定目标值不存在。使用二分法的前提条件是必须在有序的数组中使用。

(二)二分法的基本步骤

使用二分法有以下基本步骤。

1) 确定数组的中间位置,即 $mid = (low+high)/2$。
2) 比较中间元素与目标值:
- 如果中间元素等于目标值,搜索结束;
- 如果目标值小于中间元素,则在左侧子数组中继续搜索,即 $high = mid-1$;
- 如果目标值大于中间元素,则在右侧子数组中继续搜索,即 $low = mid+1$;
- 重复以上步骤,直到找到目标值或 $low > high$(表明目标值不存在)。

例 3.5.1 快速查找

给定 N 个不相同的正整数,再问 M 次问题:每次给一个整数 X,问 X 是 N 个数中第几小的数。如果 N 个数中没有这个 X,就输出 -1,然后再问下一个 X。

【输入格式】

第 1 行，两个正整数 N 和 M，范围为 $[1, 1\,000\,000]$。

第 2 行，N 个空格隔开的不同的正整数。每个数的范围为 $[1, 100\,000\,000]$。

第 3 行，M 个空格隔开的正整数，表示需要问的数 X。每个数的范围为 $[1, 100\,000\,000]$。

【输出格式】

M 行，每行一个整数，表示询问的对应答案。

【输入样例】

```
6 4
9 2 4 5 6 1
5 2 8 6
```

【输出样例】

```
 4
 2
-1
 5
```

题目分析：

这是一个典型的二分查找问题。

1) 预处理：先对给定的 N 个正整数进行递增排序。

2) 二分查找：类比"寻找外星钻石"，X 就是要找的"外星钻石"，把数组从中间分成两部分，可以快速判断 X 在哪一部分，每次数据减半。具体方法是：

1) 取数组中这段数据的中间值 Y。

2) 如果 $X==Y$，就找到了，返回位置。

3) 如果 $X>Y$，就判断出 X 不可能在数组左边。

4) 如果 $X<Y$，就判断出 X 不可能在数组右边。

5) 在剩余一半的数据中，继续迭代进行二分查找。

6) 如果数据段长度为 0，说明找不到 X，返回 -1。

程序代码：

```cpp
#include <iostream>
#include <vector>
#include <algorithm>
using namespace std;
int nums[1000001],N,M;
// 定义一个二分查找函数,用于在排序的数组中查找特定的目标值
int binSearch( int target) {
    int left = 0, right = N - 1;
```

```cpp
        while (left <= right) {
            int mid = left + (right - left) / 2;    // 计算中点
            if (nums[mid] == target) {              // 如果找到目标值,返回其索引
                return mid+1;
            } else if (nums[mid] < target) {        // 如果中间值小于目标值,调整左边界
                left = mid + 1;
            } else                                  // 如果中间值大于目标值,调整右边界
                right = mid - 1;
        }
        // 如果没有找到目标值,返回-1
        return -1;
    }

    int main() {
        cin >> N >> M;                              // 读取数组的大小 N 和查询次数 M

        for (int i = 0; i < N; i++)
            cin >> nums[i];                         // 输入数组的元素
        sort(nums, nums+N);                         // 对数组进行排序
        for (int i = 0; i < M; i++) {
            int X;
            cin >> X;                               // 读取查询的数
            cout << binSearch(X) << endl;           // 输出找到的索引位置
        }
        return 0;
    }
```

这段代码通过恰当使用二分法,实现了一个高效的查询,可以快速地在一个大数组中查询多个值的位置。每次查询的时间复杂度为 $O(\log N)$。

四、实践应用

例 3.5.2 喝啤酒

猴王邀请了 N 只猴子来喝啤酒。为了庆祝,猴王买了一定数量的啤酒。每喝完一瓶啤酒,就会留下一个空瓶子。如果有 K 个空瓶子,就可以兑换一瓶新的啤酒。为了确保每只猴子至少能喝到一瓶啤酒,猴王最初至少需要购买多少瓶啤酒?

【输入格式】

共 1 行,包含两个正整数,分别代表猴子的数量 N 和兑换一瓶啤酒所需的空瓶子数量 K。

【输出格式】

共 1 行,一个正整数,表示猴王最初至少需要购买的啤酒数量。

【数据范围】

对于 50% 数据：N 的范围在 $[1, 10\,000]$，K 的范围在 $[1, 200]$。

对于 100% 数据：N 的范围在 $[1, 10\,000\,000\,000\,000]$，$K$ 的范围在 $[1, 1000]$。

【输入样例】

```
13 4
```

【输出样例】

```
10
```

样例解释：

猴王买 10 瓶啤酒，喝完后用 10 个空酒瓶中的 8 个空酒瓶兑换 2 瓶啤酒。这 2 瓶喝完，还剩余 4 个空酒瓶，可以再兑换一瓶啤酒。

题目分析：

这个题目和常见的"猜价格游戏"类似，通过猜一个猴王购买啤酒的数量，很容易计算出数量是否足够。如果按 1, 2, 3, 4, ⋯ 这样枚举，效率太低，N 很大时会超时。可以使用二分查找法来确定猴王为了让每只猴子至少能喝到一瓶啤酒，最初需要购买的啤酒数量。

程序代码：

```cpp
#include <iostream>
using namespace std;
long long N, K;

// 计算从初始购买的啤酒开始,最终通过喝和兑换可以获得的总啤酒数
long long totalDrinks(long long b) {
    if (K==1) return N;
    long long total = 0;                    // 总共喝的啤酒数
    long long bottles = 0;                  // 当前的空瓶子数量
    
    // 最初购买的啤酒
    total += b;
    bottles += b;
    
    // 通过兑换空瓶子获取更多啤酒的过程
    while (bottles >= K) {
        long long new_beers = bottles / K;  // 可以兑换的新啤酒数量
        total += new_beers;                 // 更新总共喝的啤酒数
        bottles = bottles % K + new_beers;  // 更新空瓶子数量(兑换后剩余的空瓶子
                                            //   + 新兑换的啤酒空瓶子)
    }
```

```
        return total;
}

long long binTry() {
    long long left = 1, right = N, mid;

    // 二分查找求最少的购买量
    while (left < right) {
        mid = left + (right - left) / 2;
        if (totalDrinks(mid) >= N) {
            right = mid;              // 如果当前购买量足够,则尝试更小的数
        } else {
            left = mid + 1;           // 如果不足,增大购买量
        }
    }

    return left;                      // 返回满足条件的最少购买量
}

int main() {
    cin >> N >> K;                    // 输入猴子的数量和兑换条件
    cout << binTry() << endl;         // 输出最少需要购买的啤酒量
    return 0;
}
```

这个程序与上一个例子的程序不一样的是,它不是查找值,而是找满足条件的最小值。请仔细体会。

例 3.5.3 集装箱

仓库里有 N 个货物,编号从 $1 \sim N$ 排成一列,每个货物有一个重量。调度员经常会接到一个计算任务:给定一个集装箱的最大可以装载重量 W,从编号为 K 的货物开始连续取货物放入集装箱,最多能放多少件货物?

【输入格式】

第 1 行,两个整数 N 和 M,N 表示货物数量,M 表示有多少个计算任务。

第 2 行,N 个正整数 a_i,表示货物的重量。$1 \leq a_i \leq 10\,000$。

后面有 M 行,每行两个正整数 W 和 K,表示集装箱可装载重量和开始取货物的编号。

【输出格式】

M 行整数,表示 M 个计算任务的答案。

【数据范围】

对于 30% 的数据:$1 \leq N, M \leq 10\,000$。

对于全部数据:$1 \leq N, M \leq 1\,000\,000$,$1 \leq W \leq 1\,000\,000\,000$,$1 \leq a_i \leq 10\,000$。

【输入样例】

```
8 5
1 2 3 4 5 6 7 8
6 2
7 2
8 2
9 2
34 2
```

【输出样例】

```
2
2
2
3
6
```

题目分析：

首先为了较快地求一段重量和，可以使用前缀和数组。

对于每个计算任务，由于前缀和数组是递增的，可以使用二分法提高效率。

程序代码：

```cpp
#include <iostream>
#include <vector>

using namespace std;

int main() {
    ios::sync_with_stdio(false);
    cin.tie(0);
    int N, M;
    cin >> N >> M;

    vector<long long> weights(N + 1);
    vector<long long> prefix(N + 1, 0);

    // 读入货物重量，并计算前缀和
    for (int i = 1; i <= N; ++i) {
        cin >> weights[i];
        prefix[i] = prefix[i - 1] + weights[i];
    }

    // 处理每个查询
    while (M--) {
```

```
        long long W;
        int K;
        cin >> W >> K;

        int low = K, high = N, best = K - 1;
        while (low <= high) {
            int mid = low + (high - low) / 2;
            if (prefix[mid] - prefix[K - 1] <= W) {
                best = mid;
                low = mid + 1;
            } else {
                high = mid - 1;
            }
        }

        // 输出从 K 开始最多可以装载的货物数量
        cout << best - (K -1) << '\n';
    }

    return 0;
}
```

这个程序使用了二分查找来优化查找过程。对于每个任务,二分查找的时间复杂度为 $O(\log N)$,因此总的时间复杂度为 $O(M \log N)$。

使用前缀和数组使得计算任意区间的货物总重量的时间复杂度降低到 $O(1)$。

五、总结提升

二分法是信息学中最常见的工具,必须熟练掌握。

另外在 STL 里有 binary_search、lower_bound 和 upper_bound 这三个函数,它们都是通过二分法实现的。这些函数通常用于在排序数组中进行高效的搜索操作。在 C++的 algorithm 库中,这些函数都要求操作的数据是已经排序的。二分法常用函数如表 3-1 所示。

表 3-1 二分法常用函数

函数名称	描述	返回值
binary_search	检查一个给定的值是否存在于数组中	返回一个布尔值(true 或 false),表示数组中是否存在指定的元素
lower_bound	查找第一个不小于(大于或等于)给定值的元素的位置	返回一个迭代器指向找到的元素。如果所有元素都小于指定的值,则返回指向数组末尾的迭代器
upper_bound	查找第一个大于给定值的元素的位置	返回一个迭代器指向找到的元素。如果所有元素都不大于指定的值,则返回指向数组末尾的迭代器

例 3.5.1 就可以使用 STL 里的 lower_bound 函数来完成编程。

程序代码：

```cpp
#include <iostream>
#include <vector>
#include <algorithm>

using namespace std;

int main() {
    int N, M;
    cin >> N >> M;

    vector<int> numbers(N);
    for (int i = 0; i < N; ++i) {
        cin >> numbers[i];
    }

    // 对数组进行排序
    sort(numbers.begin(), numbers.end());

    for (int i = 0; i < M; ++i) {
        int X;
        cin >> X;

        // 使用 lower_bound 查找 X
        auto it = lower_bound(numbers.begin(), numbers.end(), X);

        // 检查找到的位置的元素是否等于 X
        if (it != numbers.end() && *it == X) {
            // 输出该元素是第几小的数(加 1 是因为索引从 0 开始)
            cout << (it - numbers.begin() + 1) << endl;
        } else {
            // 如果元素不在数组中，输出 -1
            cout << -1 << endl;
        }
    }

    return 0;
}
```

拓展

二分法不一定就是对数组进行二分查找，还有其他的使用方式，特别是和其他算法一起来高效解决复杂的问题。

例 3.5.4 最小化最大距离问题

在一维数轴上有 n 个居民点，坐标分别为 $x_1, x_2, \cdots, x_n$。现在需要从中选择 k 个居民点建立服务点，每个居民点将由距离最近的服务点提供服务。目标是选择服务点的位置，使所有居民点到其最近服务点的最大距离最小。

【输入格式】

第 1 行，两个整数 n 和 k，分别表示居民点的数量和需要建立的服务点数量，$1 \leq n \leq 10^5$，$1 \leq k \leq n$。

第 2 行，n 个整数，表示每个居民点的坐标，$0 \leq x_n \leq 10^9$。

【输出格式】

输出一个整数，表示所有居民点到其最近服务点的最大距离的最小值。

【输入样例】

```
5 2
1 2 3 6 8
```

【输出样例】

```
2
```

样例解释：

最优的服务点选址是在坐标 2 和 6 建立服务点。这样每个居民点到最近服务点的距离分别为 1、0、1、0、2，最大距离为 2。在所有可能的服务点选址方案中，这个最大距离是最小的。

题目分析：

这个问题是经典的"最小化最大距离问题"在一维情况下的表述。虽然问题的描述简洁，但从给定的条件出发给出高效的算法并不容易。我们可以使用二分答案+贪心验证的策略来解决这个问题：二分枚举最大距离，然后贪心地选择服务点位置，检查在当前最大距离限制下是否可行。

程序代码：

```
#include<bits/stdc++.h>
using namespace std;

int n, k;                         // n 是居民点的数量,k 是服务点的数量

// putOneServer 函数负责在给定的范围内放置一个服务点,并返回这个服务点能服务的最后
//    一个居民点的索引
int putOneServer(int r, vector<int> &x, int left){
    int i = left;
    // 找到第一个距离超过 r 的居民点
    for (; x[i] - x[left] <= r && i < n; i++);
    int pos = i - 1;              // 服务点放置在最后一个未超过 r 的居民点位置
```

231

```cpp
        // 继续向右找到这个服务点能服务的最后一个居民点
        for (; x[i] - x[pos] <= r && i < n; i++);

        return i - 1;
}

// check 函数用来判断是否能用不超过 k 个服务点覆盖所有居民点,其中每个服务点覆盖的最
   大距离为 mid
bool check(int mid, vector<int>& x, int n) {
        int left = 0;                    // 从第一个居民点开始
        int c = 0;                       // 已经使用的服务点数量
        while (true) {
                c++;                     // 放置一个新的服务点
                left = putOneServer(mid, x, left) + 1;
                                         // 更新下一个未覆盖的居民点的位置
                if (left >= n || c > k) break;
                                         // 如果所有居民点已被覆盖或服务点数量超过 k,则终
                                            止循环
        }
        return c <= k;                   // 如果使用的服务点不超过 k 个,则返回 true
}

int main() {
        cin >> n >> k;
        vector<int> x(n);
        for (int i = 0; i < n; i++) {
                cin >> x[i];             // 输入每个居民点的位置
        }
        sort(x.begin(), x.end());        // 对居民点位置进行排序
        int L = 0, R = 1e9;              // 设置二分查找的初始范围
        int ans = R;                     // 初始化答案
        while (L <= R) {
                int mid = (L + R) / 2;
                if (check(mid, x, n)) {
                        ans = mid;       // 如果可以,更新答案并尝试更小的最大距离
                        R = mid - 1;
                } else {
                        L = mid + 1;     // 如果不行,尝试更大的最大距离
                }
        }
        cout << L << endl;               // 输出最小的可行的最大距离
        return 0;
}
```

第六节　基础算法 5——倍增法

一、情境导航

棋盘上的智慧

印度国王下棋输给外来大臣，答应满足他一个要求：在棋盘上放米，第 1 格 1 粒，第 2 格 2 粒，然后是 4 粒、8 粒、16 粒、……、直到 64 格。国王笑他傻，没想到米粒数量呈指数级增长，大得超出想象，如图 3-8 所示。这个故事告诉我们，看似微小的事物，可能隐藏巨大的智慧。

图 3-8　棋盘上的智慧

二、问题抽象

这个故事不仅反映了数学中的指数增长概念，而且也是对人类认知局限性的一种启示。

先让我们编写一段程序，看看棋盘上大概有多少米。

程序代码：

```
#include <bits/stdc++.h>
using namespace std;

int main(){
    long long  ans=0 ,p2=1;
    for (int i=0;i<63;i++)         // 担心 ans 超范围,少放了一格
```

```
        ans += p2, p2 *=2;
    cout <<ans;
    return 0;
}
```

运行结果：

```
9223372036854775807
```

1 公斤大米约有 5 万粒，922 亿亿颗大米大约为 1844 亿吨。假设世界一年大米产量为 5 亿吨，那么 1844 亿吨基本上相当于有史以来大米产量的总和了！

这个故事强调了思考问题时要有远见和深度，我们日常生活中看似简单的决策或请求可能会带来意想不到的后果。同时也表明编程是强大的工具，能够以简单的方式影响和改变世界。

三、知识探究

我们假设大臣已经拥有了那个放了米的神奇棋盘，如果你找大臣借 N 粒米，大臣能迅速准确地把米给你吗？

这个问题利用二进制知识很容易解决。例如，需要 38 粒米，把 38 转换为二进制数 100110，这样取神奇棋盘(格子编号从 0 开始)第 1 格、第 2 格、第 5 格的米，就能凑成 38。

程序代码：

```
cin >> N;
    for ( int i=0; N>0; i++){          // 神奇棋盘格子编号从 0 开始
        if (N%2==1)
            cout << i <<endl;          // 输出要拿米的格子编号
        N /= 2;
    }
```

显然，只要你借的米不超过 922 亿亿颗，那么大臣最多从 63 格中的某些格上取米，就可以准确地给你 N 粒米，效率非常高！

在编程算法中也有一些问题可以进行类似的优化，从而提高计算效率。

倍增法(Binary Lifting)也称为二进制提升，用于通过以指数方式增加步长来解决问题。通常用于解决在数组或链表中快速查询问题，比如用于处理如找到序列中某个元素的第 k 个祖先、区间查询等问题。

例 3.6.1 幂运算

求 a 的 n(范围[2,1e+18])次方的结果。由于结果可能很大，只需输出结果模 100 000 007 的答案。

提示：模对乘法满足结合律性质：$(a \times b)\%p = (a\%p) \times b\%p$

【输入格式】

第 1 行，两个正整数 a 和 n。

【输出格式】

一个整数，表示 a^n 模 100 000 007 的结果。

【输入样例】

```
5 300
```

【输出样例】

```
14808960
```

题目分析：

如果是简单的循环计算，时间复杂度为 $O(n)$，可能超时。

本题可以借鉴前面"大臣借 N 粒米"的处理方法。

1) 在棋盘的第 1 格放 a，棋盘的第 2 格放 a^2，棋盘的第 3 格放 a^4，棋盘的第 4 格放 a^8，…，棋盘的第 63 格放 $a^{(2^{62})}$。

2) 把 n 转化成二进制，a^n 可以看成取一些"格子中的数"相乘即可。比如：

$n = 21 = 16 + 4 + 1$，

$a^{23} = a^{16} \times a^4 \times a^1$

$\qquad$ =（棋盘第 5 格的数）×（棋盘第 3 格的数）×（棋盘第 1 格的数）

3) n 是 64 位数，棋盘最多 64 格就足够了，效率极高！

程序代码：

```
#include<bits/stdc++.h>
using namespace std;
long long powA[100];
const long long MOD = 100000007;
void init(long long  a) {                        // 构造"棋盘"
    powA[0]=a;
    for (int i=1; i<100; i++)
        powA[i] = powA[i-1]*powA[i-1]%MOD;        // a^(2^i)
}
int main(){
    long long a, n, ans;
    cin >> a >> n;
    a=a%MOD;
    init(a);
    ans=1;
    for (int i=0; n>0; i++){                      //"棋盘格"从 0 开始编号
        if (n%2)                                   // n 的二进制位是 1，就取一个"棋
                                                   //   盘格"
```

```
            ans = (ans *powA[i]) %MOD;
        n/=2;
    }
    cout << ans;
    return 0;
}
```

四、实践应用

例 3.6.2 多段乘积

输入 n 个正整数的数列，下标从 $1 \sim n$。有 m 个询问，每次询问一段数的乘积。由于结果可能很大，只要输出结果模 100 000 007 的答案就行。

【输入格式】

第 1 行，两个正整数 n 和 m，范围 $[1,1\,000\,000]$。

第 2 行，n 个正整数，每个数范围 $[1,1\,000\,000]$。

第 $3 \sim 3+m-1$ 行，每行两个正整数 L 和 R，表示要询问的一段数的范围。

【输出格式】

共 m 行，每行一个整数，表示一段连续子序列的数的乘积模 100 000 007 的结果。

【输入样例】

```
5 3
1 2 3 4 5
1 5
2 2
2 5
```

【输出样例】

```
120
  2
120
```

提示：数据比较多，建议读入使用 scanf。

题目分析：

简单的两重循环枚举效率太低会超时。可以使用前面的倍增算法思路。倍增算法的核心是"二进制提升法"，如果 $L=20$，$R=55$，这个段的长度为 36。把 36 转换成二进制 $100100 = 2^5 + 2^2 = 32 + 4$，如图 3-9 所示。

如果，事先在 L 处有前面提到的"神秘棋盘" b_L，在 $(L+4)$ 处也要一个"神秘棋盘" b_{L+4}，显然只要取 b_L 的第 2 格的数，再取的第 5 格的数，相乘即可。

注意："神秘棋盘" b_L 里面每个"格"放的是从 L 开始，长度是 1、3、4、8、16、

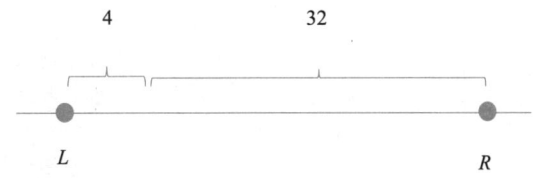

图 3-9　二进制提升法

32 等的乘积。这个算法的前提是能快速为每个 L 构造一个"神秘棋盘"——ST 表 (Sparse Table)。

程序代码：

```cpp
#include <iostream>
#include <cmath>
using namespace std;

const int MOD = 100000007;        // 模数,用于取模运算以避免乘积结果溢出
const int MAXN = 1000000;         // 数组最大长度
const int LOGN = 20;              // log2(1000000) 向上取整,即 ST 表的最大层数

long long a[MAXN + 1];            // 原始数组,下标从 1 开始
long long st[MAXN + 1][LOGN + 1]; // ST 表,st[i][j]表示从下标 i 开始,长度为 2^j 的
                                  // 区间乘积

// 构建 ST 表
void buildST(int n) {
    // 初始化 ST 表的第一层,即区间长度为 1 的乘积
    for (int i = 1; i <= n; i++) {
        st[i][0] = a[i];
    }
    // 自底向上构建 ST 表
    for (int j = 1; j <= LOGN; j++) {
        for (int i = 1; i + (1 << j) - 1 <= n; i++) {
            // 计算区间长度为 2^j 的乘积,通过合并两个长度为 2^(j-1) 的子区间乘积
            //   得到
            st[i][j] = (st[i][j - 1] * st[i + (1 << (j - 1))][j - 1]) % MOD;
        }
    }
}

// 查询区间[L, R]的乘积
long long queryProduct(int L, int R) {
    long long res = 1;             // 初始化结果为 1
    // 将区间[L, R]分解为多个长度为 2 的幂次方的子区间
    int  len = R-L+1;
```

```
        for (int i = 0; len>0; i++, len >>= 1) {
            if (len & 1) {                              // 二进制的第 i 位有,将第"i 格的
                                                        //   数"与结果相乘
                res = (res * st[L][i]) %MOD;
                L += 1 << i;                            // 将左端点右移,继续处理剩余区间
            }
        }
        return res;
    }

    int main() {
        int n, m;
        scanf("%d%d", &n, &m);                          // 读入数组长度 n 和询问次数 m
        for (int i = 1; i <= n; i++) {
            scanf("%lld", &a[i]);                       // 读入数组元素
        }
        buildST(n);                                     // 构建 ST 表
        while (m--) {
            int L, R;
            scanf("%d%d", &L, &R);                      // 读入询问区间的左右端点
            printf("%lld \n", queryProduct(L, R));      // 查询区间乘积并输出结果
        }
        return 0;
    }
```

这个程序使用了 ST 表算法来解决区间乘积问题。ST 表是一种预处理算法,可以在 $O(n\log n)$ 的时间复杂度内预处理数组,然后在 $O(1)$ 的时间复杂度内回答区间查询问题。

buildST 函数用于构建 ST 表,主要步骤如下。

1) 初始化 ST 表的第一层,即区间长度为 1 的乘积。

2) 自底向上构建 ST 表,对于每一层 j,计算区间长度为 2^j 的乘积,通过合并两个长度为 $2^{(j-1)}$ 的子区间乘积得到。

queryProduct 函数用于查询区间 $[L,R]$ 的乘积,主要步骤如下。

1) 使用二进制转换,将区间 $[L,R]$ 分解为多个长度为 2 的幂次方的子区间。

2) 将相应的 2^j 乘积乘到结果上。

3) 返回最终的乘积结果。

很多使用倍增的问题,通过 ST 表进行预处理,可以在 $O(\log n)$ 的时间复杂度内完成区间乘积查询,大大提高了查询效率。

五、总结提升

倍增法的核心思想是利用已有的计算结果,通过翻倍的方式快速达到所需的结果。

实现的过程中通常需要使用二进制提升和 ST 表。

二进制提升：利用二进制数将问题分解成多个小问题，结合 ST 表使得处理时间复杂度通常是 $O(\log N)$，特殊的如区间最大/最小值查询（Range Maximum/Minimum Query RMQ）问题，查询时间复杂度为 $O(1)$。

ST 表：记录所有 2^k 长度的小区间的结果。ST 表的预处理时间复杂度是 $O(N\log N)$。

这些算法非常适合处理静态数据的多次查询。例如，静态区间最大公约数查询、区间最小值查询或区间最大值查询、最近公共祖先（LCA）问题等。

倍增法的优点是简单高效；其缺点是 ST 表要事先构造好，因此通常不能处理"动态"问题。

例 3.6.3 区间最大值

给定 n 个数，有 m 个询问，对于每个询问，你需要回答区间中的最大值。

【输入格式】

第 1 行，两个正整数 n 和 m，范围为 $[1,1\,000\,000]$。

第 2 行，n 个正整数，每个数范围为 $[1,1\,000\,000]$。

第 $3\sim 3+m-1$ 行，每行两个正整数 L 和 R，表示要询问的一段数的范围。

【输出格式】

共 m 行，每行一个整数，表示一段连续子序列的数的最大值。

【输入样例】

```
5 3
3 2 1 4 2
1 5
2 2
1 3
```

【输出样例】

```
4
2
3
```

提示：数据比较多，建议读入使用 scanf。

题目分析：

考虑简单暴力做法。每次都对区间扫描一遍，求出最大值。显然，这个算法会超时。

可以使用 ST 表+二进制提升，使每次询问的时间复杂度是 $O(\log N)$。

不过，RMQ 有专门的技巧，可以优化算法使每次询问的时间复杂度是 $O(1)$。

RMQ 有以下性质：要求一段从 L 到 R 的最大值，先找到不小于长度一半的 2^j（为了使用 ST 表），则：

$$\text{Ans} = \max(\text{st}[L][j], \text{st}[M][j]) \quad M = R - 2^j + 1$$

RMQ 的性质如图 3-10 所示。

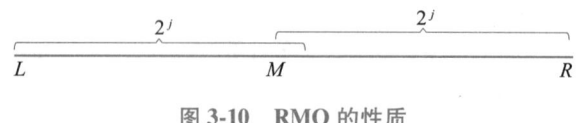

图 3-10 RMQ 的性质

注意：即使用来求解的两个子区间有重叠部分，只要两个区间的"合并"是所求的区间，最终计算出的答案也是正确的。否则只能和前面方法一样，查询一次时间复杂度是 $O(\log N)$。

程序代码：

```cpp
#include <bits/stdc++.h>
using namespace std;
#define N 2000010
int stmax[N][22],mn[N],a[N];
int q, n;
void init(){
    mn[1] = 0;
    for (int i = 2; i <= n; i++){      // 长度 i 的二进制最高位,即 2^min[i]最接近 i
        mn[i] = mn[i/2]+1;             // 或 ((i & (i - 1)) == 0) ? mn[i - 1] + 1 :
                                       //    mn[i - 1];
    }
    for (int i = 1; i <= n; i++)       // ST 表初值
        stmax[i][0] = a[i];

    for (int j = 1; j <= mn[n]; j++){  // 构造 ST 表
        for (int i = 1; i + (1 << j) - 1 <= n; i++){
            stmax[i][j] = max(stmax[i][j - 1], stmax[i + (1 << (j - 1))][j - 1]);
        }
    }
}

inline int rmq_max(int L, int R){      // 查询
    int j = mn[R - L + 1];
    return max(stmax[L][j], stmax[R - (1 << j) + 1][j]);
}

int main(){
    cin >> n >> q;
    for(int i = 1; i <= n; i++) cin >> a[i];
    init();
    while(q--){
        int l, r; cin >> l >> r;
        cout << rmq_max(l, r) << endl;
    }
}
```

```
        return 0;
}
```

函数 init( )

这个函数初始化了用于区间最大值查询的 ST 表。

mn 数组的初始化：对于每个 i，计算小于等于 i 的 2 的最大幂。这在快速确定相对于查询范围的分段大小时很有用。

stmax 的初始化：首先，初始化基本情况，其中每个元素都是大小为 1 的范围的最大值。然后，它通过组合较小分段的结果来构建 ST 表从而能高效地回答较大分段的查询。

函数 rmq_max(int L, int R)

这个函数使用 ST 表回答区间最大值查询：

计算 j 以找到适合范围 $[L,R]$ 的 2 的最大幂。

范围 $[L,R]$ 内的最大值是分段 $[L,L+2^j-1]$ 和 $[R-2^j+1,R]$ 之间的最大值。

这个程序实现了一个 ST 表的数据结构，使用位运算的概念，在初始预处理步骤之后，以常数时间预计算并高效地回答静态数组上的区间最大值查询（RMQ）。

拓展 1

例 3.6.4 最近公共祖先

最近公共祖先（LCA）是树形数据结构中的一类问题，用来查询在树中两个节点的最近公共祖先。

在给定的 n 个节点树中，节点编号从 $1\sim n$，除根节点（1 号），每个节点有一个父亲节点。我们需要处理多个查询，每个查询要求确定一对节点 a 和 b 的 LCA。

【输入格式】

第 1 行，包含两个正整数 n 和 q，n 表示树中的节点数（$1\leqslant n\leqslant 100\,000$），$q$ 表示查询数（$1\leqslant q\leqslant 100\,000$）。

第 $n-1$ 行，每行两个整数 u 和 v，表示节点 u 和节点 v 之间存在一条边（$1\leqslant u, v\leqslant n$）。

最后 q 行，每行包含两个整数 a 和 b，表示一次查询，询问节点 a 和节点 b 的最近公共祖先。

【输出格式】

对于每个查询都输出一行，每行一个整数，代表两个节点的最近公共祖先。

【输入样例】

```
basic
5 3
1 2
1 3
2 4
```

```
2 5
3 5
4 5
1 4
```

【输出样例】
```
1
2
1
```

提示：数据量较大，建议使用高效的读入方式。

题目分析：

节点关系是树结构，但每个节点向上直至找到祖先是"线性"的。

预处理出每个节点向上跳 2^k 个祖先的信息，查询时通过二进制拆分，将 LCA 问题转化为若干次祖先查询。

1) 使用 DFS 遍历树，计算每个节点的深度，并预处理每个节点的 2^k 级祖先。

2) 对于每个 LCA 查询，首先将两个节点调整到同一深度。

3) 然后同时向上跳，直到找到它们的 LCA。

预处理时间复杂度：$O(n \log n)$，查询时间复杂度：$O(\log n)$。

程序代码：

```cpp
#include <cstdio>
#include <vector>
#include <algorithm>
using namespace std;
const int MAXN = 100005;           // 节点数上限
const int MAXLOGN = 20;            // 二进制跳跃的最大步数
vector<int> adj[MAXN];             // 邻接表存储树
int parent[MAXN][MAXLOGN];         // parent[i][j]表示节点 i 的 2^j 级祖先
int depth[MAXN];                   // 节点的深度
// DFS 遍历树，计算节点深度和预处理祖先
void dfs(int u, int p) {
    depth[u] = depth[p] + 1;
    parent[u][0] = p;
    for (int i = 1; i < MAXLOGN; i++) {
        parent[u][i] = parent[parent[u][i-1]][i-1];
    }
    for (int v : adj[u]) {
        if (v != p) {
            dfs(v, u);
        }
    }
}
```

```
}

// 查询节点 u 和 v 的最近公共祖先
int lca(int u, int v) {
    if (depth[u] < depth[v]) {
        swap(u, v);                         // 确保 u 的深度不小于 v
    }
    int diff = depth[u] - depth[v];
    // 将 u 调整到与 v 相同的深度
    for (int i = MAXLOGN - 1; i >= 0; i--) {
        if (diff & (1 << i)) {
            u = parent[u][i];
        }
    }
    if (u == v) {
        return u;
    }
    // 同时向上跳,直到找到 LCA
    for (int i = MAXLOGN - 1; i >= 0; i--) {
        if (parent[u][i] != parent[v][i]) {
            u = parent[u][i];
            v = parent[v][i];
        }
    }
    return parent[u][0];
}

int main() {
    int n, q, u, v;
    scanf("%d%d", &n, &q);                  // 读入节点数和查询数
    for (int i = 1; i < n; i++) {
        scanf("%d%d", &u, &v);              // 读入边
        adj[u].push_back(v);
        adj[v].push_back(u);
    }
    dfs(1, 0);                              // 从根节点 1 开始 DFS
    while (q--) {
        scanf("%d%d", &u, &v);              // 读入查询
        printf("%d\n", lca(u, v));          // 输出 LCA
    }
    return 0;
}
```

经典问题 LCA 有几种算法,倍增法是比较简单的方法,递归建 ST 表,其中关键的

"同时向上跳，直到找到 LCA"的代码很简洁，如图 3-11 所示。

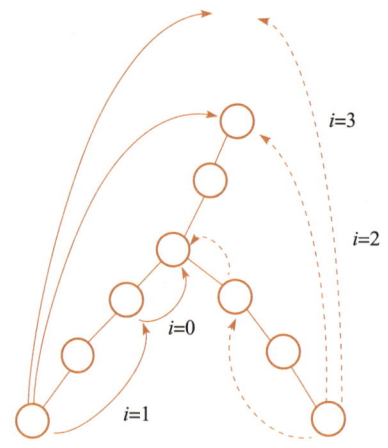

图 3-11　倍增法解 LCA 问题示意

拓展 2

倍增法还有其他经典的应用，比如快速线性递推的矩阵快速幂算法等。

另外，如果是单纯的求一次快速幂问题，递增法还可以为了节约空间，不使用"神秘棋盘"的方法：先二分，递归回来时再倍增的方法。

程序代码：

```cpp
#include <iostream>
using namespace std;
// 定义模数 MOD,通常选择一个大质数
const long long MOD = 1e9+7;

// 使用递归方法计算 (a^n) %MOD
long long binpow_recursive(long long a, long long n) {
    if (n == 0)   return 1;           // 递归基：任何数的 0 次幂对任何数取模都是 1
    long long half = binpow_recursive(a, n / 2);    // 递归计算 a^(n/2)
    half = (half *half) %MOD;         // 将结果平方——倍增
    if (n %2 == 0)   return half;     // 如果 n 是偶数，直接返回计算结果
    else   return (half *a) %MOD;     // 如果 n 是奇数，还需要乘以 a
}

int main() {
    long long a, n;
    cin >> a>> n;
    a = a %MOD;
    long long result = binpow_recursive(a, n);
    cout << result << endl;
    return 0;
}
```

第七节　基础算法6——前缀和

一、情境导航

仓库统计

在一个自动化的物流中心，管理员每天都记录某种货物数量的变化值，如图3-12所示。管理员需要从海量进出记录中频繁查询某段时间该货物数量的变化值，请你帮助管理员用高效的算法，快速算出任意时间段货物的变化值。

图3-12　仓库统计

二、问题抽象

管理员每天记录仓库中货物数量的变化值（进货为正，出货为负），用数组 a[ ] 表示每天的变化值，查询第 L 天到第 R 天的总变化值。

区间累加查询是计算机编程中的常见问题，对于上述问题，如果每次查询都从原始账本统计一遍，就相当于每次都要把 a[L] 到 a[R] 重新加一遍。当有大量查询时，这种方法效率不高。一种经典的高效算法是通过预处理来获得数组的数学统计信息，从而能快速计算出需要查询的数组中某一段数值的和。

三、知识探究

（一）前缀和的定义与优势

前缀和（Prefix Sum）是一种预处理数组的技术，通过构建一个辅助数组，使得该数组的每个元素都存储原数组从起始位置到当前位置（或前一个位置）所有元素的和。其核心目的是快速计算任意区间的元素和，将区间和查询的时间复杂度从 $O(n)$ 降低到 $O(1)$。

1. 预处理语句和区间查询语句

（1）预处理的语句具体如下。

```
s[0] = 0;
s[i] = s[i-1] + a[i];              // i 从 1 开始
s[i] = a[1] + a[2] + … + a[i]      // 另一种写法
```

（2）区间查询语句具体如下。

```
s[R] - s[L-1];
```

区间查询的原理如图 3-13 所示。

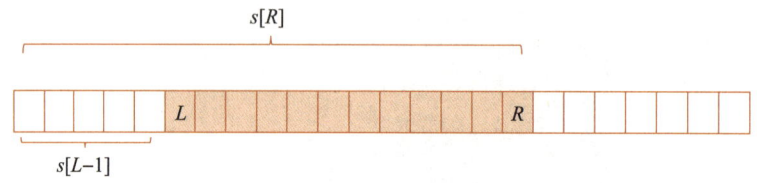

图 3-13　区间查询的原理

2. 核心优势

前缀和的优势主要体现为可以高效查询，只通过一次 $O(n)$ 的预处理，就能实现区间和的 $O(1)$ 查询。

（二）前缀和的适用场景

1）子数组和问题：如"求数组中所有连续子数组的和"。

2）滑动窗口优化：快速判断窗口内元素的累积特征。

3）差分数组联动：用于高效处理区间增减操作（如在区间中增加一个常数）。

（三）用前缀和解决仓库统计问题

例 3.7.1　仓库统计（Statistics）

在一个自动化的物流中心，管理员每天都记录某种货物数量的变化值。管理员苦于需要从海量的进出记录中频繁查询某一段时间内这种货物数量的总变化值。管理员在账本上共记录了 N 天货物数量的变化值，正数表示进货，负数表示出货。共有 M 次询问，每次询问都提供两个正整数 L 和 R，问第 L 天到第 R 天货物数量的总变化值。

【输入格式】

第一行，两个正整数 N, M，范围为 $[1, 100\,000]$；

第二行，N 个以空格隔开的正整数 A_i，表示每天货物的变化值。i 的范围为 $[-100, 100]$；

下面 M 行，每行两个以空格隔开的正整数 L_i, R_i，表示需要询问的日期，$1 \leq L_i \leq R_i \leq N$。

【输出格式】

M 行整数，表示相应的查询结果。

【输入样例】

```
6 3
9 -2 4 5 -6 5
1 6
2 5
1 4
```

【输出样例】

```
15
 1
16
```

题目分析：

使用简单枚举统计，时间复杂度为 $O(MN)$，可能超时。

使用前缀和算法，预处理时间复杂度为 $O(N)$，查询时间复杂度为 $O(M)$，总时间复杂度为 $O(N+M)$，空间复杂度为 $O(N)$。

程序代码：

```cpp
#include <bits/stdc++.h>
using namespace std;
int main() {
    int N, M;
    cin >> N >> M;

    vector<int> a(N + 1, 0);
    for (int i = 1; i <= N; i++) {
        cin >> a[i];
    }

    // 计算前缀和
    vector<int> Sum(N + 1, 0);
    for (int i = 1; i <= N; i++) {
        Sum[i] = Sum[i - 1] + a[i];
    }

    // 查询
    for (int i = 0; i < M; i++) {
        int L, R;
```

```
            cin >> L >> R;
            int rangeSum = Sum[R] - Sum[L - 1];
            cout << rangeSum << endl;
        }
        return 0;
    }
```

四、实践应用

例 3.7.2　和为 K 的子数组（Subarray）

给你一个由 N 个元素组成的整数数列和一个整数 K，请你统计该数列的元素和为 K 的连续子数列的个数。子数列的长度可以为 1。

【输入格式】

第一行，两个正整数，中间用空格分隔，表示 N 和 K。

第二行，N 个整数。每个数的范围为 $[-1000,1000]$。

【输出格式】

仅一行，输出一个整数，表示连续子数列的个数。

【数据范围】

10 个测试点，每个测试点 10 分。

对于 50% 的数据：N 的范围为 $[1,30\,000]$。

对于 100% 的数据：N 的范围为 $[30\,000,300\,000]$。

【样例输入】

```
6 5
5 0 1 4 -5 5
```

【样例输出】

```
8
```

样例解释：

8 个子数列具体如下。

```
 5
 5 0
 1 4
 5 0  1  4 -5
 0 1  4 -5  5
 1 4 -5  5
-5 5
```

题目分析：

遇到求一段数组的和的问题，自然会想到前缀和算法。但如果枚举全部的子段，时间复杂度为 $O(N^2)$，有可能超时。

这里有一个参数 K，使用算法的核心思想是：如果两个前缀和之差为 K，那么由这两个前缀和相差的对应原始数组中元素组成的子数组之和就是 K。

对应于以 i 结尾的字段，当前的前缀和是 currentSum，只要查询前面有多少前缀和是 K-currentSum。要统计一个数出现的次数，最简单的方法是使用 map 数据结构。

解题思路如下：

1）维护一个累积和 currentSum，它代表从数组开始到当前位置的所有元素之和。

2）使用 map（prefixSumCount）记录每个前缀和出现的次数。

3）对于当前的累积和 currentSum，如果 map 中存在 currentSum-K，那么说明存在子数组，其和为 K。

这种方法的时间复杂度是 $O(N)$，空间复杂度也是 $O(N)$，可以有效处理题目要求的大规模数据。

程序代码：

```cpp
#include <bits/stdc++.h>
using namespace std;

int main() {
    int N, K;
    cin >> N >> K;
    
    vector<int> nums(N);
    for (int i = 0; i < N; i++) {
        cin >> nums[i];
    }
    
    // 使用前缀和 + 哈希表方法
    // 记录前缀和出现的次数
    map <long long, int> prefixSumCount;
    
    // 初始化:空前缀和为 0,出现 1 次
    prefixSumCount[0] = 1;
    
    long long currentSum = 0;
    long long result = 0;
    
    for (int i = 0; i < N; i++) {
        // 更新当前前缀和
        currentSum += nums[i];
```

```cpp
            // 如果存在一个前缀和等于 currentSum - K,
            // 则说明从该前缀和之后到当前位置的子数组和为 K
            if (prefixSumCount.find(currentSum - K) != prefixSumCount.end()) {
                result += prefixSumCount[currentSum - K];
            }

            // 更新当前前缀和的计数
            prefixSumCount[currentSum]++;
        }

        cout << result << endl;

        return 0;
    }
```

五、总结提升

前缀和是一种简单而强大的算法,是解决许多数组区间问题的基石。其核心思想是预处理和空间换时间。通过预先计算并存储原始数组中每个位置之前(包括自身)所有元素的累积和,可以将后续多次的区间和查询操作的时间复杂度从 $O(N)$ 降低到 $O(1)$。

前缀和的常见题目有四种类型,包括静态区间和查询、子数组/子序列和相关问题、最大/最小子数组和(非负数组),以及双指针/滑动窗口优化。

(一)注意事项

1)下标处理。务必注意原始数组 A 与前缀和数组 Sum 的下标约定(0-based 还是 1-based)。推荐使用 1-based 索引原始数组与前缀和数组,并设 Sum[0]=0,这样公式可以统一且不易出错。

2)数据类型溢出。前缀和的值可能远远大于原始数组中的单个元素值。如果原始数组的元素较大或区间较长,累加和可能超出标准整型(如 int 型)的表示范围。应根据题目的数据范围选择合适的数据类型(如 long long 型)来存储前缀和,避免溢出。

(二)算法复杂度

预处理的时间复杂度(构建 P)为 $O(N)$,查询时间的复杂度(计算 $Sum(L,R)$)为 $O(1)$,用于存储前缀和数组 P 的空间复杂度为 $O(N)$。

(三)前缀和的优缺点

1)前缀和有以下优点。
- 查询高效:一旦前缀和数组构建完成,每次区间和查询的时间复杂度仅为 $O(1)$。
- 实现简单:构建和查询的逻辑都非常直观和容易实现。

2)前缀和有以下缺点。

- **空间开销**：需要额外的一个复杂度为 $O(N)$ 的空间来存储前缀和数组 P。
- **适用场景受限**：主要适用于静态数组，即原始数组 A 的元素不发生变化或变化不频繁。如果原始数组 A 中的某个元素发生变化，那么从该位置开始后续的所有前缀和都需要更新，最坏情况下时间复杂度为 $O(N)$，会影响整体的效率。

拓展 1

前面的章节提到了多维数组的前缀和，下面探究二维前缀和算法。对于二维数组（矩阵）操作的问题，其核心需求是快速计算任意子矩阵的元素和，具体有以下几种方法。

1）遍历子矩阵所有元素求和，时间复杂度为 $O(NM)$。与一维前缀和方法类似，可以使用二维前缀和技术，通过预处理将查询时间复杂度降至 $O(1)$，预处理时间复杂度为 $O(NM)$。

构造一个二维数组 $S[i][j]$ 表示从原点 $(1,1)$ 到 (i,j) 的所有子矩形内的元素之和：

$$S[i][j] = a[1][1] + \cdots + a[1][j] + a[2][2] + \cdots + a[2][j] + \cdots + a[i][1] + \cdots + a[i][j]$$

2）通过递推构造方法进行预处理。

$$S[i][j] = S[i-1][j] + S[i][j-1] - S[i-1][j-1] + a[i][j]$$

数组 S 的区间示意如图 3-14 所示。

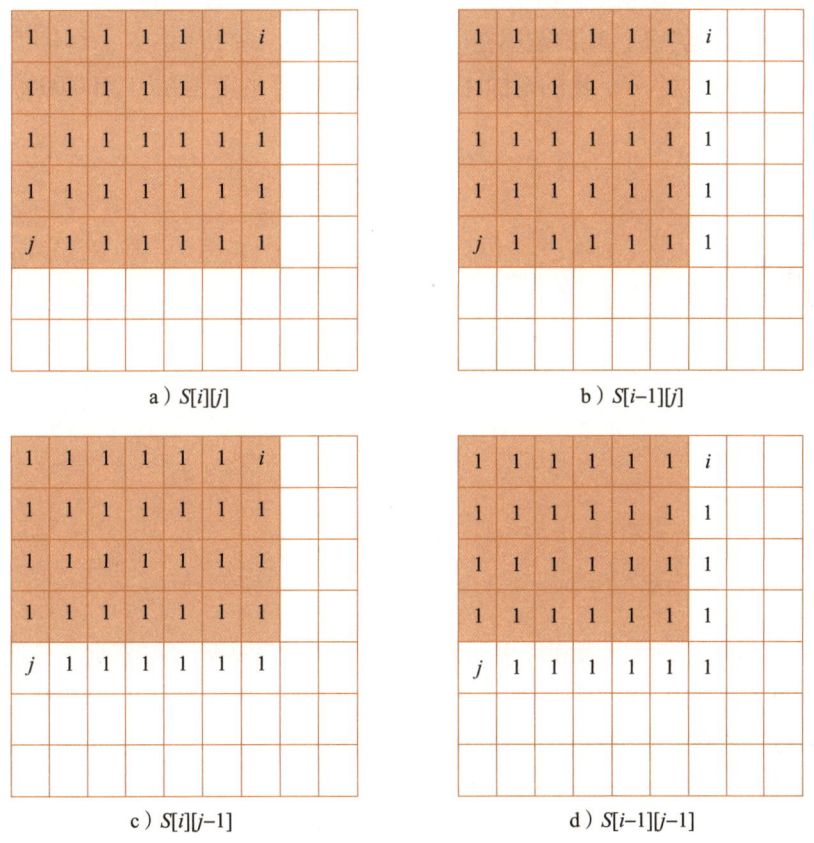

图 3-14　数组 S 的区间示意

注意：需要减去重叠的 $S[i-1][j-1]$。

3）计算区间和。对于任意矩形区域左上角 (x_1,y_1)，右下角 (x_2,y_2)，其区间和为

$$\text{sum} = S[x_2][y_2] - S[x_1-1][y_2] - S[x_2][y_1-1] + S[x_1-1][y_1-1]$$

请读者自行描绘出计算公式的区间示意图。

例 3.7.3 猴子分香蕉（Monkey）

在森林中，由猴子管理着一个 $N \times M$ 网格的香蕉园，每个格子里种着不同数量的香蕉树。猴王想知道从某个区域（左上角 (L_1,C_1) 到右下角 (L_2,C_2)）总共长了多少香蕉。

【输入格式】

第一行，3 个正整数，中间用空格分隔，表示 N，M 和 Q。

下面 N 行，每行有 M 个非负整数，每个数的范围在 $[0,1000]$。

最后 Q 行，表示猴王问了 Q 次区域的坐标。每行 4 个正整数 L_1，C_1，L_2，C_2，分别表示左上角和右下角的坐标。

【输出格式】

输出 K 行，每行一个正整数，表示相应的查询结果。

【数据范围】

10 个测试点，每个测试点 10 分。

对于 50% 的数据：N，M 的范围在 $[2,100]$。

对于 100% 的数据：N，M 的范围在 $[100,1000]$，Q 的范围在 $[1,100\,000]$。

【样例输入】

```
3 5 2
5 0 1 4 1
0 0 1 2 2
1 1 0 1 3
1 1 3 3
2 1 3 2
```

【样例输出】

```
9
2
```

题目分析：

这是一个经典的二维前缀和应用问题，需要高效处理矩阵区域查询。构建二维前缀和矩阵的时间复杂度为 $O(NM)$，每次查询处理的时间复杂度为 $O(1)$，总体时间复杂度为 $O(NM+Q)$，适合处理大量查询的情况。

程序代码：

```cpp
#include <bits/stdc++.h>
using namespace std;
```

```
const int N = 1010;
int a[N][N], S[N][N];

int main() {
int n, m, q;
    cin >> n >> m >> q;

    // 输入原始数组,下标从 1 开始
    for (int i = 1; i <= n; i++)
        for (int j = 1; j <= m; j++) {
            cin >> a[i][j];
            // 构建二维前缀和矩阵
            S[i][j] = S[i-1][j] + S[i][j-1] - S[i-1][j-1] + a[i][j];
        }

    // 查询处理
    while (q--) {
        int x1, y1, x2, y2;
        cin >> x1 >> y1 >> x2 >> y2;
        int ans = S[x2][y2] - S[x1-1][y2] - S[x2][y1-1] + S[x1-1][y1-1];
        cout << ans << endl;
    }
    return 0;
}
```

拓展 2

另一个与前缀和相关联的方法是差分数组。

1. 差分数组的定义

当你需要对数组的某一段区间 $[L, R]$ 内的所有元素同时加上一个值 x,并且这样的操作有很多次时,逐个元素做加法的操作方法效率较低,而差分数组是一种能够将区间加法操作的时间复杂度优化到 $O(1)$ 的方法。

2. 差分原理

对数组 $a[\ ]$ 构造一个差分数组 $d[\ ]$:

```
d[1] = a[1];
d[i] = a[i] - a[i-1];          // i 从 2 开始
```

下面要给区间 $[L, R]$ 中的每个元素都加上一个值 x:

```
d[L] += x;
d[R+1] -= x;
```

因为 L 前的元素和 $R+1$ 后的元素都没有变化。所以只需给在区间 $[L+1, R]$ 中的每个元

素都加上一个值 x：

```
d[i] = (a[i]+x)-(a[i-1]+x)        // 结果为 a[i]-a[i-1]，没有变化
d[L] = (a[L]+x)-a[L-1]            // 结果为 a[i]-a[i-1] + x，增加了 x
d[R+1] = a[R]-(a[R-1]+x)          // 结果为 a[R]-a[R-1] - x，减少了 x
```

3. 还原数组

要从数组 $d[\ ]$ 还原为原始数组 $a[\ ]$，只需要对数组 $d[\ ]$ 求一次前缀和即可：

```
a[1] = d[1];
a[i] = a[i-1] + d[i];
```

下面举例来展示拆分数组与还原数组。

初始：数组 $a[\ ]$ 为空(全部为 0)，因此差分数组 $d[\ ]$ 也全部为 0。

0	0	0	0	0	0	0	0	0	0	0

操作 1：数组 a 从第 2 个元素到第 5 个元素全部加 3，只需要 $d[2]+=3$，$d[6]-=3$。

0	0	3	0	0	0	-3	0	0	0	0

操作 2：数组 a 从第 3 个到第 8 个全部减 1，只需要 $d[3]+=1$，$d[9]-=-1$。

0	0	3	-1	0	0	-3	0	0	1	0

最后还原：对数组 $d[\ ]$ 求前缀和，得到原始数组 $a[\ ]$。

0	0	3	2	2	2	-1	-1	-1	0	0

例 3.7.4 最大值出现次数(PeakCount)

长度为 N 的数组，初始为 0，有 M 次操作，每次将区间 $[L,R]$ 中所有元素都加 1。请输出最终数组中的最大值，以及它出现的次数。

【输入格式】

第一行，两个正整数，中间用空格分隔，代表 N 和 M。

下面 M 行，每行有两个整数 L，R，范围在 $[1,N]$。

【输出格式】

输出两个整数，表示数组中的最大值及其出现次数。

【数据范围】

10 个测试点，每个测试点 10 分。

对于 50% 的数据：N，M 的范围在 $[1,1000]$。

对于 100% 的数据：N，M 的范围在 $[1000,100\,000]$。

【样例输入】

```
1 4
2 5
3 6
```

【样例输出】

```
3 2
```

样例解释:
最终数组为[1 2 3 3 2 1],最大值为3,出现2次。

题目分析:
涉及数组一段同时变化的问题,经常使用差分数组的方法。

1) 对差分数组操作 M 次。

2) 通过差分数组还原出最终的原始数组。

3) 遍历原始数组找出最大值及其出现次数。

这个算法的时间复杂度为 $O(N+M)$,其中 N 是数组长度,M 是操作次数。空间复杂度为 $O(N)$。

程序代码:

```cpp
#include <bits/stdc++.h>
using namespace std;

int main() {
    int N, M;
    cin >> N >> M;

    // 使用差分数组来处理区间加法
    vector<int> diff(N + 2, 0);           // 差分数组,初始全为 0

    // 处理每次区间加 1 操作
    for (int i = 0; i < M; i++) {
        int L, R;
        cin >> L >> R;

        // 差分数组的更新:在 L 位置加 1,在 R+1 位置减 1
        diff[L]++;
        diff[R + 1]--;
    }

    // 通过累加差分数组还原原始数组
    vector<int> arr(N + 1, 0);
    for (int i = 1; i <= N; i++) {
        arr[i] = arr[i - 1] + diff[i];
```

```
    }
    // 找出最大值和它出现的次数
    int maxVal = 0;
    int count = 0;

    for (int i = 1; i <= N; i++) {
        if (arr[i] > maxVal) {
            maxVal = arr[i];
            count = 1;
        } else if (arr[i] == maxVal) {
            count++;
        }
    }
    cout << maxVal << " " << count << endl;
    return 0;
}
```

4. 前缀和与差分的比较

前缀和是把"区间求和"降维到"端点差"，适用于多次区间求和的问题。

差分是把"区间修改"稀疏化到"首尾两点"，适用于多次区间修改、最后统一输出结果的问题。

二者常成对出现，先差分更新，最后一次通过前缀和还原。还可以与二分、倍增、树状数组、线段树等融合，解决更复杂的动态区间问题。

第八节 数值处理算法

一、情境导航

计算大师

在神奇的"数字王国"里，有一位年轻的骑士小明，他立志要找到传说中的"斐波那契宝藏"，如图3-15所示。宝藏的位置就藏在一个巨大的斐波那契数列中，确切地说是第1000项所对应的数字。但斐波那契数列的增长速度实在太快，小明尝试用他的计算机去算，却发现才算到第93项，计算机就出错了。后来小明重新运用魔法师教给他的高精度加法，终于精确计算出了斐波那契数列的第1000项，找到了梦寐以求的宝藏，成了"数字王国"的英雄。

图 3-15　数字王国

二、问题抽象

斐波那契数列的增长速度非常快，即便是使用了 C++ 的 long long 类型，也只能求前 93 项，再多就会因超出 64 位的整数范围出错。

为了解决这个问题，我们可以模拟人工在草稿纸上的竖式加法方式，使用数据结构（如数组或字符串）来存储每一位数字，实现两个超长整数的加法运算，从而计算出斐波那契数列的任意项，如第 1000 项。

三、知识探究

（一）高精度加法

高精度加法是一种处理超出标准数据类型大小限制的整数加法。在许多编程语言中，内置的数据类型有固定的大小和范围。当处理比这些类型的最大值更大的整数时，就需要使用高精度加法。

在 C++ 中，数值的加、减、乘、除运算都已经在系统内部被定义好了，我们可以很方便地对两个变量进行简单的运算。然而其中变量的取值范围，以整数为例，最大的是 long long 类型，范围是 $[-2^{63}, 2^{63})$。假如我们要对两个范围更大，比如在 $[-2^{1000}, 2^{1000})$ 范围内的数进行加法运算，就不能直接用 C++ 内部的类型运算了。

我们该如何对两个大整数进行运算呢？回想一下我们小学数学课上的加法"竖式"运算。

首先把加数与被加数的个位对齐，然后个位对个位、十位对十位、百位对百位，各数位对齐进行加法操作，有进位的要相应地进行处理，如图 3-16 所示。

图 3-16　加法"竖式"运算示意

同样地，我们不妨对每一个数位开一个整数变量进行存储。那么两个位分别相加，进位这些问题我们都可以用程序来表示。而在实践中，对进行运算的两个数分别用两个数组进行储存会使问题变得十分简单。

其实这个算法的精华，我们在小学时就接触过了，就是那各种法则，比如"各数位对齐""逢10进1"等。这些烂熟于心的法则，就是对算法的精简表述。

例 3.8.1　高精度加法

斐波那契数列是：0，1，2，3，5，8，13，…编写一个程序，计算斐波那契数列的第 1000 项。由于这个数非常大，你需要使用高精度算法来处理大数的加法。

【输入格式】

第 1 行，1 个正整数 n，$1 \leqslant n \leqslant 10\,000$。

【输出格式】

一个整数，是斐波那契数列的第 n 项。

【输入样例】

```
10
```

【输出样例】

```
55
```

题目分析：

高精度加法的核心思想类似于加法"竖式"运算过程，即从最低位开始逐位相加，记录进位，然后将结果逐位存储在数据结构中。

算法描述：

1) 数据表示。选择一种方式来表示大数。最常见的方法是使用数组（或动态数组如 vector），其中数组的每个元素代表数字的一位，按照从低位到高位的顺序存储。

2) 逐位相加。从数组的最低位（即数组的起始位置）开始，逐位将两个数字相加。将每一位的和加上前一位的进位（如果有的话）。

3) 处理进位。如果某一位的和大于或等于 10，则将该位的和除以 10 的余数作为当前位的结果，将和除以 10 的商作为下一位的进位。

4) 处理最高位进位。如果最后还有进位，需要在结果数组的最高位添加这个进位。

程序代码：

```cpp
#include <iostream>
#include <vector>
using namespace std;

// 实现高精度加法的函数,用于处理两个大数相加的情况。
// 这两个大数用 vector<int> 表示,每个元素是一位数字。
vector<int> add(const vector<int>& a, const vector<int>& b) {
    vector<int> result;        // 存储加法结果的向量
    int carry = 0;             // 进位
```

```cpp
    size_t max_length = max(a.size(), b.size());
                                        // 获取两个数字中较大的长度

    // 遍历所有位数,直到最高位处理完毕或者没有进位
    for (size_t i = 0; i < max_length || carry; ++i) {
        int sum = carry;                // 当前位的和,初始为上一位的进位
        if (i < a.size()) sum += a[i];  // 如果当前位在 a 的长度内,加上 a 的当前位
        if (i < b.size()) sum += b[i];  // 如果当前位在 b 的长度内,加上 b 的当前位
        result.push_back(sum %10);      // 将和的个位数添加到结果向量中
        carry = sum / 10;               // 计算新的进位
    }
    return result;                      // 返回结果向量
}

// 打印数字,数字以 vector<int> 的形式存储,从最低位到最高位
void printNumber(const vector<int>& num) {
    for (int i=num.size()-1; i>=0; i--) {
        cout << num[i];
    }
    cout << endl;
}

// 计算斐波那契数列的第 n 项,使用高精度算法
vector<int> fibonacci(int n) {
    vector<int> a = {0};                // 初始化第 0 项
    vector<int> b = {1};                // 初始化第 1 项
    vector<int> c;                      // 存储计算结果
    for (int i = 0; i < n; ++i) {
        c = add(a, b);                  // 计算当前项
        a = b;                          // 更新 a 为上一项
        b = c;                          // 更新 b 为当前项
    }
    return a;                           // 返回第 n 项的值
}

// 主函数
int main() {
    int n; cin >> n;
    printNumber( fibonacci(n) );        // 计算第 n 项,并打印出
    return 0;
}
```

(二)高精度减法

与高精度加法一样,高精度减法的核心原理与手工进行减法运算类似。有以下几个要点。

逐位减法：从最低位（右侧）开始，逐位将第一个数（被减数）的每一位与第二个数（减数）的对应位相减。如果在任何位上被减数小于减数，需要从更高的位借位。

处理借位：如果当前位的被减数小于减数，向左边的高位借一个十进制位（即借10），并减少被减数高位的数值。

例 3.8.2 高精度减法

现有两个不超过 10 000 位的正整数 A 和 B，要求你将他们做减法后输出，保证 $A \geqslant B$。

【输入格式】

第 1 行，1 个正整数 A。

第 2 行，1 个正整数 B。

【输出格式】

一个整数，是 $A-B$ 的结果。

【输入样例】

```
210
102
```

【输出样例】

```
108
```

题目分析：

这个程序可能需要处理两个非常大的正整数，其位数最多可达 10 000 位。我们将使用 string 来接收输入，然后将这些字符串转换为数字存储在数组或 vector<int> 中，每个元素存储一位数字。然后，实现一个高精度减法函数来计算两个数的差，并最后输出结果。

程序代码：

```cpp
#include <iostream>
#include <vector>
#include <string>
using namespace std;

// 高精度减法函数
vector<int> HPSubtraction(const vector<int>& a, const vector<int>& b) {
    vector<int> result;
    int borrow = 0;              // 借位

    // 从低位到高位逐位相减
    for (size_t i = 0; i < a.size(); i++) {
        int sub = a[i] - (i < b.size() ? b[i] : 0) - borrow;
        if (sub < 0) {
            sub += 10;           // 需要从高位借位
```

```
            borrow = 1;
        } else {
            borrow = 0;
        }
        result.push_back(sub);
    }

    // 移除结果中的前导零
    while (result.size() > 1 && result.back() == 0) {
        result.pop_back();
    }

    return result;
}

// 将字符串转换为数字向量
vector<int> stringToVector(const string& str) {
    vector<int> result;
    for (int i = str.size() - 1; i >= 0; i--) {
        result.push_back(str[i] - '0');
    }
    return result;
}

int main() {
    string A, B;
    cin >> A >> B;

    vector<int> a = stringToVector(A);
    vector<int> b = stringToVector(B);

    vector<int> result = HPSubtraction(a, b);

    // 从高位到低位输出结果
    for (int i=result.size()-1; i>=0; i--) {
        cout << result[i];
    }
    cout << endl;

    return 0;
}
```

程序处理高精度减法的关键点主要包括以下几个方面。

1) 超长数字的输入。输入的数字以字符串形式读入，然后转换为数字向量。转换过程中，字符串的每个字符(代表一位数字)被转换成整数，并逆序存入向量中。这一步是实现高精度运算的基础。

2）**逐位减法与借位处理。**实现减法的核心是逐位处理两个数字的对应位，并考虑借位的影响。如果当前位的结果是负数，需要从更高一位借一个十进制单位，并设置下一位的借位为 1。减法过程中正确管理借位是保证结果正确的关键。

3）**前导零的处理。**在减法结果中可能会出现前导零(尤其是两个数接近相等时)，需要在最终结果输出前清除这些前导零，除非结果本身为零。

（三）高精度乘法

高精度乘法的核心原理是通过模拟传统纸笔计算的乘法过程，逐位相乘并处理进位，来实现两个大数的乘法。

高精度乘法比高精度加法要复杂一些，我们不妨先使用竖式运算计算一遍，如图 3-17 所示。

编程的要点和前面高精度加、减法类似。

				5		3
×			3	4	2	7
		3		7		1
2	2	1	1	2		
2		4		9		1

图 3-17　乘法竖式运算示意

例 3.8.3　高精度乘法

现有两个不超过 10 000 位的正整数 A 和 B，要求你将他们做乘法后输出。

【输入格式】

第 1 行，1 个正整数 A。

第 2 行，1 个正整数 B。

【输出格式】

一个整数，是 $A\times B$ 的结果。

【输入样例】

```
210
102
```

【输出样例】

```
21420
```

题目分析：

本题显然就是两个高精度数的乘法。关键是每位的乘积直接累加到结果的相应位置，并即时处理进位。

程序代码：

```
#include <iostream>
#include <vector>
#include <string>
using namespace std;
```

```cpp
// 高精度乘法函数
vector<int> multiply(const vector<int>& a, const vector<int>& b) {
    vector<int> result(a.size() + b.size(), 0);        // 乘法结果的最大长度 =
                                                       // a 长度+b 长度
    for (int i = 0; i < a.size(); ++i) {
        for (int j = 0; j < b.size(); ++j) {
            result[i + j] += a[i] *b[j];
            result[i + j + 1] += result[i + j] / 10;
            result[i + j] %= 10;
        }
    }

    // 移除结果中的前导零,但至少保留一位数
    while (result.size() > 1 && result.back() == 0) {
        result.pop_back();
    }
    return result;
}

// 将字符串转换为数字向量
vector<int> stringToVector(const string& str) {
    vector<int> result;
    for (int i = str.length() - 1; i >= 0; --i) {
        result.push_back(str[i] - '0');
    }
    return result;
}

// 打印数字
void printNumber(const vector<int>& num) {
    for (int i = num.size() - 1; i >= 0; --i) {
        cout << num[i];
    }
    cout << endl;
}

int main() {
    string A, B;
    cin >> A >> B;
    vector<int> a = stringToVector(A);
    vector<int> b = stringToVector(B);
    vector<int> result = multiply(a, b);
    printNumber(result);
    return 0;
}
```

说明：

上面高精度算法的时间复杂度取决于两个整数的长度。在一些特殊的情况下，需要进行优化。

四、实践应用

例 3.8.4 求阶段

输入正整数 N，求 $N!$。

【输入格式】

第 1 行，1 个正整数 N，$1 \leqslant N \leqslant 10\,000$。

【输出格式】

一个整数，是 $N!$ 的结果。

【输入样例】

```
10
```

【输出样例】

```
3628800
```

题目分析：

要解决这个问题，我们需要计算一个非常大的阶乘，N 可能最大为 10 000。计算这样一个大的阶乘数，我们必须使用高精度算法。但本题 N 值不大，每次都乘以一个不大的数。算法可以设计成"一个大的高精度的整数×一个不大的单精度整数"这样的高精度数与单精度数的乘法，效率较高。

程序代码：

```cpp
#include <iostream>
#include <vector>

using namespace std;

// 高精度乘法，num 为已有的高精度数，x 为普通整数
vector<int> multiply(const vector<int>& num, int x) {
    vector<int> result;
    int carry = 0;                        // 进位
    for (int i = 0; i < num.size(); i++) {
        int prod = num[i] * x + carry;
        result.push_back(prod % 10);
        carry = prod / 10;
    }
    while (carry) {                       // 处理进位
```

```
            result.push_back(carry %10);
            carry /= 10;
        }
        return result;
}

// 打印高精度数
void printNumber(const vector<int>& num) {
    for (int i = num.size() - 1; i >= 0; i--) {
        cout << num[i];
    }
    cout << endl;
}

// 计算阶乘
vector<int> factorial(int N) {
    vector<int> result = {1};
    for (int i = 2; i <= N; i++) {
        result = multiply(result, i);
    }
    return result;
}

int main() {
    int N;
    cin >> N;
    vector<int> result = factorial(N);
    printNumber(result);
    return 0;
}
```

五、总结提升

高精度运算是指在计算机编程中处理超过标准数据类型容量限制的算法。这类算法允许进行大数的四则运算（加、减、乘、除）以及更复杂的数学运算（如模运算、指数、开方等）。

拓展 1

在高精度除法运算中，有一种简单的情况，就是一个高精度数除以一个单精度数（比较小的整数）的情况。

算法思路（模拟人工）如下。

1）将高精度整数从左到右依次处理每一位数字。

2）在处理过程中，维护一个中间变量 remainder，表示当前的余数。

3）对于高精度整数的每一位数字 digit，逐次将其加入 remainder 的末尾，形成新的余数。

4）将新的余数除以单精度整数，得到当前位的商，并更新余数。

5）重复步骤3）和步骤4），直到处理完高精度整数的所有位数。

6）最终得到的商即为所求的商，最后一次更新后的余数即为所求的余数。

程序代码：

```
void divideByInt(const string& num, int divisor) {
    vector<int> result;
    int remainder = 0;

    for (char c : num) {
        int digit = c - '0';
        remainder = remainder *10 + digit;
        int div = remainder / divisor;
        result.push_back(div);
        remainder = remainder %divisor;
    }

    // 移除商前面的前导零
    while (result.size() > 1 && result.back() == 0) {
        result.pop_back();
    }

    ...
    // 输出 result 和 remainder
    ...
}
```

拓展2

高精度数除以高精度数的简单算法，可以模拟人工运算，同样采用竖式除法的方法，如图3-18所示。

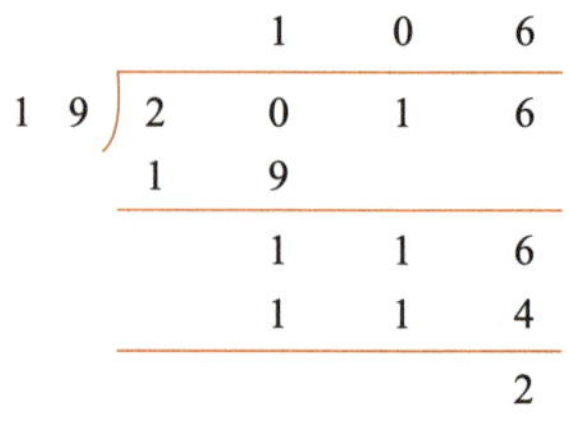

高精度除法从被除数的高位到低位依次计算出商对应位上的数字，确定这个数字的方法通常用试除法。比如上例，一般是看余数是否够：19,19×2,19×3,…,19×9，具体算法详见下面"高精度除法"的程序代码。

图3-18 除法竖式运算示意

例3.8.5 高精度除法

现有两个不超过1000位的正整数 A 和 B，要求你求出 A 除以 B 的商和余数。

【输入格式】

第1行，1个正整数 A。

第2行，1个正整数 B。

【输出格式】

第1行，一个整数，是 A 除 B 的商。

第2行，一个整数，是 A 除 B 的余数。

【输入样例】

```
210
 13
```

【输出样例】

```
16
 2
```

程序代码：

```cpp
#include <iostream>
#include <vector>
#include <string>
#include <algorithm>

using namespace std;
void delZero( vector<int> & num) {
    // 移除 num 的前导零
    while (num.size() > 1 && num.back() == 0) {
        num.pop_back();
    }
}
// 高精度减法，num1 -= num2，假设 num1 >= num2
void subtract(vector<int>& num1, const vector<int>& num2) {
    int borrow = 0;                    // 借位
    for (int i = 0; i < num1.size(); ++i) {
        int sub = num1[i] - (i < num2.size() ? num2[i] : 0) - borrow;
        borrow = 0;
        if (sub < 0) {
            sub += 10;                 // 借位
            borrow = 1;
        }
        num1[i] = sub;
    }
    delZero(num1);
}

// 打印大数
void printNumber(const vector<int>& num) {
```

```cpp
    for (int i = num.size() - 1; i >= 0; --i) {
        cout << num[i];
    }
    cout << endl;
}

// 将字符串表示的大整数转换为数组表示
vector<int> stringToVector(const string& str) {
    vector<int> result(str.length());
    for (int i = 0; i < str.length(); i++) {
        result[i] = str[str.length() - 1 - i] - '0';
    }
    return result;
}

// 比较两个大整数的大小,num1 >= num2 返回 true,否则返回 false
bool compare(const vector<int>& num1, const vector<int>& num2) {
    if (num1.size() != num2.size()) {
        return num1.size() > num2.size();
    }
    for (int i = num1.size() - 1; i >= 0; --i) {
        if (num1[i] != num2[i]) {
            return num1[i] > num2[i];
        }
    }
    return true;
}

// 高精度除法
vector<int> quotient, rema;                        // 商和余数
void divide(const vector<int>& num1, const vector<int>& num2) {
    for (int i = 0; i < num1.size(); i++) {
        // 将被除数的每一位加入余数
        rema.insert(rema.begin(), num1[num1.size() - i - 1]);
        delZero(rema);                             // 移除可能的前导零

        int count = 0;
        while (compare(rema, num2)) {              // 若余数大于等于除数,则不断减去除数
            subtract(rema, num2);
            count++;
        }
        quotient.insert(quotient.begin(), count);
                                                   // 将当前位的商加入结果
    }
```

```
        delZero(quotient);              // 移除商的前导零
}

int main() {
    string str1, str2;
    cin >> str1;
    cin >> str2;
    vector<int> num1 = stringToVector(str1);
    vector<int> num2 = stringToVector(str2);
    divide(num1, num2);
    printNumber(quotient);
    printNumber(rema);

    return 0;
}
```

程序说明：

1）使用 vector<int> 存储大整数的每一位，低位在前，高位在后。

2）使用了两个全局变量 quotient 和 rema 分别存储商和余数。

3）高精度除法的基本思路是模拟竖式除法的过程，将被除数的每一位依次加入余数，然后不断减去除数，得到当前位的商。

4）通过循环将被除数的每一位加入余数后面，然后在内层循环中不断减去除数，直到余数小于除数。

5）将得到的每一位商插入 quotient。

第九节　排序算法

一、情境导航

最少交换

在一个乡村农场里，农场主约翰希望在博览会上将一排奶牛按重量顺序排列。每次交换两只相邻奶牛都需耗费 1 分钟，经过策略性调整，约翰成功以最少的时间使奶牛们按重量排列。在博览会上，这些有序排列的奶牛受到观众称赞，而约翰也为自己的耐心和智慧感到自豪，如图 3-19 所示。

图 3-19 奶牛排序

二、问题抽象

先为问题抽象模型：需要对有 N 个数的数组排序。每次操作只能是相邻位置的两个数交换，最少需要交换几次？

例如：

| 4 | 6 | 1 | 7 | 2 | 8 | 10 | 3 |

1. 方法一：贪心法

1）第一步，最小的数 1 最终需要调整到位置 1；
2）第二步，找到从位置 2 开始的最小的数，这个数最终需要调整到位置 2；
3）第三步，找到从位置 3 开始的最小的数，这个数最终需要调整到位置 3；
其他都不用交换了，如图 3-20 所示。

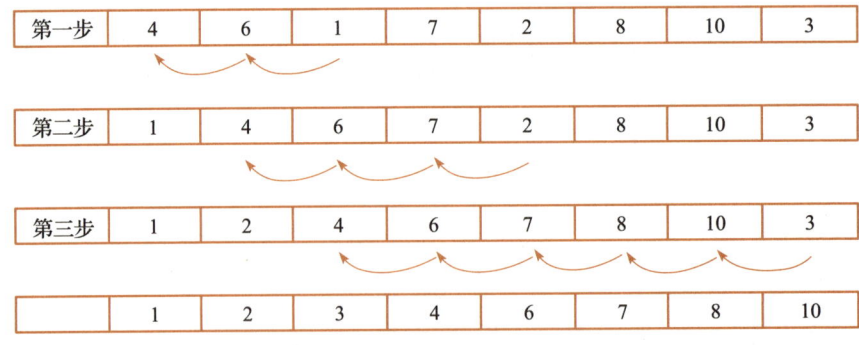

图 3-20 贪心法交换排序

上述例子共需要交换 2+3+5 = 10 次。贪心法编程时有个额外的事需要处理：需要每次找到当前的最小值。

2. 方法二：冒泡排序

冒泡排序是一种简单的排序算法，它重复地遍历待排序的列表，比较相邻元素，并在必要时交换它们的位置。这个过程会持续重复进行，直到没有相邻元素需要交换，即该列表已经完成排序。因为较大的元素会逐渐"冒泡"到列表的末端，正如气泡从水底升到水面一样，这也是算法名字的由来。

一次冒泡操作很简单：从左向右扫描，如果有两个元素的位置大小次序反了，就交换，如图 3-21 所示。

扫描下标	4	6	1	7	2	8	10	3
0	4	6	1	7	2	8	10	3
1	4	1	6	7	2	8	10	3
2	4	1	6	7	2	8	10	2
3	4	1	6	2	7	8	10	3
4	4	1	6	2	7	8	10	3
5	4	1	6	2	7	8	10	3
6	4	1	6	2	7	8	3	10

图 3-21 一次冒泡操作示意

可以看到，一次冒泡过程中有 3 次交换。数据的"有序性"增强了。迭代多次冒泡，没有元素要交换就停止——已经排好序。

三、知识探究

对于数值排序问题，前面我们都是直接调用 STL 的 sort() 函数完成的，虽然简单快速，但我们并不了解排序的原理与实现的方法。

排序算法作为计算机科学中的一项基础技术，其历史可以追溯到计算机科学的早期阶段。排序问题的研究不仅在理论上有着丰富的内容，也在实际应用中扮演着关键角色。

（一）冒泡排序

冒泡排序（Bubble Sort）的概念可以追溯到 20 世纪 50 年代，它是最早被广泛使用的排序算法之一。尽管算法的时间复杂度为 $O(n^2)$ 效率不高，但它简单、直观，在小数据量的情况下非常实用。

冒泡排序的工作原理可描述为以下步骤。

1) 开始遍历。从列表的第一个元素开始，比较当前元素和它的下一个元素。

2) 比较和交换。如果当前元素大于它的下一个元素（对于升序排序），则交换这两个元素的位置。

3) 继续遍历。移动到下一个元素，重复步骤 2)，直到列表的末尾。这完成了列表的一次完整遍历。

4) 重复过程。重复步骤 1) 到步骤 3)，每次遍历结束后，列表的下一个最大的元素将位于其最终位置。

5）结束条件。当一次遍历中没有进行任何交换时，算法结束，因为列表已经排序完成。

例 3.9.1　冒泡排序

在一个乡村农场里，农场主约翰希望通过交换操作将一排奶牛按重量顺序排列。每次操作只能交换两只相邻奶牛。约翰最少需要交换几次才能使奶牛们按照从轻到重整齐排列。

【输入格式】

第 1 行，1 个正整数 n，$1 \leq n \leq 10\,000$。

第 2 行，n 个正整数表示奶牛们的重量，每个正整数不超过 10^9。

【输出格式】

一个整数，是最少交换次数。

【输入样例】

```
5
3 5 1 6 4
```

【输出样例】

```
4
```

题目分析：

这是一道经典的冒泡排序题目。

程序代码：

```cpp
#include <iostream>
#include <vector>
using namespace std;

int main() {
    int n;                                      // 声明奶牛数量 n
    cin >> n;                                   // 读入奶牛数量

    vector<int> cows(n);                        // 创建一个大小为 n 的整数向量来存储奶牛的
                                                //   重量
    for (int i = 0; i < n; i++) {
        cin >> cows[i];                         // 读入每只奶牛的重量
    }

    int swap_count = 0;                         // 初始化交换次数为 0

    // 执行冒泡排序
    for (int i = 0; i < n - 1; i++) {           // 外循环，每次确定未排序部分的最大元素
```

```
            bool swapped = false;      // 增加一个标记,用于优化排序过程
            for (int j = 0; j < n - 1 - i; j++) {
                                        // 内循环,通过相邻元素的比较和交换找到最大元素
                if (cows[j] > cows[j + 1]) {
                                        // 如果当前元素比下一个元素大,就交换它们
                    swap(cows[j], cows[j + 1]);
                    swap_count++;       // 累加交换次数
                    swapped = true;     // 如果发生了交换,更新标记
                }
            }
            if (!swapped) break;        // 如果在一趟排序中没有发生交换,说明数组已经有
                                        //   序,退出循环
        }

        cout << swap_count << endl;    // 输出最少交换次数

        return 0;
    }
```

程序里进行了小优化,可尽早退出循环。冒泡排序对一开始就基本排好的数据效率很高,时间复杂度为 $O(n^2)$。

(二) 选择排序

选择排序(Selection Sort)是一种简单直观的排序算法。它的基本思想是在每一轮中选择最小(或最大,根据排序顺序)的元素,将它与数组的前端元素交换,然后缩小考虑的范围,继续在剩余的元素中重复这个过程,直到整个数组排序完成。

选择排序的工作原理可用如下步骤描述。

1) 从未排序的序列中找到最小(或最大)的元素。
2) 将找到的最小(或最大)元素与序列的起始位置交换。
3) 重复步骤1)和步骤2),每次循环起始位置递增,直到整个序列排序完成。

例 3.9.2 选择排序

从 N 个数中选取前 M 大的数有序输出。

【输入格式】

第 1 行,两个正整数 N 和 M。$1 \leq N \leq 10\,000$,$1 \leq M \leq N$。

第 2 行,N 个正整数,每个数不大于 10^9。

【输出格式】

M 个正整数,从大到小输出最大的 M 正整数。

【输入样例】

```
5  3
20 15 30 10 18
```

【输出样例】

```
30 20 18
```

题目分析:

这个题目当然可以先调用 sort 函数,再输出前 M 个数。这里为了学习选择排序,专门使用选择排序算法编程。

程序代码:

```cpp
#include <iostream>
#include <vector>
using namespace std;
void selectionSort(vector<int>& arr,int m) {
    for (int i = 0; i < m; i++) {
        // 找到最小元素的索引
        int min_index = i;
        for (int j = i + 1; j < arr.size(); j++) {
            if (arr[j] > arr[min_index]) {
                min_index = j;
            }
        }
        // 交换当前元素与找到的最小元素
        if (i!=min_index) swap(arr[i], arr[min_index]);
    }
}

int main() {
    int N, M;
    cin >> N >> M;
    vector<int> arr(N);
    for (int i=0; i<N; i++)
        cin >> arr[i];
    selectionSort(arr, M);
    for (int i = 0; i < M; i++) {
        cout << arr[i] << " ";
    }
    cout << endl;
    return 0;
}
```

当 $M=N$ 时,程序就是对整个数组的排序。选择排序的时间复杂度为 $O(n^2)$,因为它需要比较 $n-1$,$n-2$,$\cdots$,1 次,这使得它在大数据集上表现不佳。不过,由于其简单性,它适用于小数据量的排序或者在数据移动代价昂贵的场景中(因为它不是频繁交换元素)。

（三）插入排序

插入排序是一种简单直观的比较排序算法，它的工作方式类似于我们整理手中的扑克牌。在每一步排序过程中，插入排序会从未排序的序列中取出一个元素，然后将它插入到已排序序列中的适当位置，使得序列仍然保持有序。此过程重复进行，直到所有元素都被排序。

插入排序的基本思想是通过构建有序序列，对于未排序数据，在已排序序列中从后向前扫描，找到相应位置并插入。以下是插入排序的基本步骤。

1) 开始排序。假定第一个元素已经被排序。从第二个元素开始，这个元素在未排序的部分，我们称之为"待插入元素"。

2) 将待插入元素插入到已排序序列。取出待插入元素，与已排序的元素从后向前依次比较。如果已排序的元素比待插入元素大，则将该元素向后移动一位。重复此过程，直到找到已排序的元素小于或等于待插入元素的位置。

3) 插入元素。将待插入元素放到上一步找到的位置。

4) 重复步骤2)和步骤3)。对于每一个未排序的元素重复步骤2)和步骤3)，直到整个数组排序完成。

例 3.9.3 插入排序

有 N 个正整数，请使用插入排序算法将它们从小到大排序。

【输入格式】

第1行，1个正整数 N，范围为 $1 \leqslant N \leqslant 10\,000$。

第2行，N 个正整数，每个数不大于 10^9。

【输出格式】

N 个整数，从小到大输出数组。

【输入样例】

```
 5
20 15 30 10 18
```

【输出样例】

```
10 15 18 20 30
```

题目分析：

为了解决这个问题，我们使用插入排序算法对给定的整数数组进行排序。

程序代码：

```cpp
#include <iostream>
#include <vector>

using namespace std;
```

```cpp
void insertionSort(vector<int>& arr) {
    int n = arr.size();
    for (int i = 1; i < n; i++) {
        int key = arr[i];                    // 当前要插入的元素
        int j = i - 1;
        // 将大于 key 的元素向后移动一位
        while (j >= 0 && arr[j] > key) {
            arr[j + 1] = arr[j];
            j--;
        }
        // 插入 key 到正确的位置
        arr[j + 1] = key;
    }
}

int main() {
    int N;
    cin >> N;                                // 读取元素数量
    vector<int> arr(N);                      // 创建一个大小为 N 的数组
    for (int i = 0; i < N; i++) {
        cin >> arr[i];                       // 读取每个元素
    }

    insertionSort(arr);                      // 对数组进行插入排序

    // 输出排序后的数组
    for (int i = 0; i < N; i++) {
        cout << arr[i] <<' ';
    }

    return 0;
}
```

插入排序的时间复杂度为 $O(n^2)$，相对选择排序，插入排序算法中数据的移动比较多。

四、实践应用

例 3.9.4 选择过程

有 n 名学生从左往右排成一行站成队列，学号是 $1\sim n$。给出这 n 名学生的身高，学号是 i 的学生的身高是 $h[i]$，所有学生的身高都不相同。现在进行 $n-1$ 轮操作，第 i 轮操作由以下三个步骤构成。

第一步：从当前学生队列排在第 i 个位置的学生至排在最后一个位置的学生当中，选出身高最矮的学生，不妨假设是第 k 个位置的学生身高最矮。

第二步：当前队列第 i 个位置的学生和第 k 个位置的学生交换位置。

第三步：从左往右，输出当前队列 n 个学生的学号。

【输入格式】

第 1 行，一个整数 n。$1 \leqslant n \leqslant 100$。

第 2 行，n 个正整数，第 i 个整数是 $h[i]$。$140 \leqslant h[i] \leqslant 250$。

【输出格式】

共 $n-1$ 行，每行 n 个整数，表示一轮操作之后，从左往右各个学生的学号。

【输入样例】

```
5
160 190 150 140 170
```

【输出样例】

```
4 2 3 1 5
4 3 2 1 5
4 3 1 2 5
4 3 1 5 2
```

题目分析：

题目描述的是选择排序算法，并输出排序过程。每个学生有两个信息：学号、身高。

程序代码：

```cpp
#include <iostream>
#include <vector>
#include <algorithm>                    // for std::swap

using namespace std;

// 定义 Student 结构体,包含学生的学号和身高
struct Student {
    int id;
    int height;
};

// 打印学生学号列表
void printStudentIds(const vector<Student>& students) {
    for (const auto& student : students) {
        cout << student.id << " ";
    }
    cout << endl;
}
```

```cpp
int main() {
    int n;
    cin >> n;
    vector<Student> students(n);

    // 读取学生数据
    for (int i = 0; i < n; i++) {
        students[i].id = i + 1;            // 学生学号从 1 开始
        cin >> students[i].height;
    }

    // 模拟 n-1 轮操作
    for (int i = 0; i < n - 1; i++) {
        int minIndex = i;
        // 找到从 i 到 n-1 中最矮学生的索引
        for (int j = i + 1; j < n; j++) {
            if (students[j].height < students[minIndex].height) {
                minIndex = j;
            }
        }
        // 交换学生位置
        swap(students[i], students[minIndex]);

        // 打印当前队列的学生学号
        printStudentIds(students);
    }

    return 0;
}
```

很多问题中一个"记录"有多个信息,甚至有多个关键字。这时,使用 struct 数据结构能让编程相对简单一些。

五、总结提升

对于排序算法,除了考虑时间复杂度、空间复杂度外,还要考虑稳定性、多关键字、算法最坏情况(可能退化)等问题。

前面说的冒泡排序、选择排序、插入排序都属于简单排序算法,时间复杂度为 $O(N^2)$。以后还会学习时间复杂度为 $O(NlogN)$ 的先进排序算法,例如 STL 的 sort 函数。

特殊情况下,还有 $O(N)$ 的排序算法。

📖 拓展 1

前面介绍的冒泡排序、选择排序、插入排序都是基于元素比较大小的排序。特殊情况下，可以利用数组索引来确定元素的正确位置，从而达到排序目的。

计数排序（Counting Sort）是一种高效的非比较型排序算法，适用于一定范围内的整数排序。它的核心思想是使用一个额外的数组来计数每个值的出现次数，然后根据这些计数来确定每个元素的位置。计数排序特别适合于数据范围不大的情况，如字符排序、小范围整数排序等。

例 3.9.5 计数排序

有 n 名学生参加高考，学生的成绩都是不超过 700 的整数。问其中 m 个分数 $S[i]$ 的排名情况。

请用计数排序算法编写程序。

【输入格式】

第 1 行，两个整数 n，m。$1 \leq n \leq 100\,000$，$1 \leq m \leq 100\,000$。

第 2 行，n 个整数，第 i 个整数是 $S[i]$。$0 \leq S[i] \leq 700$。

第 3 行，m 个整数。

【输出格式】

共 m 行，每行一个整数，表示 $S[i]$ 的排名（比它大的分数个数+1）。如果这个分数不是输入的成绩，输出 -1。

【输入样例】

```
  5   3
560 390 650 640 670
650 550 560
```

【输出样例】

```
  2
 -1
  4
```

题目分析：

这题的数值范围不大，可以使用计数排序。

算法可以分为以下几个步骤。

1）初始化计数数组，索引范围从最小值到最大值，所有计数初始化为 0。

2）遍历输入数组，根据数组元素的值增加计数数组中相应索引的计数。

3）累加计数数组，每个元素的值是它和前面所有元素的计数总和。这一步是为了确定每个元素在排序数组中的位置。

4）查询数组，根据计数数组相应位置的信息，获得正确排名。

程序代码：

```
#include <iostream>
#include <vector>
```

```cpp
using namespace std;

int main() {
    int n, m;
    cin >> n >> m;

    vector<int> scores(701, 0);              // 创建大小为701的数组,用于计数
                                              // 每个成绩出现的次数
    for (int i = 0; i < n; i++) {
        int score;
        cin >> score;
        scores[score]++;
    }

    // 创建一个数组,用于存储每个成绩的排名
    vector<int> ranks(701, 0);
    int cumulative = 0;                       // 累积计数,用于计算排名

    // 从高分到低分计算每个成绩的排名
    for (int i = 700; i >= 0; i--) {
        if (scores[i] > 0) {
            ranks[i] = cumulative + 1;        // 计算排名
            cumulative += scores[i];          // 更新累积计数
        }
    }

    // 处理查询
    for (int i = 0; i < m; i++) {
        int query;
        cin >> query;
        if (ranks[query] > 0) {
            cout << ranks[query] << endl;     // 输出查询成绩的排名
        } else {
            cout << "-1" << endl;             // 如果成绩没有出现过,输出-1
        }
    }

    return 0;
}
```

程序时间复杂度为:$O(n+m)$。

拓展2

在学习和实现排序算法时,一个重要的概念是**排序的稳定性**。稳定性是指排序算法在排序过程中是否保持相等元素的相对顺序不变。这个特性在处理具有多个字段的记录

时尤其重要,因为它可以保证按一个字段排序后,还能安全地按另一个字段排序,并不会打乱之前的顺序。

在例 3.9.4 中,如果放宽数据条件,学生身高可以相同,例如:

原始数据

学号	1	2	3	4	5	6
身高	170	170	160	150	180	175

选择排序第 1 次的结果

学号	4	2	3	1	5	6
身高	150	170	160	170	180	175

选择排序第 2 次的结果

学号	4	3	2	1	5	6
身高	150	160	170	170	180	175

这时两个身高 170 的相对顺序改变了,学号 2 的在学号 1 的前面。

1. 稳定性的定义

一个排序算法是稳定的,如果对于任何等价的元素(即比较结果相等的元素),它们在原始列表中的先后顺序在排序后仍然保持不变。

2. 稳定排序算法

冒泡排序:通过重复交换相邻元素来排序,只有当它们不满足顺序要求时才进行交换,因此保持了相等元素的相对顺序。

插入排序:每次将一个元素插入到已排序的部分,由于插入操作不会改变相等元素的原始顺序,所以是稳定的。

3. 非稳定排序算法

选择排序:每次找到最小(或最大)元素并与前面的元素交换,这个交换可能会改变相等元素的初始顺序。

第十节 搜索算法

一、情境导航

八皇后

有一块传说中的魔法棋盘,它有 8 行 8 列,共 64 个方格,如果有人能在棋盘上成功放置 8 位皇后,并且让她们互不威胁,他将会得到至高无上的智慧和力量,如

图 3-22 所示。

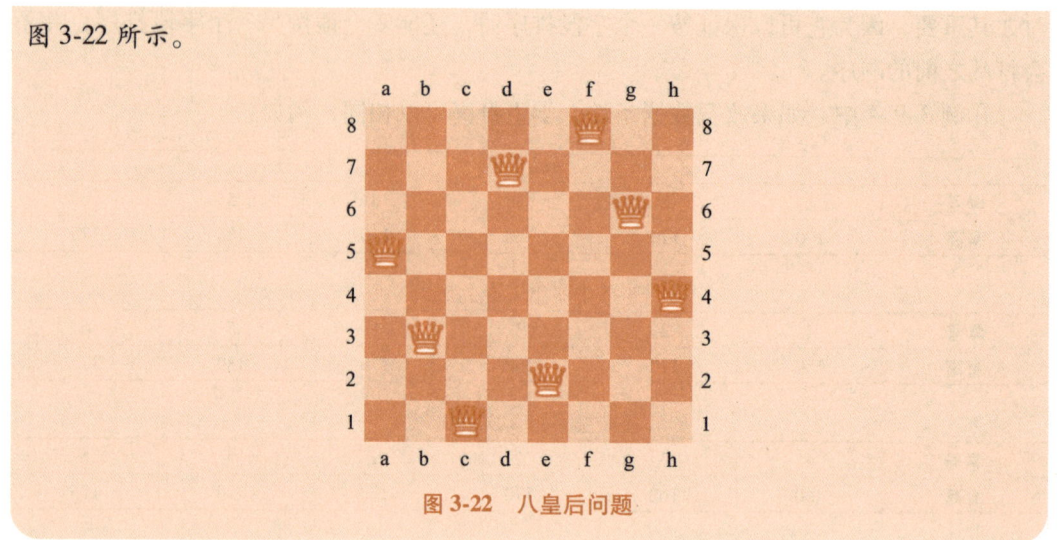

图 3-22 八皇后问题

二、问题抽象

八皇后问题是一个经典的数学问题，它起源于 1848 年，由国际象棋棋手首次提出。问题是如何在 8×8 的国际象棋棋盘上放置 8 个皇后，使它们互不攻击——即没有两个皇后在同一行、同一列或者同一对角线上。

1874 年数学家弗朗茨·诺伊曼发表了八皇后问题的解决方案，并列出了所有 92 种解决方案。1972 年著名的计算机科学家艾兹格·迪杰斯特拉（Dijkstra）使用八皇后问题来展示回溯算法的威力。

尝试合法摆放 8 个棋子，找到 1 种解决方案是很有趣的。但为了找出所有的方案，数学家竟然用了 26 年！

计算机里常见的搜索算法有深度优先搜索和广度优先搜索两种，也简称为深度搜索和广度搜索。在棋盘上需要尝试各种方案的问题，经常使用深度搜索算法。

八皇后问题每一行只能放一个棋子，可以用一个数组 b 记录棋子的摆放情况，表示第 i 行的棋子在 $b[i]$ 列。由于棋子不能在同一列，显然 $b[i]$ 的值都不相同。如果不考虑对角线攻击，所有可能方案就是 1~8 的全排列，有 8!＝40 320 种方案。在这些方案里，加上不能在同一斜线的判断，就能得到所有 92 种合法方案。

三、知识探究

（一）深度优先搜索

深度优先搜索是一种用于遍历搜索树和图的算法。该算法沿着一条路径深入到不能再深入为止，然后通过回溯进行尝试其他可能的路径。DFS 是解决许多编程和图理论问题的基础，如检测循环、路径查找、排列组合生成等。

深度优先搜索一般使用回溯算法来尝试各种可行方法,通常用递归法编程。

深度优先搜索算法很多都需要进行阶乘或指数级的运算,在解决问题时要注意分析时间复杂度。

例 3.10.1　N 皇后问题

在 $N×N$ 的国际象棋棋盘上放置 N 个皇后,使得它们互不攻击——即没有两个皇后在同一行、同一列或者同一对角线上。问有多少种方案?

【输入格式】

共 1 行,1 个正整数 N,范围为 $1 \leqslant N \leqslant 12$。

【输出格式】

一个整数,方案数。

【输入样例】

```
5
```

【输出样例】

```
10
```

题目分析:

解决 N 皇后问题其实就是枚举出 N 的全排列情况,找到合法的方案。下面使用递归编程。

以 $N=3$ 为例画出题目对应的搜索树如图 3-23 所示(括号中为排列取值)。

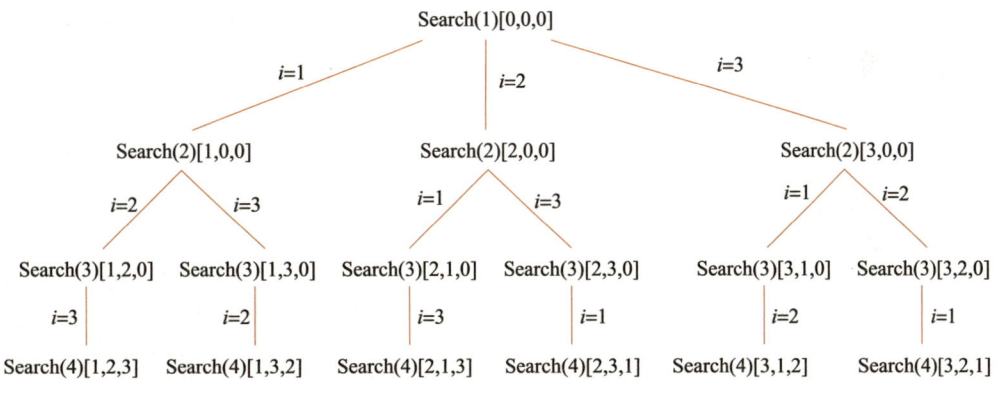

图 3-23　全排列 $N=3$ 的搜索树

程序代码:

```
#include <iostream>
const int MAX_N = 20;            // 假设 N 的最大值为 20
int columns[MAX_N];              // 存储每行皇后的列位置
int n;                           // 输入 N 皇后问题的 N 值
int solutionCount = 0;           // 解决方案计数器
```

```cpp
// 检查在(row, col)位置放置皇后是否有效
bool isValid( int row, int col) {
    for (int i = 0; i < row; ++i) {
        if (columns[i] == col) {                      // 检查列冲突
            return false;
        }
        if (row+col == i+columns[i] || row-col == i-columns[i] ) {
                                                      // 检查两个方向对角线冲突
            return false;
        }
    }
    return true;
}
// 递归函数来放置皇后
void placeQueens(int row) {
    if (row == n) {
        // 所有皇后都成功放置,打印解决方案
        solutionCount++;
        return;
    }

    for (int col = 0; col < n; ++col) {               // row 行的棋子尝试放在 col 列
        if (isValid(row, col)) {                      // 如果和前面的皇后不冲突
            columns[row] = col;                       // 放置皇后
            placeQueens(row + 1);                     // 递归放置下一行的皇后
            columns[row] = 0;                         // 回溯,移除皇后
        }
    }
}

int main() {
    std::cin >> n;
    for (int i = 0; i < MAX_N; ++i) {
        columns[i] = -1;                              // 初始化列位置
    }

    placeQueens(0);
    std::cout << solutionCount << std::endl;
    return 0;
}
```

时间复杂度分析:

如果中间不判断,生成全部的全排列再判断是否合法。当 $N=12$ 时,$N!=479\,001\,600$,再加上检测,运算量约为 $479\,001\,600×12$,肯定超时!如果程序中每放置一枚棋子,就

及时检测合法性(剪枝优化)，就会大大提高效率。

另外，对于列、对角线的互相攻击判断，可以使用数组标记法，这样判断的时间复杂度就从 $O(N)$ 降为 $O(1)$。

例 3.10.2 迷宫搜索

在 $N×N$ 的方格迷宫上，一个机器人骑士试图从入口移动到出口。每个方格都有宝物，格子里用正整数表示宝物的价值。如果有一个骑士从入口左上的 $(1,1)$ 格出发，可以到达其四周上、下、左、右的格子里(不能走到棋盘外)，但一个格子只能进入一次。问骑士怎样移动到达目标格时收集的宝物价值最大？

【输入格式】

第 1 行，1 个正整数 N，范围为 $1 \leqslant N \leqslant 6$。

第 2 行，有两个正整数 X 和 Y，表示目标格的坐标。

下面 N 行，每行 N 个整数，表示这个迷宫的情况。

【输出格式】

一个整数，可以收集到宝物的最大价值。

【输入样例】

```
5
5 5
 3  4   0 -5  9
-2  3   6  8  7
 1  2  -5 -7  0
 3  4   2  2  1
 5  5   5  5  0
```

【输出样例】

```
70
```

样例解释：

按照下面图的字母次序走，即可获得最大值。

a b _ f g
_ c d e h
o n _ _ i
p m l k j
q r s t u

题目分析：

可以这样思考，骑兵在出发格子看见可以到达的几个位置，就去先试探进入第一个位置搜索，等这个方向搜索完，再回来试探进入第二个位置搜索……这样可以搜索出所有的路径，取其中价值最大的即可。

这种需要试探搜索、回来再试探搜索的方式就是编程的回溯算法，通常使用递归编写。

程序代码：

```cpp
#include <iostream>
#include <vector>

using namespace std;

// 向四个方向探索
const int dx[4] = {1, -1, 0, 0};
const int dy[4] = {0, 0, 1, -1};

int N, targetX, targetY;
int maze[20][20];
bool visited[20][20];
int maxValue = 0;

// DFS 函数, x 和 y 是当前位置, currentValue 是当前收集到的宝物总价值
void dfs(int x, int y, int currentValue) {
    // 添加当前格子的宝物价值
    currentValue += maze[x][y];

    // 如果到达目标格子
    if (x == targetX && y == targetY) {
        maxValue = max(maxValue, currentValue);
        return;
    }

    // 标记当前格子为已访问
    visited[x][y] = true;

    for (int i = 0; i < 4; i++) {
        int nx = x + dx[i], ny = y + dy[i];

        // 检查新位置是否在迷宫内并且未被访问
        if (nx >= 0 && nx < N && ny >= 0 && ny < N && !visited[nx][ny]) {
            dfs(nx, ny, currentValue);
        }
    }

    // 回溯, 重置当前格子为未访问
    visited[x][y] = false;
}
```

```
int main() {
    cin >> N;
    cin >> targetX >> targetY;
    targetX--;                          // 将目标坐标转换为从 0 开始的索引
    targetY--;

    for (int i = 0; i < N; i++) {
        for (int j = 0; j < N; j++) {
            cin >> maze[i][j];
        }
    }

    dfs(0, 0, 0);                       // 从左上角开始搜索
    cout << maxValue << endl;           // 输出可以收集到宝物的最大价值
    return 0;
}
```

对于 $N=6$ 的最大数据规模，共 36 个点，粗略地看时间复杂度是 $O(3^{36})$。但边上的点最多有两个方向可以移动，中间的点很可能碰到以前走过的格子，因此路径数比这个少很多。编程计算从左上到右下合法路径数是 1 262 816。

（二）广度优先搜索

广度优先搜索是一种用于遍历或搜索树和图的算法，它从出发节点开始，逐层遍历所有节点，先访问离出发节点近的节点，再访问离出发节点远的节点。这种方法常用于在非加权图中找到两个节点之间的最短路径，或者检查图中是否存在从一个给定节点到另一个节点的路径。

1. 基本原理

广度优先搜索使用队列作为其核心数据结构来实现层次遍历。从图的一个顶点开始，它首先访问所有邻近的顶点，然后对每一个邻近的顶点，再访问其未被访问的邻近顶点，以此类推。

2. 工作方式

1）初始化队列：将起始节点放入队列。

2）遍历节点：从队列中移出一个节点，访问它。

3）节点扩展：将所有未访问的邻接节点加入队列，并标记为已访问。

4）重复执行：重复步骤2）和3），直到队列为空。

广度优先搜索的实现通常依赖于队列，以确保首先访问的节点将首先被扩展，从而实现层次遍历。节点一旦访问和扩展，就不会再次入队。

例 3.10.3 迷宫最短路径

在 $N×N$ 的方格迷宫上，一个机器人骑士试图从入口移动到出口。方格有两种类型：空和障碍，分别用 1 和 0 表示。如果有一个骑士从入口左上格出发，可以到达其四周

上、下、左、右的格子里(不能走到棋盘外)，问骑士怎样用最少移动步数到达目标右下格？

【输入格式】

第1行，1个正整数N，$1 \leqslant N \leqslant 100$。

下面N行，每行N个整数(0或1)，表示这个迷宫的情况。

【输出格式】

一个整数，从入口到目标的最短路径。如果骑士不能移动到目标格，输出-1。

【输入样例】

```
5
1 1 1 1 0
0 1 1 0 1
1 1 0 1 1
1 0 1 1 1
1 1 1 0 1
```

【输出样例】

```
12
```

样例解释：

按照下面图的字母次序走，即可获得最优解。

a b 1 1 0
0 c 1 0 1
e d 0 1 1
f 0 j k l
g h i 0 m

题目分析：

要解决这个问题，我们会使用广度优先搜索算法。因为广度优先搜索就是由近到远的逐步搜索，第一次到达目标点的时候一定是最少移动到达的。

对于一个5×5没有障碍的迷宫，扩展搜索的"层次"结果如下所示：

0 1 2 3 4
1 2 3 4 5
2 3 4 5 6
3 4 5 6 7
4 5 6 7 8

而对于样例数据，扩展搜索的"层次"结果如下所示：

0 1 2 3 *
* 2 3 * 13
4 3 * 11 12

```
5  *  9 10 11
6  7  8  * 12
```

注意：最好在原数组里动态构造这个图。

这些"层次"的产生，就是广度优先搜索的核心算法：队列+距离(key)。具体实现见下面程序。

程序代码：

```cpp
#include <bits/stdc++.h>
using namespace std;
int N;
int maze[100][100];
bool visited[100][100];
struct Point {
    int x, y, dist;                          // 定义一个结构体来存储坐标点和从
                                             //   起点到该点的距离
};

bool isValid(int x, int y) {
    // 检查坐标是否在迷宫内部,且该位置是空的(即1),并且未访问过
    return (x >= 0 && x < N && y >= 0 && y < N && maze[x][y] == 1 && !visited[x][y]);
}

int bfs() {
    queue<Point> q;                          // BFS 搜索队列
    q.push({0, 0, 0});                       // 从左上角(0,0)开始,距离为 0
    visited[0][0] = true;                    // 标记起点为已访问

    const int dx[] = {1, -1, 0, 0};          // 表示四个可能的行移动
    const int dy[] = {0, 0, 1, -1};          // 表示四个可能的列移动

    while (!q.empty()) {
        Point p = q.front();
        q.pop();

        // 到达右下角
        if (p.x == N - 1 && p.y == N - 1) return p.dist;

        // 检查四个方向
        for (int i = 0; i < 4; i++) {
            int nx = p.x + dx[i];
            int ny = p.y + dy[i];

            if (isValid(nx, ny)) {
                visited[nx][ny] = true;      // 标记为已访问
```

```
                q.push({nx, ny, p.dist + 1});    // 插入队列,并增加距离
            }
        }
    }

    return -1;                                    // 如果没有路径则返回-1
}

int main() {
    cin >> N;

    // 读取迷宫数据
    for (int i = 0; i < N; ++i) {
        for (int j = 0; j < N; ++j) {
            cin >> maze[i][j];
        }
    }

    cout << bfs() <<endl;

    return 0;
}
```

四、实践应用

例 3.10.4 骨牌接龙

有 N 张 1×2 的骨牌,每个骨牌有两个格子,每个格子上有数字。现在需要把这 N 张骨牌连接放在一起,但有个原则:如果两个骨牌相邻,左边骨牌的右边格子里的数需要大于右边骨牌左边格子里的数。

请问有多少种可行的方案?

【输入格式】

第 1 行,1 个正整数 N,$1 \leq N \leq 10$。

下面 N 行,每行两个整数,表示一个骨牌上的两个数,数是不超过 10 的正整数。

【输出格式】

一个整数。如果一个骨牌左右两个格子里的数相同,旋转没有意义。

【输入样例】

```
4
1 2
2 2
3 4
2 3
```

【输出样例】

2

样例解释：
两种方案为：
(3,4) (2,3) (2,2) (1,2)
(4,3) (2,3) (2,2) (1,2)

题目分析：
要解决这个问题，我们可以使用回溯法来探索所有可能的骨牌排列，并应用给定的条件来筛选符合条件的排列。每次排列时，我们检查前一张骨牌的右边格子的数字是否大于当前骨牌左边格子的数字，如果是，则继续递归处理下一张骨牌。

程序代码：

```cpp
#include <bits/stdc++.h>
using namespace std;

int N;
int dominos[20][2];
bool used[20];

int countValidArrangements(int index , int lastRightValue) {
    if (index == N) {
        // 所有骨牌都已成功放置
        return 1;
    }

    int count = 0;
    for (int i = 0; i < N; ++i) {
        if (!used[i]) {
            // 尝试使用第 i 个骨牌，两种方向
            if (dominos[i][0] > lastRightValue) {
                used[i] = true;

                count += countValidArrangements(index + 1, dominos[i][1]);
                used[i] = false;
            }
            if (dominos[i][0]!=dominos[i][1] && dominos[i][1] > lastRight-
                Value) {
                used[i] = true;
                count += countValidArrangements( index + 1, dominos[i][0]);
                used[i] = false;
```

```
            }
        }
    }
    return count;
}

int main() {
    cin >> N;

    for (int i = 0; i < N; ++i) {
        cin >> dominos[i][0] >> dominos[i][1];
    }

    int total = 0;
    // 从所有骨牌中选择第一张,两种方向
    for (int i = 0; i < N; ++i) {
        used[i] = true;
        total += countValidArrangements(1, dominos[i][0]);
        if (dominos[i][0]!=dominos[i][1])
            total += countValidArrangements(1, dominos[i][1]);
        used[i] = false;
    }

    cout << total << endl;
    return 0;
}
```

五、总结提升

1. 深度优先搜索（DFS）

DFS 是一种遍历算法，它从一个根节点开始，探索尽可能深的分支，直到该分支的最终节点，然后回溯至最近的分岔点再探索其他分支。DFS 可以通过递归实现，或者使用栈来模拟递归过程。DFS 特别适合于需要访问图中所有节点来找到特定解或进行全局计算的问题。

2. 广度优先搜索（BFS）

BFS 从根节点开始，一层一层地遍历所有节点。每一层的所有节点被遍历后，它再遍历下一层节点。BFS 使用队列来跟踪待遍历的节点，因此它按照节点到起点的距离顺序进行搜索。BFS 特别适合于找到最短路径或与起点距离相关的问题。关于 DFS 与 BFS 的特点对照详见表 3-2。

表 3-2　DFS 与 BFS 特点对照表

特点	深度优先搜索(DFS)	广度优先搜索(BFS)
数据结构	栈(实际递归调用栈或显式栈)	队列
遍历特性	沿着一条路径深入直到不能继续，然后回溯	层次遍历，一层层向外扩展
时间复杂度	可能是指数级	一般为点或边的个数
应用场景	寻找所有解的问题、拓扑排序、寻找图的连通分量	最短路径、层次遍历
主要优点	路径的深入探索、较低的空间需求(取决于搜索的深度)	找到最短路径、按距离顺序访问节点
主要缺点	时间复杂度可能很大、会深入探索无关紧要的节点、不保证首先找到最短路径	空间需求可能很大(特别是在稠密图中)

拓展 1

有些问题是需要输出解决问题的具体方案，或者说是打印出从起始点到目标点的路径。程序不仅需要找到解决方案，还要能够追踪并展示从起始点到目标点的具体操作步骤。这通常涉及在搜索过程中保存路径或操作序列。对于 BFS 和 DFS，实现这一功能的方法略有不同。

DFS 在递归调用中传递当前路径或操作序列。每次递归调用时，将当前操作添加到路径中，并在递归返回前从路径中移除该操作(回溯)。

在 BFS 中，通常使用队列来存储待探索的节点。为了记录路径有以下操作。

1) 节点扩展：每当从队列中取出一个节点进行扩展时，你需要考虑所有可能的有效移动或操作。

2) 路径记录：对于每个操作，不仅生成一个新状态，还要记录这个状态是从哪个旧状态通过什么操作得来的。这可以通过在每个状态中存储一个指向生成它的父状态的引用以及用于从父状态到当前状态的操作来实现。

3) 重建路径：一旦达到目标状态，你可以从目标状态开始，通过跟踪每个状态的父引用回溯到起始状态，从而重建整个操作序列。这通常需要将收集到的操作反转，因为你是从目标状态回溯到起始状态。

例 3.10.5　水壶问题

有两个水壶 A 和 B，容量分别为 x 升和 y 升。水的供应是无限的。确定是否能使用这两个壶准确得到 target 升。

你可进行以下操作：装满任意一个水壶、清空任意一个水壶、将水从一个水壶倒入另一个水壶，直到接水壶已满或倒水壶已空。

如果不可以完成任务，输出-1。

如果可以完成任务，给出一个最少操作次数的方案。如果有多个解，输出任意一个。

方案每行输出一个状态：A 壶里水的升数　B 壶里水的升数，具体见输出格式描述。

【输入格式】

第 1 行，3 个正整数 x，y，target，$1 \leq x, y \leq 1000$，$1 \leq \text{target} \leq x+y$。

【输出格式】

第 1 行，1 个整数 M。表示需要操作的次数。注意，如果完成不了任务，输出-1 结束。

第2行，两个0，表示 A 壶和 B 壶开始有0升水，即初始状态。

下面有 M 行，每行两个整数，分别表示 A 壶里水的升数和 B 壶里水的升数。

最后一行的两个整数的和必须是 target。

【输入样例】

```
3 5 4
```

【输出样例】

```
7
0 0
0 5
3 2
0 2
2 0
2 5
3 4
0 4
```

样例解释：

按照以下步骤操作，以达到总共4升水。

1）装满5升的水壶(0,5)。

2）把5升的水壶倒进3升的水壶，留下2升(3,2)。

3）倒空3升的水壶(0,2)。

4）把2升水从5升的水壶转移到3升的水壶(2,0)。

5）再次加满5升的水壶(2,5)。

6）从5升的水壶向3升的水壶倒水直到3升的水壶倒满。5升的水壶里留下了4升水(3,4)。

7）倒空3升的水壶。现在，5升的水壶里正好有4升水(0,4)。

题目分析：

解决最少步数问题，首选 BFS 算法。记录方案的方法可以使用树的术语：每个节点用一个"指针"指向前面父节点的方式，最后利用"指针"信息从目标节点向回查询，即可找到一个解的路径。

程序代码：

```cpp
#include <bits/stdc++.h>
using namespace std;

int x, y, target;

struct State {
    int a, b;
```

```cpp
        int steps;
        int father;
};
bool visited[2000][2000];
State q[1000001];

void print(int last ){                          // 从最后一步,倒推回去,找到所有步骤
    vector <int> steps;
    for (int cur=last; cur != -1 ;cur = q[cur].father ) {
        steps.push_back(cur);
    }
    reverse(steps.begin(), steps.end());        // 反转步骤以显示正确的顺序
    cout << steps.size() - 1 << endl;
    for (auto &step : steps) {
        cout << q[step].a <<" "<< q[step].b << endl;
    }
}

bool canSolve() {
    int first, last;
    first=last=0;
    q[0] = {0, 0, 0, -1};                       // 初始状态

    for (; first<=last; ++first) {
        State current = q[first];

        int a = current.a;
        int b = current.b;

        // 检查是否达到目标，是就输出方案
        if (a + b == target) {
            print(first);
            return true;
        }

        int  nextStates[][2] = {                // 从当前状态可以操作的其他状态
            {x, b}, {a, y},                     // 填满水壶 A 或 B
            {0, b}, {a, 0},                     // 清空水壶 A 或 B
            {min(x, a+b), (a+b > x) ? b - (x - a) : 0},   // B 壶倒入 A 壶
            {(a+b > y) ? a - (y - b) : 0, min(y, a+b)}    // A 壶倒入 B 壶
        };

        for (auto &state : nextStates) {
            if (!visited[state[0]][state[1]]) {
                visited[state[0]][state[1]]=true;
                q[++last]={state[0], state[1], current.steps+1, first};
```

```
            }
        }
    }

    return false;
}

int main() {
    cin >> x >> y >> target;
    if (!canSolve()) {
        cout << -1 << endl;
    }
    return 0;
}
```

📖 拓展 2

深度优先搜索以其简洁和强大的搜索能力而广泛应用于各种问题，如路径寻找、解决谜题等。然而，在面对大规模数据或复杂问题时，经典的 DFS 可能会遇到性能瓶颈。下面是几种常见的深度搜索优化策略。

1. 剪枝（Pruning）

剪枝是优化 DFS 的最常用方法之一。通过剪枝，我们可以在搜索过程中提前排除那些显然不是解决方案的路径，从而减少不必要的搜索次数。

可行性剪枝：在搜索过程中，如果当前路径已经不可能达到目标，就提前终止这条路径的进一步搜索。

最优性剪枝：当找到一条解决方案后，记录当前解的性质（如路径长度、成本等），并在接下来的搜索中，如果当前路径的性能已无法超过已找到的最优解，就停止进一步搜索。

2. 记忆化搜索（Memoization）

记忆化搜索是一种通过存储已解决的子问题的结果来避免重复计算的技术。在 DFS 中，通常通过维护一个数组或 map 来实现，用于存储特定状态或参数下的结果。

重叠子问题：在图的搜索中，多个路径可能到达相同的节点，通过记忆化搜索可以保证每个节点在每种状态下只被计算一次。

动态规划问题：在递归的动态规划问题中，记忆化搜索可以帮助保存中间结果，避免重复计算。

3. 迭代加深（Iterative Deepening）

迭代加深是一种结合了 BFS 和 DFS 优点的搜索策略。它通过逐步增加允许的深度限制来重复进行 DFS，同时还结合了 DFS 空间效率高和 BFS 能找到最短路径的优点。

深度限制的 DFS：在每次迭代中，使用深度限制的 DFS，限制从根节点开始的最大深度。

逐步增加深度：如果在当前深度限制下未找到解，增加深度限制并重复搜索。

4. 双向搜索(Bidirectional Search)

双向搜索是从两个方向同时进行搜索的策略，通常用于搜索最短路径问题。一般从起点和终点同时开始搜索，直到两个搜索方向在中间某处相遇。

搜索空间减少：相比从单一方向搜索，双向搜索可以显著减少搜索空间，提高搜索效率。

例 3.10.6 整数划分

整数划分问题是一个经典的数学和计算机科学问题，涉及将一个正整数 n 分解为 m 个正整数的和的方式，这些正整数的组合不考虑顺序。整数划分问题的核心在于找出一个给定正整数的所有可能的划分方式。

例如，$n=5$，$m=3$ 可以有以下几种划分方式：

1+1+3

1+2+2

说明：

由于划分不考虑顺序，因此 3+1+1、1+3+1 和 1+1+3 视为相同的划分。

【输入格式】

第 1 行，两个正整数 n 和 m，$1 \leq n, m \leq 100$。

【输出格式】

有若干行，每行一个加法表达式(无空格)。每行别表示一个划分方案；按照字典序输出。

【输入样例】

```
8 4
```

【输出样例】

```
1+1+1+5
1+1+2+4
1+1+3+3
1+2+2+3
2+2+2+2
```

题目分析：

为了解决整数划分问题并输出所有可能的划分方式，我们可以使用递归的方法来生成整数的所有划分。递归方法的关键是从大到小生成所有可能的组合，并确保每个生成的组合都是按字典序排列的。

另外一个是需要利用剪枝方法，尽可能避免不必要的搜索，提高搜索效率。

程序代码：

```
#include <iostream>

using namespace std;
```

```
int parts[100];
int n, m;
void printPartitions(int nn, int mm) {
    if (mm == m) {
        if (nn == 0) {
            // 打印当前分组
            for (int i = 0; i < m; ++i) {
                if (i > 0 ) printf("+");
                printf("%d",parts[i]);
            }
            printf("\n");
        }
        return;
    }
    int lastVal = (mm == 0) ? 1 : parts[mm - 1];  // 数字不能比前面的小。

    for (int i = lastVal; i <= nn/(m-mm) ; i++) { // i 最大值是平均数,这是一个剪枝
                                                  //                     优化
        parts[mm] = i;                            // 选择当前数 i 加入当前组合中
        printPartitions(nn - i, mm + 1);          // 递归处理剩余的数,增加一个组件
    }
}

int main() {
    scanf("%d%d",&n,&m);
    printPartitions(n, 0);
    return 0;
}
```

第十一节 图论算法

一、情境导航

封锁的海峡

你是一名特工,代号为"Agent A",你的下一个任务需要通过一个被称为"雷达海峡"的危险水域,如图 3-24 所示。这个海峡是一个狭窄的矩形区域,在这片海域中散布着若干岛屿,每个岛屿上都装备有敌国的雷达系统。这些雷达系统具有不同的

探测半径，能够监控一定范围的海面。你的任务是驾驶一只小船，从海峡的一端行驶到另一端，同时必须避开所有雷达的侦测范围。请编程快速判断是否存在这个路径？

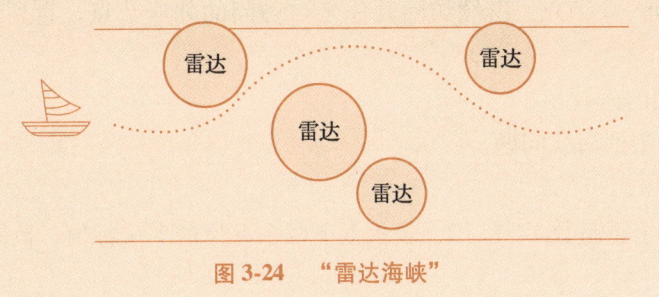

图 3-24　"雷达海峡"

二、问题抽象

将海峡建模为二维平面，岛屿的雷达探测区域被视为圆形区域，你需要确定这些圆形是否覆盖了从南岸到北岸的所有可能路径。图 3-25 就是一个被完全封锁的海峡示意。

图 3-25　被完全封锁的海峡示意

这个问题可以被抽象为一个图论问题：将两岸和雷达都看成节点，通过雷达半径可以判断出两个节点之间是否被雷达覆盖——即是否有连接边。判断是否存在一条从海峡南岸到北岸的路径，如果存在路径，小船就不能避免雷达的探测区域。

三、知识探究

在第二章第八节中，"图的定义和存储"已经涉及了图的遍历算法，是图的其他算法的基础。图的算法内容在信息学中比例很大，比如基础的算法有图的连通类问题、Dijkstra 算法、Bellman-Ford 算法、Floyd-Warshall 算法、Prim 算法、Kruskal 算法、拓扑排序等；还有其他进阶算法，如最近公共祖先、一笔画问题、强连通分量、关键节点、网络流等。

本节主要介绍搜索算法在图论里的基本使用方法，更多的图论专题算法将在以后的高级篇中介绍。

（一）图的深度优先搜索

图是一种重要的数据结构，用于表示对象和对象之间的关系。图由节点（或称为顶点）和边组成，边连接节点。深度优先搜索是一种遍历图的方法，它从一个起始节点开始，沿着边尽可能深入地探索节点，直到不能再深入为止，然后回溯并探索其他路径。

深度优先搜索的基本思想有以下几点。

1)从起始节点开始,访问该节点并标记为已访问。

2)递归地访问该节点的所有未访问的邻居节点。

3)回溯到前一个节点,继续访问其他未被访问的邻居节点,直到所有节点都被访问为止。

例 3.11.1 封锁的海峡

编程解决封锁的海峡问题。

【输入格式】

第 1 行,两个正整数 $Y1$ 和 $Y2$,表示上下两个海岸的 Y 坐标值,范围为 $0 \leq Y2 < Y1 \leq 10\,000$。

第 2 行,1 个正整数 N,表示雷达的个数,范围为 $0 \leq N \leq 1000$。

下面 N 行,每行 3 个正整数,x, y, r,表示一个雷达的坐标和半径,范围为 $0 \leq x \leq 10\,000$,$Y2 < y \leq Y1$,$1 \leq r \leq 10\,000$。

【输出格式】

Yes 或 No,表示可以通过海峡或不可以通过海峡。

【输入样例】

```
 0 100
 5
 10 20 32
 90 30 40
 20 60 10
  0 80 20
150 50 30
```

【输出样例】

```
No
```

样例解释:

输入数据的雷达示意如图 3-26 所示,显然海峡是被封锁的。

图 3-26 输入数据的雷达示意

题目分析:

要解决这个问题,我们可以将其建模成一个图遍历问题。我们需要判断从海峡的一端是否可以到达另一端而不被雷达探测到。我们可以使用广度优先搜索(BFS)或深度优先搜索(DFS)来检查是否存在这样的路径。具体步骤如下。

1)建模问题:每个雷达和两岸都视为节点。如果两个雷达的探测范围相交,那么这两个点之间有一条边;如果雷达的探测范围与上下边界相交,那么雷达与边界有一条边。

2)边界处理:需要考虑从海峡的上边界($Y1$)、下边界($Y2$)。

3)图遍历:使用 BFS 或 DFS 从上边界或下边界遍历,判断两岸是否有路径。如果有路径,显然雷达区域封锁了海峡。

程序代码:

```cpp
#include <bits/stdc++.h>
using namespace std;

struct Radar {
    double x, y, r;
} radars[1002];

int N;
vector<int> graph[1002];
int visited[1002];

// 计算两点之间的平方距离
inline double distance_squared(double x1, double y1, double x2, double y2) {
    return (x1 - x2) * (x1 - x2) + (y1 - y2) * (y1 - y2);
}

// 检查两个雷达是否相交
bool radars_intersect(const Radar& r1, const Radar& r2) {
    return distance_squared(r1.x, r1.y, r2.x, r2.y) <= (r1.r + r2.r) * (r1.r +
        r2.r);
}

// 检查雷达是否与边界相交
bool radar_intersects_border(const Radar& radar, double borderY) {
    return abs(radar.y - borderY) <= radar.r;
}

// 使用 DFS 判断是否可以从上边界到达下边界
bool can_pass(int start, int end) {
    if (start==end) return true;
    visited[start]=true;
    for (int neighbor : graph[start]) {
        if (!visited[neighbor]) {
            if (can_pass(neighbor, end))
                return true;
        }
    }
    return false;
}
```

```cpp
int main() {
    double Y1, Y2;
    cin >> Y1 >> Y2;
    cin >> N;
   for (int i = 0; i < N; ++i) {
        cin >> radars[i].x >> radars[i].y >> radars[i].r;
    }

    int top_index = N;                                    // 虚拟节点代表上边界
    int bottom_index = N + 1;                             // 虚拟节点代表下边界

    // 构建图
    for (int i = 0; i < N; ++i) {                         // 枚举雷达 i
        if (radar_intersects_border(radars[i], Y1)) {     // 是否与Y1岸"连接"
            graph[top_index].push_back(i);
            graph[i].push_back(top_index);
        }
        if (radar_intersects_border(radars[i], Y2)) {     // 是否与Y2岸"连接"
            graph[bottom_index].push_back(i);
            graph[i].push_back(bottom_index);
        }
        for (int j = i + 1; j < N; ++j) {
            if (radars_intersect(radars[i], radars[j])) { // 是否与雷达 j"连接"
                graph[i].push_back(j);
                graph[j].push_back(i);
            }
        }
    }

    // 判断是否可以从上边界到下边界
    bool result = can_pass(top_index, bottom_index);
    cout << (result ? "No" : "Yes") << endl;

    return 0;
}
```

深度优先搜索有以下特性。

时间复杂度：深度优先搜索的时间复杂度为 $O(V+E)$，其中 V 是图中的节点数，E 是图中的边数。

空间复杂度：深度优先搜索的空间复杂度为 $O(V)$，因为在最坏情况下，栈中可能需要存储所有节点。

适用场景：深度优先搜索适用于寻找图中的所有连通分量、检测环路、路径搜索等问题。

（二）图的广度优先搜索

广度优先搜索是一种常用的图遍历技术，特别适用于找出两个节点之间的最短路径。

1. 基本原理

广度优先搜索类似于在图中进行层级搜索。它从一个起点节点开始，首先访问所有邻近的节点，然后再依次访问这些邻近节点的邻近节点，通常使用队列（queue）数据结构来实现。

2. 搜索步骤

1）初始化：将起始节点放入队列中。

2）循环执行以下操作，直到队列为空：

①从队列前端移除一个节点；

②访问该节点；

③将所有未访问过且可以从当前节点直接到达的邻接节点加入队列。

3）重复以上过程直到队列为空。

例 3.11.2 最少跳马

有一个 n 行 m 列的方格棋盘，左上 $(1,1)$ 格有一个中国象棋的"马"，"马"的行走规则是"马走日"，如图 3-27 所示。

当然，马不能走到棋盘外。问"马"到达右下 (n,m) 格最少要跳几步？如果到达不了右下格，输出 -1。

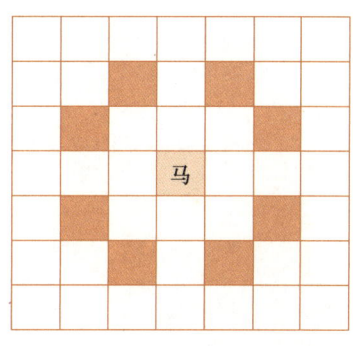

图 3-27 中国象棋的"马走日"

【输入格式】

共 1 行，两个正整数 n 和 m，$4 \leq n, m \leq 100$。

【输出格式】

一个整数。

【输入样例】

3 4

【输出样例】

3

样例解释：

0		2	
	1		3

题目分析：

这个问题，是找两点的最短路径。本题 n 和 m 范围不小，如果用 DFS 算法找所有路径，取其中最短，时间复杂度很大。求最短路径使用 BFS 算法比较合适，由于每点访问一次，每点最多 8 个方向，总的时间复杂度为 $O(8nm)$。

程序代码：

```cpp
#include <bits/stdc++.h>
using namespace std;

const int MAX_SIZE = 102;
int n, m;
int grid[MAX_SIZE][MAX_SIZE];                    // 方格
int dx[] = {-2, -2, -1, -1, 1, 1, 2, 2};         // 8 个方向
int dy[] = {-1, 1, 2, -2, 2, -2, 1, -1};

struct Node {
    int x, y;
    int step;
};

int bfs(int x0, int y0) {
    queue<Node> q;
    q.push({x0, y0, 0});
    grid[x0][y0] = 2;                            // 标记访问过

    while (!q.empty()) {
        Node curr = q.front();
        q.pop();
        int x = curr.x, y = curr.y, step = curr.step;

        // 到达终点
        if (x == n && y == m) {
            return step;
        }

        // 尝试 8 个方向
        for (int i = 0; i < 8; i++) {
            int nx = x + dx[i];
            int ny = y + dy[i];

            // 判断是否在棋盘内且未访问过
            if (nx >= 1 && nx <= n && ny >= 1 && ny <= m && grid[nx][ny] == 0) {
                grid[nx][ny] = 2;                // 标记访问过
```

```
                q.push({nx, ny, step + 1});
            }
        }
    }

    return -1;                    // 无法到达终点
}

int main() {
    cin >> n >> m;
    cout << bfs(1, 1) << endl;    // 起点为 (1, 1)
    return 0;
}
```

四、实践应用

例 3.11.3 通信

假设奶牛改用激光进行通信。在 W 列 H 行的二维牧场上，由于一些地方有树木和石头会遮挡激光，所以奶牛打算使用对角镜来进行激光通信。两只奶牛的位置是固定的，对角镜能使光线旋转 90 度。

例如，下面是 $W=7$, $H=8$ 的二维牧场：

```
7 . . . . . . .
6 . . . . . . C
5 . . . . . . *
4 * * * * * . *
3 . . . . . * .
2 . . . . . * .
1 . C . . . * .
0 . . . . . . .
  0 1 2 3 4 5 6
```

其中"."表示可通行格子，"*"表示障碍物（会遮挡激光），C 表示奶牛。

两头奶牛可以在 3 个地方放置对角镜，这样就能用激光相互通信了：

```
7 . . . . . . .
6 . . . . . /-C
5 . . . . . | *
4 * * * * * | *
3 . . . . . * |
2 . . . . . * |
1 . C . . . * |
0 . \-------/ .
  0 1 2 3 4 5 6
```

其中"/"和"\"都是对角镜，能使激光的方向发生 90 度的改变。你的任务是：根据给出的地图，计算至少需要放置多少个对角镜，才能使两头奶牛顺利通信？

【输入格式】

第 1 行，两个整数，W 和 H。$1 \leq W, H \leq 100$。
接下来是 W 列 H 行的二维地图。

【输出格式】

一个整数。如果不能通信，输出 -1。

【输入样例】

```
7 8
. . . . . . .
. . . . . . C
. . . . . . *
* * * * * . *
. . . . * . .
. . . . * . .
. C . . * . .
```

【输出样例】

```
3
```

题目分析：

题目里通信的"最短距离"不是长度，而是"镜子"（也就是转弯次数）最少。因此与从相邻处一格一格地扩大不一样，而是一次可以把一个方向经过"激光"的所有格子全部收集。

本题我们还是使用广度优先搜索算法。因为广度优先搜索就是由近到远（转弯次数从少到多）的逐步搜索，第一次到达目标点的时候一定是转弯最少的。

程序代码：

```cpp
#include<bits/stdc++.h>
#define inf 0x3f3f3f3f
using namespace std;
int n,m;
int a[110][110];                                    // 保存地图
struct node{
    int x,y;
    int num;
}s,t;
queue<node> q;
int delt[4][2]={{-1,0},{1,0},{0,-1},{0,1}};         // 四个方向
int cc=0;
void bfs(){
    while(!q.empty()){
```

```cpp
            node u=q.front();
            q.pop();
            for (int dir=0; dir<4; dir++){            // 从 u 点向四个方向试探,只有两
                                                      //   个 90 度方向能前进
                int x=u.x;
                int y=u.y;
                int num=u.num+1;
                
                while(1) {                            // 朝一个方向出发,收集可达到
                                                      //   的点
                    x += delt[dir][0];
                    y += delt[dir][1];
                    if( a[x][y]==inf) break;          // 走过更优的方案或障碍,停止
                    if(x<1 || y<1 ||x>n || y>m) break;    // 出界,停止
                    if (a[x][y]>num){
                        a[x][y]=num;
                        q.push((node){x,y,num});
                                                      // 将转弯后该方向的点都压入队列
                        if (x==t.x && y==t.y) return ;
                    }
                }
            }
        }
    }
}
int main(){
    cin>>m>>n;
    char zwh;
    memset(a,0x3f,sizeof(a));
    for(int i=1;i<=n;i++)for(int j=1;j<=m;j++) a[i][j]=inf-1;
    
    for(int i=1;i<=n;i++){
        for(int j=1;j<=m;j++){
            scanf(" %c",&zwh);
            if(zwh=='C'){
                if(s.x) t.x=i,t.y=j,t.num=0;          // 找到起点和终点
                else s.x=i,s.y=j,s.num=0;
            }
            if(zwh=='*'){
                a[i][j]=inf;
            }
            
        }
    }
    a[s.x][s.y]=0;
```

```
    q.push(s);
    bfs();
    if (a[t.x][t.y]==inf-1) cout <<-1;
    else cout<<a[t.x][t.y]-1;                    // 注意减一
    return 0;
}
```

该代码的时间复杂度为 $O(WH)$，空间复杂度为 $O(WH)$。

五、总结提升

在计算机科学中，图的遍历是一个基础问题，通常使用深度优先搜索(DFS)和广度优先搜索(BFS)来解决。

深度优先搜索思想是尽可能深地搜索图的分支。当节点 V 的所有边都已被搜寻过，搜索将回溯到发现节点 V 的那条边的起始节点，这一过程持续到发现从源节点可到达的所有节点为止。DFS 可以使用递归和非递归(栈)两种方式实现。

广度优先搜索思想是从图的根节点开始，沿着树的宽度遍历树的节点。如果所有节点均被访问，则遍历结束。BFS 通常使用队列数据结构实现。

从遍历角度讲，DFS 和 BFS 的时间复杂度均为 $O(V+E)$，其中 V 是节点数量，E 是边的数量。

拓展

对于相邻节点“距离固定为 1”的图，比如方格迷宫问题，如图 3-28 所示，BFS 呈现出最“原始”的面貌，通常称为泛洪(Floodfill)算法。

				5				
			5	4	5			
		5	4	3	4	5		
	5	4	3	2	3	4	5	
5	4	3	2	1	2	3	4	5
	5	4	3	2	3	4	5	
		5	4	3	4	5		
			5	4	5			
				5				

图 3-28　方格迷宫问题

Floodfill 算法有很多翻译名称：泛洪算法、灌水算法、填色算法等。就像水从某处开始“灌溉”，逐渐蔓延到可以到达的各个地方，并且总是按照“最近线路”达到。因此，通过给每一层编号就很容易求出最短路径。

Floodfill 算法的概念最早可以追溯到 20 世纪 60 年代，随着计算机图形学的发展而逐渐被提出和应用。早期的计算机图形学研究主要集中在如何高效地填充多边形区域和处理图像数据，Floodfill 算法就是在这种背景下发展起来的。

Floodfill 算法的基本原理是从一个种子点(起始点)开始，检查该点是否需要填充，如果需要，则填充该点并递归检查其周围 4 个(或 8 个)邻居点，直到所有需要填充的点都被处理完毕。

Floodfill 可以通过 DFS 实现，但更常见的是通过 BFS 实现。

例 3.11.4　灌水法

有一个 N 行 M 列的二维表格，共有 $N×M$ 个格子。我们用 1 表示可通行格子，用 2 表示障碍物格子。

二维表格里面有且只有 1 个格子是水源，用 0 表示。

第 0 秒的时候，水源有水，然后每秒水都会流到当前格子上、下、左、右 4 个相邻的可通行格子，障碍物格子不会进水。问最终有多少个格子会灌水。

【输入格式】

第 1 行，N 和 M。$1 \leqslant N, M \leqslant 1000$。

接下来有 N 行 M 列，每个格子要么是 1 或者 2，有且只有一个格子是 0。

【输出格式】

一个整数，表示最终有多少个格子灌水。

【输入样例】

```
4 4
1 2 1 1
1 2 0 2
2 1 1 1
1 2 2 1
```

【输出样例】

```
7
```

【样例解释】

_ * 0 0

_ * 0 *

* 0 0 0

_ * * 0

可以灌水的格子用 0 表示。

题目分析：

这个是典型的 Floodfill 问题，下面用经典的 BFS 实现。

程序代码：

```
#include <bits/stdc++.h>
#include <iostream>
#include <vector>
#include <queue>

using namespace std;
int N, M;
```

```cpp
int grid[1010][1010];
int bfs(int startX, int startY) {
    // 用于表示四个方向的数组
    int directions[4][2] = {{-1, 0}, {1, 0}, {0, -1}, {0, 1}};
    queue<pair<int, int>> q;

    q.push({startX, startY});
    grid[startX][startY] = 2;          // 标记为已访问或已灌水
    int floodedCells = 1;

    while (!q.empty()) {
        int x= q.front().first;
        int y= q.front().second;
        q.pop();

        // 检查四个方向
        for (int i = 0; i < 4; ++i) {
            int nx = x + directions[i][0];
            int ny = y + directions[i][1];

            // 确保新的位置在网格范围内且是可通行的格子
            if (nx >= 0 && nx < N && ny >= 0 && ny < M && grid[nx][ny] == 1) {
                grid[nx][ny] = 2;      // 标记为已访问或已灌水
                q.push({nx, ny});
                floodedCells++;
            }
        }
    }

    return floodedCells;
}

int main() {
    cin >> N >> M;
    int startX, startY;
    // 读取网格并找到水源位置
    for (int i = 0; i < N; ++i) {
        for (int j = 0; j < M; ++j) {
            cin >> grid[i][j];
            if (grid[i][j] == 0) {
                startX = i;
                startY = j;
            }
        }
    }
```

```
    // 调用 BFS 函数并输出最终灌水的格子数量
    int result = bfs(startX, startY);
    cout << result << endl;

    return 0;
}
```

对于 Floodfill 算法，还有一种特殊情况需要"一圈一圈"地灌水。可以把上面的代码修改一下：

```
int bfs(int startX, int startY) {
    // 用于表示四个方向的数组
    int directions[4][2] = {{-1, 0}, {1, 0}, {0, -1}, {0, 1}};
    queue<pair<int, int>> q;

    q.push({startX, startY});
    int id_level=2;                              // 第几圈
    grid[startX][startY] = id_level;             // 标记为已访问或已灌水
    int floodedCells = 1;

    while (!q.empty()) {
        id_level++;                              // 加一圈编号
        int num_level = q.size();                // 本圈的节点个数
        for (int i=0; i<num_level; i++){         // 本圈扩展
            int x = q.front().first;
            int y = q.front().second;
            q.pop();

            // 检查四个方向
            for (int i = 0; i < 4; ++i) {
                int nx = x + directions[i][0];
                int ny = y + directions[i][1];

                // 确保新的位置在网格范围内且是可通行的格子
                if (nx >= 0 && nx < N && ny >= 0 && ny < M && grid[nx][ny] == 1) {
                    grid[nx][ny] = id_level;     // 标记为已访问或已灌水第几圈
                    q.push({nx, ny});
                    floodedCells++;
                }
            }
        }
    }

    return floodedCells;
}
```

第十二节 动态规划1——简单一维动态规划

一、情境导航

青蛙跳荷叶

小青蛙弗洛在练习跳跃,它面前有 n 片荷叶排成行,如图 3-29 所示,它一次能向前跳过 4 片或 13 片荷叶。一天,弗洛决定挑战自己,只用最少的次数跳到最后一片荷叶上。经过计算,弗洛轻盈地跳跃,最终以非常少的次数成功达到目的地,小池塘里的朋友们都为它欢呼。

图 3-29 青蛙跳荷叶

二、问题抽象

这个可以作为一个游戏题,比如问 $n = 17$ 时弗洛最少需要跳几次?

对于这个问题,首先能想到贪心法:先尽量跳 13 片。

通过举例分析,这个思路显然不正确。比如 $n = 17$ 时,如果第 1 次弗洛跳到第 14 片荷叶,它就再也不能准确跳到第 17 片荷叶了,如图 3-30 所示。

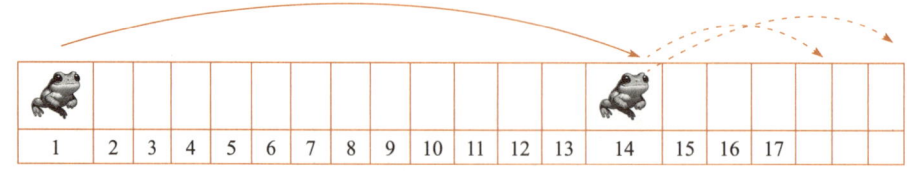

图 3-30 第 1 次跳 13 片荷叶

如果深度优先搜索所有可能路径,弗洛每次有 2 种跳法选择,当 n 比较大的时候,效率太低。

宽度优选搜索是有可能高效解决问题的。不过这类问题可以用类似递推法的方法简单编程解决,将大的问题答案由几个小的子问题推导出来。

假如我们把上面的题目改为求弗洛跳到第 n 片的不同方案数有多少,可以像递推求斐波那契数列一样,令 $f[i]$ 表示跳到第 i 片的不同方案数,显然有递推公式:
$$f[i]=f[i-4]+f[i-13]$$

程序代码:

```
cin >> N;
    f[1]=1;
    for (int i=2; i<=N; i++){
        if (i>4)  f[i] += f[i-4];
        if (i>13) f[i] += f[i-13];
    }
    cout << f[N]<<endl;
```

回到前面求最少次数问题,弗洛要跳到第 17 片荷叶的最优解依赖其跳到第 4(= 17-13)片荷叶和跳到第 13(= 17-4)片荷叶的方案,如图 3-31 所示。

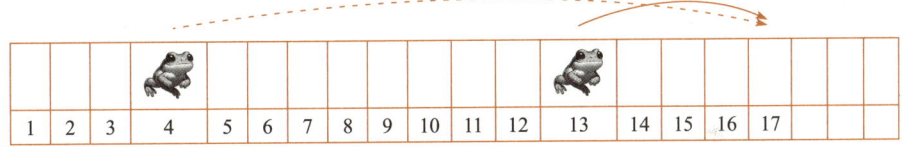

图 3-31　跳到第 17 片荷叶的最优解示意

令 $g[i]$ 表示跳到第 i 片的最优解,则:
$$g[17]=\min(g[4],g[13])+1,$$
同理:
$$g[16]=\min(g[3],g[12])+1,$$
$$\dots$$

可以得出:

$g[i]=\min(g[i-13],g[i-4])+1$,限制 $i>13$ 才有 $g[i-13]$,$i>4$ 才有 $g[i-4]$

这里和数学的递推不一样的是:推导计算方法不一样。求 $g[i]$ 公式里不是前面子问题的数学计算,而是挑选最优的一个。

三、知识探究

例 3.12.1　蛙跳

从前,小青蛙弗洛在练习跳跃,它面前有 n 片荷叶排成行。弗洛一开始在最左边的荷叶（1号荷叶上），每次能向前（右边）跳过 a 片或 b 片荷叶。一天，弗洛决定挑战自己，只用最少的次数跳到最后一片荷叶上。请编程帮助小青蛙计算最少需要跳几次能正好到达第 n 片荷叶。

【输入格式】

第1行，1个正整数 n，$20 \leq n \leq 10\,000$。

第2行，两个正整数 a 和 b，$3 \leq a, b \leq 50$。

【输出格式】

一个整数，表示刚好到达第 n 片荷叶的最少次数。如果不能到达，输出 -1。

【输入样例】

```
22
 4 13
```

【输出样例】

```
3
```

样例解释：

1+13+4+4=22

题目分析：

"优先跳远的"这种简单贪心是不对的，DFS 每次试探跳 a 或 b 步，是指数级时间复杂度，有可能超时。最简单的方法是类似递推一样，从小到大地解决跳到第 i 片荷叶上的最少步骤问题 $g[i]$。

要求 $g[i]$，得看子问题 $g[i-a]$ 和 $g[i-b]$ 哪一个最优；要从第 $i-a$ 片荷叶或从第 $i-b$ 片荷叶跳一步就达到第 i 片荷叶，因此 $g[i]=\min(g[i-a], g[i-b])+1$。

程序代码：

```cpp
#include <bits/stdc++.h>
using namespace std;
const int  MAXI = 10000000;
int g[10000+51],N,a,b;

int main() {
    cin >> N;
    cin >> a >> b;
    fill(g,g+N+1,MAXI);            // 初始化
    g[1]=0;                        // 边界情况
    for (int i=2; i<=N; i++){
        if (i>a) g[i]=min(g[i-a]+1,g[i]);
        if (i>b) g[i]=min(g[i-b]+1,g[i]);
    }
```

```
        if (g[N]==MAXI) cout << -1;
        else cout << g[N];
        return 0;
}
```

注意：
1）虽然通用的公式是 $g[i]=\min(g[i-a],g[i-b])+1$，但编程时要注意边界判断。
2）和数学的递推一样，计算时要先解决小的问题，再解决大的问题。
以上解决问题的方法我们称为动态规划算法。

（一）动态规划概述

动态规划的概念最初是于 20 世纪 50 年代初期诞生的。计算机科学家在寻找多阶段决策过程的最优解时引入了这个术语。"动态"指的是序列或时间的动态，而"规划"则指的是寻找最佳方案的过程。这个术语最初用于工业管理领域，后来扩展到了各领域的优化问题中。

（二）动态规划的原理

动态规划的基本思想是将待求解的问题分解成若干个子问题，先求解子问题，然后从这些子问题的解得到原问题的解。这种方法只适用于具有"最优子结构"的问题，即全局最优解可以通过局部最优解有效构建出来的问题。

动态规划的关键要素包括以下几点。

最优子结构：问题的最优解包含其子问题的最优解。

状态转移方程：一个递推式描述了问题的状态如何从一个或多个较小的状态转换到较大的状态。

边界条件：问题的起始状态，没有依赖于其他状态的解。

我们拿例题"蛙跳"来解释上面的术语：

动态规划要素	蛙跳
最优子结构	$g[i]$ 的值表示跳到第 i 片荷叶的最优解，$g[i]$ 的最优解取决于 2 个子结构 $g[i-a]$ 和 $g[i-b]$ 的最优解 $g[i]$ 也称为状态表示
状态转移方程	$g[i]=\min(g[i-a],g[i-b])+1$
边界条件	$g[i]$ 初始化为 MAXI 表示还没有方案 $g[1]=0$；表示开始状态

例 3.12.2　爬楼梯

楼梯共有 n 阶台阶，上楼时可以一步上 1 阶，也可以一步上 2 阶。但是这些台阶上都有数值，表示踏上这个台阶得到的奖励值。试求走到楼梯顶第 n 阶时最多可得的奖励数。

【输入格式】

第 1 行，1 个正整数 n，$1 \leqslant n \leqslant 100$。

第 2 行，n 个整数 ci，$-100 \leqslant ci \leqslant 100$。

【输出格式】

一个整数，表示最多可得的奖励数。

【输入样例】

```
5
1 -3 -7 -2 5
```

【输出样例】

```
1
```

【样例解释】

第 1 次走 1 阶，第 2 次走 1 阶，第 3 次走 2 阶，第 4 次走 1 阶。
奖励 = 1-3-2+5

题目分析：

这个问题的简单版本是求到达第 n 个台阶共有多少种不同走法，属于经典斐波那契数列问题，递推结果为：$f[i]=f[i-1]+f[i-2]$。

现在问题是求最优值，按照动态规划要素分析：

动态规划要素	爬楼梯
最优子结构	$f[i]$ 的值表示走到第 i 阶台阶，$f[i]$ 的最优解取决于 2 个子结构 $f[i-1]$ 和 $f[i-2]$ 的最优解 $f[i]$ 也称为状态表示
状态转移方程	$f[i]=\max(f[i-1], f[i-2])+c[i]$
边界条件	$f[i]$ 初始化为"很小的负数"，表示还没有方案 $f[1]=c[1]$；表示开始状态

程序代码：

```cpp
#include <bits/stdc++.h>
using namespace std;
const int  MAXI = 1000000;
int f[101],N;
int c[101];
int main() {
    cin >> N;
    for (int i=1; i<=N; i++){
        cin >> c[i];
    }
    fill(f,f+N+1,-MAXI);
    f[1]=c[1];
    for (int i=2; i<=N; i++){
```

```
            f[i]=max(f[i-1],f[i-2]) + c[i];
    }
    cout << g[N];
    return 0;
}
```

四、实践应用

例 3.12.3　打家劫舍

在一条直线上,有 n 个房屋,每个房屋中有数量不等的财宝,有一个盗贼希望从房屋中盗取财宝,由于房屋中有报警器,如果从相邻的两个房屋中盗取财宝就会触发报警器。问在不触发报警器的前提下,盗贼最多可获取多少财宝?

【输入格式】

第 1 行,1 个整数 N,表示房间数,$1 \leqslant N \leqslant 1000$。

第 2 行,N 个整数 Si,表示每个房间的财宝数量,$1 \leqslant Si \leqslant 100$。

【输出格式】

一个整数,表示财宝总量。

【输入样例】

```
6
5 2 6 3 1 7
```

【输出样例】

```
18
```

【样例解释】

取有 5、6、7 财宝数量的房间。

题目分析:

这是求最优方案问题,并且通过 DFS 枚举各种方案也会超时,可以尝试从动态规划方面考虑。

首先任意的可行方案可以看成从左到右选一些房间,这样就有了动态规划的"序列"。考虑 i 间房屋的问题。

1)假设选到第 i 间房屋的财宝,显然第 $i-1$ 间房屋不能选,最优方案取决于前 $i-2$ 间房屋的子问题的最优方案——最优子结构。

2)假设不选到第 i 间房屋的财宝,显然的最优方案取决于前 $i-1$ 间房屋的子问题的最优方案——最优子结构。

按照动态规划要素分析:

动态规划要素	打家劫舍
最优子结构	$g[i]$ 的值表示前 i 间房屋的最优解，$g[i]$ 的最优解取决于 2 个子结构 $g[i-1]$ 和 $g[i-2]$ 的最优解 $g[i]$ 也称为状态表示
状态转移方程	$g[i]=\max(g[i-1],g[i-2]+c[i])$
边界条件	$g[i]$ 初始化为"很小的负数"，表示还没有方案 $g[0]=0$；$g[1]=c[1]$；表示开始状态

程序代码：

```cpp
#include <iostream>
using namespace std;
int g[1002],c[1002],N;
int main() {
    cin >> N;
    for (int i = 1; i <= N; ++i) {
        cin >> c[i];
    }
    fill(g,g+N+1,-1000000);
    g[0]=0;
    g[1]=c[1];
    for (int i = 2; i <= N; ++i) {
        g[i] = max(g[i-1], g[i-2] + c[i]);
    }
    cout << g[N] << endl;
    return 0;
}
```

例 3.12.4 最长上升子序列

给定一个长度为 N 的数列，求数值严格单调递增的最长的子序列长度。

【输入格式】

第 1 行，1 个整数 N 表示数列中的数字个数。 $1 \leq N \leq 1000$。

第 2 行，N 个整数 Si，表示每个数字的数值。 $1 \leq Si \leq 10\,000$。

【输出格式】

一个整数，表示数值严格单调递增的最长的子序列长度。

【输入样例】

```
7
3 1 5 3 4 6 6
```

【输出样例】

```
4
```

样例解释：
取1、3、4、6这4个数组成子序列。

题目分析：
这道题目是经典的"最长上升子序列"（Longest Increasing Subsequence，LIS）问题。我们可以使用动态规划（DP）来解决这个问题。

本题是求以第 i 个数为结尾的最长子序列是多长，而不是前 i 个数里的最长子序列是多长。

用 $dp[i]$ 表示状态：以第 i 个数为结尾的最长子序列的长度。

如果这个子序列的前一（倒数第二）个数是第 j 个数，一定有：

$$dp[j] < dp[i]$$
$$dp[i] = dp[j] + 1$$

按照动态规划要素分析：

动态规划要素	最长上升子序列
最优子结构	$dp[i]$ 的值表示以 i 结尾的最优解，$dp[i]$ 的最优解取决于前面比它小的值结尾的子问题最优解中最大的 $dp[i]$ 也称为状态表示
状态转移方程	$dp[i] = \max(dp[j]) + 1,\ j<i,\ dp[j]<dp[i]$
边界条件	$dp[i]$ 初始化为1，表示至少长度为1

程序代码：

```cpp
#include <iostream>
using namespace std;
int da[1002],dp[1002];
int main() {
    int N;
    cin >> N;

    for (int i = 0; i < N; ++i) {
        cin >> da[i];
    }

    fill(dp,dp+N,1);
    int ans=1;
    for (int i = 1; i < N; ++i) {
        for (int j = 0; j < i; ++j) {
            if (da[i] > da[j]) {
                dp[i] = max(dp[i], dp[j] + 1);
                if (ans < dp[i]) ans = dp[i];
            }
        }
    }
```

```
        cout << ans << endl;
        return 0;
    }
```

五、总结提升

一维动态规划（1D Dynamic Programming）是一种解决优化问题的技术，通过分解问题并利用之前计算的结果来避免重复计算（相当于简单的 DFS）。

一维动态规划的基本概念有以下几条。

定义状态：确定一个数组 dp，其中 dp[i] 表示问题在状态 i 时的最优解。

状态转移方程：找到一个公式，通过之前的状态计算当前状态的值。这是动态规划的核心。

初始状态：确定 dp 数组的初始值。

📖 拓展 1　空间优化

对于一些问题，dp 数组的值只依赖于前几个状态，可以通过滚动数组或只用几个变量来优化空间复杂度。

例如，可以将打家劫舍问题的 dp 数组优化为两个变量：

```
int rob() {
    if (N == 1) return c[1];
    int prev2 = c[1];
    int prev1 = max(c[1], c[2]);
    for (int i = 3; i <= N; ++i) {
        int curr = max(prev1, prev2 + c[i]);
        prev2 = prev1;
        prev1 = curr;
    }
    return prev1;
}
```

📖 拓展 2　时间优化

对于最长上升子序列等问题，可以使用二分查找优化时间复杂度到 $O(N \log N)$。

```
int lengthOfLIS() {
    int lis[N];                // lis[i]表示当前长度是 i 的子序列中结尾数最小值
    int length = 0;            // 当前 LIS 的长度

    for (int i = 0; i < N; ++i) {
        int num = da[i];
        // 使用二分查找找到 num 在 lis 中的位置
        int it = std::lower_bound(lis, lis + length, num) - lis;
```

```
            if (it == length) {
                lis[length++] = num;        // 如果 num 大于所有元素,添加到末尾
            } else {
                lis[it] = num;              // 否则,用 num 替换 it 指向的元素
            }
        }
        return length;
    }
```

这段代码的关键是之前选最优子问题是 for 循环,现在是二分查找。

对于前面最长长度相同的都是 leng 的子序列,只需要保留结尾值最小的 lis[leng] 即可,并且 lis[1],lis[2],lis[3]…肯定是递增的。

da[i]数组:

| 2 | 1 | 3 | 2 | 5 | 9 | 8 | 第 i 位 |

lis 数组:

下标:长度	1	2	3	4	5	6
值:结尾	1	2	5	8	Length	

虽然 2,1,3,2,5,9,8 都可以是长度为 1 的子序列,但肯定 1 最好,所以 lis[1]=1。

同理:(1,2,5,9) 和 (1,2,5,8) 都是长度为 4 的最长子序列,但显然应该 lis[4]=8,这样更优。

第十三节 动态规划 2——简单背包类型动态规划

一、情境导航

青蛙的背包

小青蛙弗洛再次准备练习跳跃,不过这次它准备增重 N 克。面对 M 个闪闪发光的珠宝,它想选出一些放进背包,如图 3-32 所示,不仅让背包重量刚好是 N 克,还希望珠宝的价值尽量多。请你帮助弗洛选择最优的珠宝组合,让它的练习更有意义和乐趣。

图 3-32 青蛙的背包

二、问题抽象

如果 M 比较小,我们可以通过枚举出各种方案,看哪个方案是最优解。

比如:$N=15$,$M=6$,重量分别是 2、4、5、6、7、8,价值分别是 4、3、6、5、8、6。所以选择方案是 $2^6=64$ 种,挑选重量和是 15 的方案有:(2,5,8)、(4,5,6)、(7,8)三种。这三种方案的价值分别是:$4+6+6=16$、$3+6+5=14$、$8+6=14$,所以最优方案是价值 16 的 (2,5,8)。

当 M 很大时,比如有 100 个珠宝,上述方法肯定无法完成任务!

再将问题简单抒一下:有 M 个物品,每个物品有重量和价值,取一些物品重量和是 N,价值的和要尽量大。

我们试着分析,先简化问题:如果没有重量这个元素,那就可以直接取走所有珠宝,因此重量是关键。先去掉价值这个元素,问题变为:

例 3.13.1 背包 1

小青蛙弗洛再次准备练习跳跃,不过这次它准备增重 N 克。面对 M 个闪闪发光的珠宝,它想选出一些放进背包,让背包重量刚好是 N 克,是否可以完成?

【输入格式】

第 1 行,2 个正整数 N,M,$20 \leq N \leq 1000$,$1 \leq M \leq 100$。

第 2 行,M 个正整数 Wi,$3 \leq Wi \leq 50$。

【输出格式】

一个整数,如果能完成任务,输出 1。如果不能完成任务,输出 0。

【输入样例】

```
13 6
1 2 6 3 1
```

【输出样例】

```
1
```

样例解释：

有多种方案，比如：1+2+6+3+1 = 13，6+7 = 13。

题目分析：

使用 DFS 枚举每个珠宝取或不取，是指数级时间复杂度 $O(2^M)$，M 较大时会超时。这个问题的数据有特殊性，就是数据都是整数，范围也不是很大。可以用数组来记录状态，设 dp$[i][j]$ 表示前 i 个珠宝是否能取一些构成重量 j。

例如：

13 5

 3 2 2 4 4

我们按照取 i 个作为阶段，画下面表格描述算法（请按照 BFS 思路理解）：

初始状态

重量	0	1	2	3	4	5	6	7	8	9	10	11	12	13
0 个	1													
1 个														
2 个														
3 个														
4 个														
5 个														

第 1 轮：取或不取第 1 个珠宝（重量 3）

重量	0	1	2	3	4	5	6	7	8	9	10	11	12	13
0 个	1													
1 个	1			1										
2 个														
3 个														
4 个														
5 个														

第 2 轮：取或不取第 2 个珠宝（重量 2）

重量	0	1	2	3	4	5	6	7	8	9	10	11	12	13
0 个	1													
1 个	1			1										
2 个			1	1		1								
3 个														
4 个														
5 个														

第 3 轮：取或不取第 3 个珠宝（重量 2）

重量	0	1	2	3	4	5	6	7	8	9	10	11	12	13
0个	1													
1个	1			1										
2个	1		1	1		1								
3个	1		1	1	1	1		1						
4个														
5个														

第 4 轮：取或不取第 4 个珠宝（重量 4）

重量	0	1	2	3	4	5	6	7	8	9	10	11	12	13
0个	1													
1个	1			1										
2个	1		1	1		1								
3个	1		1	1	1	1		1						
4个	1		1	1	1	1	1	1	1	1		1		
5个														

第 5 轮：取或不取第 5 个珠宝（重量 4）

重量	0	1	2	3	4	5	6	7	8	9	10	11	12	13
0个	1													
1个	1			1										
2个	1		1	1		1								
3个	1		1	1	1	1		1						
4个	1		1	1	1	1	1	1	1	1		1		
5个	1		1	1	1	1	1	1	1	1	1	1	1	1

看懂这个过程，即可得到状态转移方程：

$$dp[i][j] = 取第\ i\ 个珠宝\ 或\ 不取第\ i\ 个珠宝$$
$$= dp[i-1][j-w[i]]\ ||\ d[i-1][j]$$

时间复杂度从 $O(2^M)$ 变成了 $O(NM)$，原因是使用了状态数组避免了 DFS 时对相同状态的递归。比如不论是 3+2+2 还是 3+4，得到的状态都是 dp[4][7]，对于动态规划来说是同一个状态，就计算一次。

程序代码：

```cpp
#include <iostream>
using namespace std;
int w[101], dp[101][1000];
int main() {
    int N, M;
    cin >> N >> M;
    for (int i = 1; i <= M; ++i) {
        cin >> w[i];
```

```
        }

        dp[0][0] = 1;
        for (int i = 1; i <= M; ++i) {
            for (int j = 0; j <=N ; ++j) {
                dp[i][j]=dp[i-1][j];
                int prej= j - w[i];
                if (prej>=0 && dp[i-1][prej] ) {
                    dp[i][j] =dp[i-1][j] ||dp[i-1][prej];
                }
            }
        }

        cout <<dp[M][N];
        return 0;
}
```

解决了"背包1"这个简单化的问题，下一步我们稍微加强难度，解决一个需要决策的"背包2"问题。

例 3.13.2　背包2

小青蛙弗洛再次准备练习跳跃，不过这次它准备增重 N 克。面对 M 个闪闪发光的珠宝，它想选出一些放进背包，让背包重量刚好是 N 克，问最少需要选几个珠宝？

【输入格式】

第 1 行，两个正整数 N，M，$20 \leqslant N \leqslant 1000$，$1 \leqslant M \leqslant 100$。

第 2 行，M 个正整数 Wi，$3 \leqslant Wi \leqslant 50$。

【输出格式】

一个整数：表示重量刚好是 N 的珠宝最少数。如果不能完成任务，输出-1。

【输入样例】

```
13 6
 1 2 6 3 1 7
```

【输出样例】

```
2
```

样例解释：

6+7=13

题目分析：

类似"背包1"问题，可以用数组来记录下状态，设 $dp[i][j]$ 表示前 i 个珠宝最少取多少构成重量是 j。

例如：
13 5
 3 2 2 4 4

我们按照取 i 个划分阶段，用下面表格描述算法（请按照 BFS 思路理解）：

初始状态

重量	0	1	2	3	4	5	6	7	8	9	10	11	12	13
0个	0													
1个														
2个														
3个														
4个														
5个														

第 1 轮：取或不取第 1 个珠宝（重量 3）

重量	0	1	2	3	4	5	6	7	8	9	10	11	12	13
0个	0													
1个	0			1										
2个														
3个														
4个														
5个														

注：箭头表示取珠宝。

第 2 轮：取或不取第 2 个珠宝（重量 2）

重量	0	1	2	3	4	5	6	7	8	9	10	11	12	13
0个	0													
1个	0			1										
2个	0		1	1		2								
3个														
4个														
5个														

第 3 轮：取或不取第 3 个珠宝（重量 2）

重量	0	1	2	3	4	5	6	7	8	9	10	11	12	13
0个	0													
1个	0			1										
2个	0		1	1		2								
3个	0		1	1	2	2		3						
4个														
5个														

第 4 轮：取或不取第 4 个珠宝（重量 4）

重量	0	1	2	3	4	5	6	7	8	9	10	11	12	13
0个	0													
1个	0			1										
2个	0		1	1	2									
3个	0		1	1	2	2		3						
4个	0		1	1	1	2	2	2	3	3		4		
5个														

第 5 轮：取或不取第 5 个珠宝（重量 4）

重量	0	1	2	3	4	5	6	7	8	9	10	11	12	13
0个	0													
1个	0			1										
2个	0		1	1	2									
3个	0		1	1	2	2		3						
4个	0		1	1	1	2	2	2	3	3		4		
5个	0		1	1	1	2	2	2	3	3	3	4		4

注：本轮为能更清晰地显示结果省略了之前轮次的箭头。

看懂这个过程，即可得到状态转移方程：

$$dp[i][j] = \min\{取第\ i\ 个珠宝, 不取第\ i\ 个珠宝\}$$
$$= \min\{dp[i-1][j-w[i]]+1, d[i-1][j]\}$$

程序代码：

```cpp
#include <iostream>
using namespace std;
int MAXI = 1000000;
int w[101], dp[101][1000];
int main() {
    int N, M;
    cin >> N >> M;
    for (int i = 1; i <= M; ++i) {
        cin >> w[i];
    }

    for (int i=0; i<=M; i++)
        for (int j=0; j<=N; j++)
            dp[i][j]=MAXI;
    dp[0][0] = 0;

    for (int i = 1; i <= M; ++i) {
        for (int j = 0; j <=N ; ++j) {
            dp[i][j]=dp[i-1][j];
```

```
                int prej = j - w[i];
                if (prej>=0 && dp[i-1][prej] != MAXI) {
                    dp[i][j] = min(dp[i-1][j], dp[i-1][prej] + 1);
                }
            }
        }
    }

    if (dp[M][N] == MAXI) {
        cout << -1 << endl;
    } else {
        cout << dp[M][N] << endl;
    }

    return 0;
}
```

由于第 i 阶段只用到第 $i-1$ 阶段的数据，因此空间可以优化。

方法 1：使用 2 行滚动数组。

方法 2：因为所有重量是非负整数，如果先计算重量大的 j，不会影响后面重量轻的动态规划。最终空间可以优化为一行，程序如下：

```
#include <iostream>
using namespace std;
int MAXI = 1000000;
int w[101], dp[1000];
int main() {
    int N, M;
    cin >> N >> M;
    for (int i = 1; i <= M; ++i) {
        cin >> w[i];
    }

    for (int j=0; j<=N; j++)
            dp[j]=MAXI;
    dp[0] = 0;

    for (int i = 1; i <= M; ++i) {
        for (int j = N; j>=w[i] ; --j) {
            dp[j] = min(dp[j], dp[j-w[i]] + 1);
        }
    }

    if (dp[N] == MAXI) {
        cout << -1 << endl;
```

```
    } else {
        cout << dp[N] << endl;
    }

    return 0;
}
```

上述代码的时间复杂度 $O(NM)$，空间复杂度 $O(N)$。这就是经典的背包问题 (Knapsack Problem) 的动态规划编程方法。

三、知识探究

背包问题是一类经典的动态规划问题，涉及在给定容量的情况下，从一组物品中选择若干个，使总价值最大。根据问题的不同变种，可以分为不同类型的背包问题，如 "0/1 背包" 问题、"完全背包" 问题和 "多重背包" 问题。

例 3.13.3 0/1 背包

小青蛙弗洛再次准备练习跳跃，不过这次它准备增重 N 克。面对 M 个闪闪发光的珠宝，它想选出一些放进背包，让背包重量刚好是 N 克，问珠宝价值最大是多少？

【输入格式】

第 1 行，两个正整数 N,M，$0 \leqslant N \leqslant 1000, 1 \leqslant M \leqslant 100$。

第 2 行，M 个正整数 Wi，表示珠宝的重量，$0 \leqslant Wi \leqslant 50$。

第 3 行，M 个正整数 Ci，表示珠宝的价值，$0 \leqslant Ci \leqslant 10\,000$。

【输出格式】

一个整数，表示取重量刚好是 N 的珠宝，价值最大值。如果不能完成任务，输出 -1。

【输入样例】

```
13 6
1 2 6 3 1 7
2 3 9 0 3 6
```

【输出样例】

```
17
```

样例解释：

重量 $1+2+6+3+1=13$，价值 $2+3+9+0+3=17$。

题目分析：

"0/1 背包" 的 "0/1" 指的是 1 个物品要么不取、要么全取，不能只取一部分（比如 0.3 个）。

本题增加了价值元素，看上去多了一维思考难度。其实，本题的解决方法几乎和"背包2"完全一样，只是原先是"珠宝个数"取最优值，现在是"珠宝价值"取最优值。

设 $dp[i][j]$ 表示前 i 个珠宝取一些构成重量是 j 时，珠宝价值的最大值。

同"背包2"分析一样，可得到状态转移方程：

$$dp[i][j] = \max\{\text{取第 } i \text{ 个珠宝}, \text{不取第 } i \text{ 个珠宝}\}$$
$$= \max\{dp[i-1][j-w[i]]+c[i], d[i-1][j]\}$$

程序代码：

```cpp
#include <iostream>
using namespace std;
int MAXI = 100000000;
int w[101], c[101], dp[1000];
int main() {
    
    int N, M;
    cin >> N >> M;
    for (int i = 1; i <= M; ++i) {
        cin >> w[i];
    }
    for (int i = 1; i <= M; ++i) {
        cin >> c[i];
    }
    
    for (int j=0; j<=N; j++)
            dp[j]=-MAXI;
    dp[0] = 0;
    
    for (int i = 1; i <= M; ++i) {
        for (int j = N; j>=w[i] ; --j) {           // 从后向前 DP
            dp[j] = max(dp[j], dp[j-w[i]] + c[i]);
        }
    }
    
    if (dp[N] < 0 ) {
        cout << -1 << endl;
    } else {
        cout << dp[N] << endl;
    }
    return 0;
}
```

四、实践应用

例 3.13.4 完全背包

给定一个背包的最大容量 W 和 N 种物品,每种物品有一个重量 wi 和价值 vi。目标是找到一种选取物品的方式,在每种物品可以被选取任意次,并且不超过背包容量的前提下,使背包内物品的总价值最大。

【输入格式】

第 1 行,两个正整数 W, N, $0 \leqslant W \leqslant 10\,000$, $1 \leqslant N \leqslant 1000$。

第 2 行,N 个正整数 wi,表示物品的重量,$0 \leqslant wi \leqslant 50$。

第 3 行,N 个正整数 vi,表示物品的价值,$0 \leqslant vi \leqslant 10\,000$。

【输出格式】

一个整数:表示取重量不超过 W 时价值最大值。

【输入样例】

```
13 6
1 2 6 3 1 7
1 2 3 4 0 10
```

【输出样例】

```
18
```

样例解释:

取第 4 种物品 2 个、第 6 种物品 1 个。

题目分析:

这个问题与 "0/1 背包" 的区别是有多种物品,且每种物品可以取若干次。

假设 dp[i][j] 是前 i 种物品取一些重量是 j 时的价值最大值。如果还是和 0/1 背包一样从 dp[$i-1$][...]阶段推过来,就需要枚举现在取多少第 i 个物品,状态转移方程:

$$dp[i][j] = \max(dp[i-1][j-w[i]*k] + k*v[i]) \quad 取\ k\ 个第\ i\ 种物品。$$

如果这样编程就需要三重循环,时间复杂度是 $O(WNN)$。

经典问题总是有经典的算法,这里需要一个灵活的优化使状态转移不仅是从 $i-1$ 阶段来,还要从本阶段前面的状态来:

$$dp[i][j] = \max(dp[i-1][j-w[i]*k] + k*v[i])$$
$$= \max(不取第\ i\ 种物品,至少取一个第\ i\ 种物品)$$
$$= \max(dp[i-1][j],前面已经取了若干第\ i\ 种物品的最优解+v[i])$$
$$= \max(dp[i-1][j], dp[i][j-w[i]]+v[i]),消除了\ k\ 的枚举。$$

要计算 dp[i][j],显然不仅要按照行划分阶段,还要先计算出 d[i][$j-w[i]$]。

因此动态规划需要从左向右。

同前面一样，可以使用空间优化，二维数组也可以压缩为一维数组。

程序代码：

```cpp
#include <iostream>
using namespace std;
int MAXI = 100000000;
int w[1001], v[1001], dp[10001];
int main() {
    int N, W;
    cin >> W >> N;
    for (int i = 1; i <= N; ++i) {
        cin >> w[i];
    }
    for (int i = 1; i <= N; ++i) {
        cin >> v[i];
    }

    for (int j=0; j<=W; j++)
            dp[j]=0;                            // 初始为 0

    for (int i = 1; i <= N; ++i) {
        for (int j = w[i]; j<=W ; ++j) {        // 从前向后 DP
            dp[j] = max(dp[j], dp[j-w[i]] + v[i]);
        }
    }
    cout << dp[W] << endl;
    return 0;
}
```

例 3.13.5 多重背包

给定一个背包的最大容量 W 和 N 种物品，每种物品有一个重量 wi 和价值 vi，而且每种物品还有个数 ci。目标是找到一种选取物品的方式，使得在不超过背包容量的前提下，背包内物品的总价值最大。在这种情况下，每种物品可以被选取任意次。

【输入格式】

第 1 行，两个正整数 W，N，$0 \leqslant W \leqslant 10\,000$，$1 \leqslant N \leqslant 1000$。

第 2 行，N 个正整数 wi，表示物品的重量，$0 \leqslant wi \leqslant 50$。

第 3 行，N 个正整数 vi，表示物品的价值，$0 \leqslant vi \leqslant 10\,000$。

第 4 行，N 个正整数 ci，表示物品的数量，$0 \leqslant ci \leqslant 1000$。

【输出格式】

一个整数，表示取重量不超过 W 时价值最大值。

【输入样例】

```
13 6
1 2 6 3 1 7
1 2 3 4 0 10
4 2 3 1 5 5
```

【输出样例】

```
17
```

样例解释：
取第 1 种物品 3 个、第 4 种物品 1 个、第 6 种物品 1 个。

题目分析：

这个问题与"0/1 背包"和"完全背包"都不同，每种物品可以使用多次，但有个数限制。

如果按照"完全背包"来做，并不能控制物品的数量。

如果按照"0/1 背包"问题来解，比如第 1 种物品有 5 个，就相当于有 5 个相同的物品。用于物品总数量的上限是 1000×1000，因此会超时。

有一种二进制优化法（参见倍增算法章节内容），将每种物品的数量限制 $c[i]$ 拆分成若干个 2 的幂次项和一个剩余项。这样可以让我们取 K 个物品的速度提高到 $\log K$，比如：

从 {A,A,A,A,A,A,A,A,A,A,A,A,A,A,A,A} 这 16 个 A 里取若干个的所有情况，等同于从 {A, AA, AAAA, AAAAAAAA, A} 这 5 个中取若干个的情况。

因此，我们可以把第 i 种物品的 $c[i]$ 个，转化为 $\log(c[i])$ 个。然后按照"0/1 背包" dp 即可。本题的复杂度 $O(WN\log 1000)$，应该不超时。

程序代码：

```cpp
#include <iostream>
using namespace std;
int MAXI = 100000000;
int w[1001], v[1001], c[1001], dp[10001];
int main() {
    int N, W;
    cin >> W >> N;
    for (int i = 1; i <= N; ++i) {
        cin >> w[i];
    }
    for (int i = 1; i <= N; ++i) {
        cin >> v[i];
    }
    for (int i = 1; i <= N; ++i) {
```

```
            cin >> c[i];
    }
    for (int j=0; j<=W; j++)
            dp[j]=0;                                    // 初始为 0

    for (int i = 1; i <= N; ++i) {
        int num=c[i];                                   // 第 i 种物品个数限制
        for (int k=1; num >0; k <<= 1){
            int count = min(k, num);                    // 1,2,4,8,...2^x,余数
            num -= count;
            for (int j = W; j>= count*w[i] ; --j) {     // 从后向前 dp
                dp[j] = max(dp[j], dp[j-count*w[i]] + count*v[i]);
            }
        }
    }
    cout << dp[W] << endl;
    return 0;
}
```

五、总结提升

背包问题是动态规划中的经典问题之一，涵盖了许多实用的变种。本章节详细讲解了最经典的三个类型：0/1 背包、完全背包、多重背包。这类问题的前提是：重量（包的容量）是正整数、范围不太大、可以作为数组的下标。作为动态规划一个阶段的状态。

在解决背包问题时，有一些关键的注意事项和常见的陷阱需要避免。以下是一些重要的注意事项。

1. 初始化 dp 数组

如果是要求不超过重量 W 的问题，初始化 $dp[0]$ 到 $dp[W]$ 为 0，因为任何容量的背包在不放入任何物品时，其最大价值为 0。

如果是要求正好取重量 W 的问题，初始化 $dp[0]$ 为 0，dp 时要判断是否存在这个方案。

2. 状态转移的方向

0/1 背包和多重背包问题：从后向前遍历 dp 数组，以防止重复使用同一个物品。即在处理物品 i 时，$dp[j]$ 依赖于 $dp[j-weight[i]]$，这样可以确保同一个物品在一次迭代中只被使用一次。

完全背包问题：从前向后遍历 dp 数组，以允许多次使用同一个物品。即在处理物品 i 时，$dp[j]$ 依赖于 $dp[j-weight[i]]$，这样可以确保物品可以被多次使用。

3. 防止数组越界

在编写状态转移方程时，注意检查数组的边界条件，确保不会访问到数组的非法位置。

4. 处理物品数量的限制（多重背包问题）

在处理多重背包问题时，需要使用"二进制拆分"技术，将物品数量拆分为若干个 2 的幂次项，以减少时间复杂度。这一技巧确保了在遍历 dp 数组时，可以正确处理物品数量的限制。

5. 优化空间复杂度

在大多数情况下，背包问题可以通过压缩空间将二维 dp 数组优化为一维 dp 数组，从而节省空间。

确保在优化空间复杂度时，状态转移的逻辑依然正确，特别是在 0/1 背包和完全背包问题中，要注意状态转移的方向。

拓展

如果"重量"有负数，观察动态规划转移方程 $dp[i]=\max(dp[i],dp[i-w[i]])$，会发现 $i-w[i]$ 不能保证一定在 i 之前。动态规划的方向不论是从后向前还是从前向后都不正确。

解决的办法可以是不压缩空间，使用二维数组。也可以把物品按照重量排序，先 dp 常规重量是非负数的物品，再换一个方向 dp 重量是负数的物品。

背包问题还有很多变形，例如，混合背包问题、分组背包问题、背包问题求具体方案等，编程时需要做出相应的调整变化。

第十四节　动态规划 3——简单区间类型动态规划

一、情境导航

合并魔法石

在一个神秘的操场上，有 N 堆魔法石，如图 3-33 所示。小勇士需要将这些魔法石依次合并成一堆，每次只能选择相邻的两堆合并，每次合并的魔法消耗等于两堆石子的总数。经过 N−1 次合并，最终将所有魔法石合并为一堆。小勇士的任务是找到合并的最佳策略，以最少的魔法消耗完成挑战。你能帮他找到最省力的合并方法吗？

图 3-33 合并魔法石

二、问题抽象

这是个有趣的游戏问题,我们举例做进一步了解说明。比如 $N=4$,有 4 堆魔法石,每堆石子数为 3、4、1、5。

不同的合并方案需要的魔法是不一样的,比如:

合并方法 1		合并方法 2	
3、4、1、5		3、4、1、5	
7、1、5	魔法 7	3、4、6	魔法 6
8、5	魔法 7+8	7、6	魔法 6+7
13	魔法 7+8+13 = 28	13	魔法 6+7+13 = 26

如果枚举使用的方案,方案数是:

第 1 次选择数×第 2 次选择数×第 3 次选择数 = 3×2×1。

显然,N 堆的方案数是 $(N-1)!$。

如果 N 比较大,复杂度太高,即使是计算机也很难找出最优解的。

对于最优解问题我们可以考虑尝试使用动态规划方法。

方法一:N 堆魔法石合并成一堆,它的子问题是 $(N-1)$ 堆魔法石合并成一堆。这个思路延续以前的一维动态规划方法,但很难表示子问题的状态!因为这 $(N-1)$ 堆不是前 $(N-1)$ 堆,也不是后 $(N-1)$ 堆,是有 2 个相邻堆合并后的 $(N-1)$ 堆。

方法二:N 堆魔法石合并成一堆,最后一次合并操作是把 2 堆(比如 A 堆和 B 堆)合并成一堆,如图 3-34 所示。因为合并总是相邻的两堆,魔法石总体的次序不会改变。可以假设 A 堆是由原问题的前 i 堆合并成的,B 是后 $(N-i)$ 堆合并成的。对于最优方案,A 堆的合并也需要是最优方案,B 堆的合并也需要最优方案,符合动态规划的最优子结构原理。

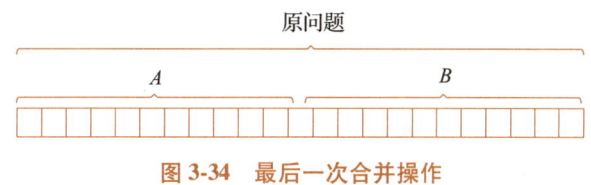

图 3-34 最后一次合并操作

状态表示＝原问题的某一段最优方案

＝dp[i][len] // 从第 i 个魔法石开始长度是 len 的一段，合并的最小消耗

状态转移方程：

$$dp[i][len] = \min(dp[i][k] + dp[i+k][len-k] + 本次消耗) \quad 1 \leq k < len$$

本次消耗就是从第 i 到第 i+len−1 的魔法石数和。可以用前缀和直接计算出。

边界：

$$dp[i][1] = 0;$$

三、知识探究

动态规划是一种强大的算法设计方法，用于解决具有重叠子问题和最优子结构性质的问题。在很多实际问题中，动态规划可以简化复杂的计算，减少时间复杂度。区间类型动态规划是一类特别的动态规划问题，通常用于处理涉及区间或子序列的问题。

区间类型动态规划问题的关键在于如何定义状态，以及如何通过状态转移方程从已知状态推导出未知状态。我们通常将问题的解分解为若干个子问题，这些子问题对应某个区间或子序列，并通过迭代的方式解决这些子问题。

区间 dp 有以下特点。

特征：能将问题分解为左右的两段最优子结构。

合并：即将两个部分合并为一个。

求解：枚举合并点，将问题分解为左右两个部分，合并两个部分的最优值。得到原问题所有可能的值，再取其中最优的。

下面利用动态规划首先解决本节开头的合并魔法石问题。

例 3.14.1 合并魔法石

在一个神秘的操场上，有一列 N 堆魔法石。小勇士需要将这些魔法石依次合并成一堆，每次只能选择相邻的两堆合并，每次合并的魔法消耗等于两堆石子的总数。经过 N−1 次合并，最终将所有魔法石融合为一堆。小勇士的任务是找到合并的最佳策略，以最少的魔法消耗完成挑战。求最省力的合并方法的魔法消耗是多少？

【输入格式】

第 1 行，1 个正整数 n，$1 \leq n \leq 1000$。

第 2 行，n 个正整数 wi，$0 \leq wi \leq 100$。

【输出格式】
一个整数，表示最小消耗。

【输入样例】

```
6
1 3 4 6 2 1
```

【输出样例】

```
41
```

样例解释：

合并过程	
魔法石	消耗
1 3 4 6 2 1	0
4 4 6 2 1	4
8 6 2 1	12
8 6 3	15
8 9	24
17	41

题目分析：

根据前面分析，这个问题是经典的"区间动态规划"问题。

1. 定义状态

令 dp$[i][$len$]$ 表示从第 i 堆魔法石开始，共 len 堆魔法石合并成一堆的最小消耗。

令 sumW$[i]$ 表示从第 1 堆到第 i 堆魔法石的前缀和。

2. 状态转移方程

对于每个区间 $[i, i+$len$-1]$，我们需要找到一个分割点 k，使得：

dp$[i][$len$]$ = min(dp$[i][k]$ + dp$[i+k][$len$-k]$) + sumW$[i+$len$-1]$ - sumW$[i-1]$，其中 $1 \leq k <$ len。

3. 初始状态

当 len = 1 时，dp$[i][1]$ = 0，因为单堆魔法石不需要合并。

4. 结果

最终结果是 dp$[1][n]$，即合并从第 1 堆到第 n 堆魔法石的最小消耗。

5. 实现步骤

1）计算前缀和 sumW。

2）初始化 dp 数组。

3）使用动态规划填充 dp 数组。

程序代码：

```cpp
#include <bits/stdc++.h>
using namespace std;
int n,stones[1001], sumW[1001], dp[1001][1001];
int mergeStones() {
    // 前缀和数组
    sumW[0]=0;
    for (int i = 1; i <= n; ++i) {
        sumW[i] = sumW[i-1] + stones[i];
    }
    memset(dp,0,sizeof(dp));
    // 动态规划
    for (int len = 2; len <= n; ++len) {            // len 是子问题的长度
        for (int i = 1; i + len -1 <= n; ++i) {     // i 是子问题的起始位置
            int j = i + len - 1;                     // 子问题的结束位置
            dp[i][len] = INT_MAX;
            for (int k = 1; k < len; ++k) {
                dp[i][len] = min(dp[i][len], dp[i][k] + dp[i+k][len-k]);
            }
            dp[i][len] += sumW[j] - sumW[i-1];   // 加上合并这两堆石子的消耗
        }
    }

    return dp[1][n];
}

int main() {
    cin >> n;
    for (int i = 1; i <= n; ++i) {                  // 从下标 1 开始，容易处理边界
        cin >> stones[i];
    }
    cout << mergeStones() << endl;
    return 0;
}
```

说明：

（1）动态规划很多问题因为涉及边界判断，数组经常从 1 开始。比如前缀和计算 $sumW[j]-sumW[i-1]$ 就不用担心 i-1 是负数而数组越界，编程方便。

（2）区间动态规划的阶段划分——也就是从小问题到大问题，有多种方法。但多数以长度为阶段比较容易理解和编程。

四、实践应用

例 3.14.2 涂色

假设你有一条长度为 5 的木板，初始时没有涂过任何颜色。你希望把它的 5 个单位长度分别涂上红、绿、蓝、绿、红，用一个长度为 5 的字符串表示这个目标：RGBGR。

每次你可以把一段连续的木板涂成一个给定的颜色，后涂的颜色覆盖先涂的颜色。例如，第一次把木板涂成 RRRRR，第二次涂成 RGGGR，第三次涂成 RGBGR，达到目标。请用尽量少的次数达到目标。

【输入格式】

共一行，包含一个长度不超过 50 的字符串，即涂色目标。字符串中的每个字符都是一个大写字母，不同的字母代表不同颜色，相同的字母代表相同颜色。

【输出格式】

一个整数，表示最少的涂色次数。

【输入样例】

```
RGBGR
```

【输出样例】

```
3
```

题目分析：

这是一个典型的区间动态规划问题。我们可以使用动态规划来解决这个问题。

1. 定义状态

令 $dp[i][j]$ 表示将从第 i 个到第 j 个木板涂成目标颜色所需的最少涂色次数。

2. 状态转移方程

对于每个区间 $[i,j]$，考虑所有可能的分割点 k，将区间 $[i,j]$ 分成 $[i,k]$ 和 $[k+1,j]$ 两部分：

$$dp[i][j] = \min(dp[i][j], dp[i][k] + dp[k+1][j])$$

然而，仅仅这样考虑是不够的，举一些例子很容易发现有一些特殊情况是不正确的。比如，这一段颜色都相同，或两个端点颜色相同的情况。

多手工画些解决方案，可以发现，对于最优的涂色方案，如果左端点颜色是 $s[i]$，可以调整方案，第一次就对它涂色，并且一直涂到右端点是不影响最优方案的。如果 $s[i]==s[j]$ 就可以不用考虑 j 了。状态转移方程修正为：

如果 $target[i]==target[j]$，则 $dp[i][j]=dp[i][j-1]$；

否则，$dp[i][j]=\min(dp[i][j], dp[i][k]+dp[k+1][j])$。

3. 初始状态
当 $i==j$ 时，$\mathrm{dp}[i][j]=1$，因为单个字符只需涂一次。

4. 结果
最终结果是 $\mathrm{dp}[0][n-1]$，即将整个木板涂成目标颜色所需的最少涂色次数。

程序代码：

```cpp
#include <bits/stdc++.h>
using namespace std;
int minPaints(const string& target) {
    int n = target.size();
    // dp[i][j]表示从第 i 个到第 j 个木板涂成目标颜色的最少涂色次数
    vector<vector<int>> dp(n, vector<int>(n, INT_MAX));

    // 初始化：单个字符只需涂一次
    for (int i = 0; i < n; ++i) {
        dp[i][i] = 1;
    }

    // 处理长度为 2 到 n 的子问题
    for (int len = 2; len <= n; ++len) {        // 按照长度分阶段
        for (int i = 0; i <= n - len; ++i) {
            int j = i + len - 1;
            if (target[i] == target[j]) {
                // 如果目标颜色相同，只需涂和之前一样的次数
                dp[i][j] = dp[i][j-1];
            } else {
                // 如果目标颜色不同，考虑所有可能的分割点，取最小值
                for (int k = i; k < j; ++k) {
                    dp[i][j] = min(dp[i][j], dp[i][k] + dp[k+1][j]);
                }
            }
        }
    }

    return dp[0][n-1];                          // 最终结果是将整个木板涂成目标颜色
                                                //   的最少涂色次数
}

int main() {
    string target;
    cin >> target;                              // 输入目标字符串
    cout << minPaints(target) << endl;          // 输出最少的涂色次数
    return 0;
}
```

复杂度分析：

时间复杂度：$O(n^3)$，其中 n 是字符串长度。三重循环分别用于区间长度、左边界和分割点。

空间复杂度：$O(n^2)$，用于 dp 数组的存储。

例 3.14.3　戳破气球

有 n 个气球，编号为 1 到 n，每个气球上都标有一个数字，这些数字存在数组 nums 中。你可以选择按一定顺序戳破所有的气球。每当你戳破一个气球 i 时，你可以获得的硬币数量为 nums[left]×nums[i]×nums[right]，其中 left 和 right 分别表示 i 左边和右边的气球编号。当 left 或 right 超出数组边界时，认为对应的 nums[left] 或 nums[right] 为 1。

你的任务是找到戳破所有气球能够得到的最多硬币数。

【输入格式】

第 1 行，1 个正整数 n，$1 \leq n \leq 500$。

第 2 行，n 个正整数 nums[i]，表示每个气球的数字。$1 \leq \text{nums}[i] \leq 20$。

【输出格式】

一个整数，表示最多能得到的硬币数。

【输入样例】

```
4
3 1 5 8
```

【输出样例】

```
167
```

样例解释：

通过戳破气球的最佳顺序[2,3,1,4]，可以达到最大硬币数。具体戳破顺序和对应的硬币数如下：

1）戳破 1，得到 3×1×5=15 个硬币，剩余[3,5,8]。

2）戳破 5，得到 3×5×8=120 个硬币，剩余[3,8]。

3）戳破 3，得到 1×3×8=24 个硬币，剩余[8]。

4）戳破 8，得到 1×8×1=8 个硬币，剩余[]。

最终得到的硬币数为 15+120+24+8=167。

题目分析：

感觉我们可以使用动态规划来解决这个问题，但子问题的状态不容易想到！

分析一个戳破气球的计算需要知道 3 个参数：(left, i, right)，其中 left 到 i 之间气球已经被戳破，i 到 right 之间气球也已经被戳破。

针对 i 左边子任务，我们使用 dp[left][i] 表示左边的最优子结构——left 和 i 之间的气球全部戳破了的最优解。

同理，对于 i 右边子任务，$dp[i][right]$ 表示右边的最优子结构——i 和 $right$ 之间的气球全部戳破了的最优解。

至此想到 $dp[left][right]$ 应该是原问题的最优子结构，因此做如下操作。

定义状态：

令 $dp[left][right]$ 表示戳破从 $left+1$ 到 $right-1$ 所有气球，只保留 $left$ 和 $right$ 气球，能够得到的最多硬币数。

初始化：

在 nums 的开头和结尾各插入一个值为 1 的虚拟气球，以便处理边界情况。

状态转移方程：

对每个子区间 [left，right]：

（1）枚举在这个子区间内的每个可能的最后一个被戳破的气球 i($left<i<right$)。

（2）更新 $dp[left][right]$ 的值：$dp[left][right] = \max(dp[left][right],\ nums[left] * nums[i] * nums[right] + dp[left][i] + dp[i][right])$。

结果：最终结果是 $dp[0][n+1]$，即戳破从第 1 到第 n 气球的最优值。

程序代码：

```cpp
#include <bits/stdc++.h>
using namespace std;
int n,nums[1002],dp[1002][1002];
int maxCoins() {
    // 在数组开头和结尾添加虚拟气球,其值为 1
    nums[0]=nums[n+1]=1;

    // 填充 dp 数组
    for (int length = 3; length <= n+2; ++length) {        // 以长度为阶段
        for (int left = 0; left <= n+2 - length; ++left) { // 区间左端点
            int right = left + length -1;                   // 区间右端点
            // 通过 burst 最后一个气球来找到最多硬币
            for (int i = left + 1; i < right; ++i) {
                dp[left][right] = max(dp[left][right],
                    nums[left] * nums[i] * nums[right] + dp[left][i] + dp
                    [i][right]);
            }
        }
    }

    // 结果是除去虚拟气球后,burst 所有气球获得的最多硬币数
    return dp[0][n+1];
}
```

```
int main() {
    // 读取输入
    cin >> n;
    for (int i = 1; i <= n; ++i) {
        cin >> nums[i];
    }
    // 输出结果
    cout << maxCoins() << endl;
    return 0;
}
```

复杂度分析：

时间复杂度：$O(n^3)$，其中 n 是气球的数量。三重循环分别用于区间长度、左边界和戳破的气球的遍历。

空间复杂度：$O(n^2)$，用于 dp 数组的存储。

五、总结提升

区间动态规划是一类用于处理涉及区间或子序列问题的动态规划方法。其核心思想是通过定义状态和状态转移方程，将问题分解为若干子问题，并通过递归或迭代的方式逐步求解。本文将总结区间动态规划的基本方法，并介绍环形区间动态规划的提升方法。

区间动态规划的基本思想有以下几点。

（1）定义状态 dp[i][j] 表示从第 i 个元素到第 j 个元素之间的子问题的最优解。

（2）通过状态转移方程 dp[i][j] = min(dp[i][k]+dp[k+1][j])+cost(i,j) 逐步求解。

📚 拓展 1

在一些问题中，区间是环形的，即第一个元素和最后一个元素是相邻的。这类问题不能直接应用线性区间动态规划方法，需要进行适当的处理。

例如：有 4 堆石子，每堆的石子个数分别是 4、5、9、4，环形摆放如图 3-35 所示。怎样合并最优？

类似这样的问题，通常是把新的"圆环问题"转换成已知的"线性问题"，称为"断环法"。

断环法一： 枚举断开处（最后一次合并处），转化为 N 个线性 dp 问题。

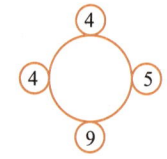

图 3-35 环形摆放的石子

比如上图的 4 堆石子，可以转化为下面 4 个线性 dp 问题：

4 5 9 4

5 9 4 4

```
9 4 4 5
4 4 5 9
```

上面 4 种情况覆盖了所有可能的方案，各自动态规划，最后求出最优解。

这个方法思路简单明确，但时间复杂度多了一维，通常是 $O(N^4)$。

断环法二：为什么要枚举断点？根本原因是如果只是一维数组[4,5,9,4]，状态 dp[开始][长度]就可能会出现需要从后面"绕"到前面的情况。比如：dp[4][3]是(4,4,5)这"圆上一段"的最优子结构，但取数据会数组越界了。

为了防止数组越界，我们可以扩充数组，把数据复制一份放在后面，如图 3-36 所示。

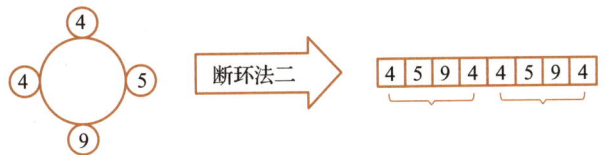

图 3-36 断环法二示意

这样时间复杂度还是 $O(N^3)$。

例 3.14.4 石子合并

在一圆形操场四周摆放 N 堆石子($N \leq 100$)，现要将石子有次序地合并成一堆。规定每次只能选相邻的两堆合并成一堆，并将新的一堆的石子数，记为该次合并的得分。

例如：有 4 堆石子，每堆石子的个数分别是 4、5、9、4，具体取法如图 3-37 所示。

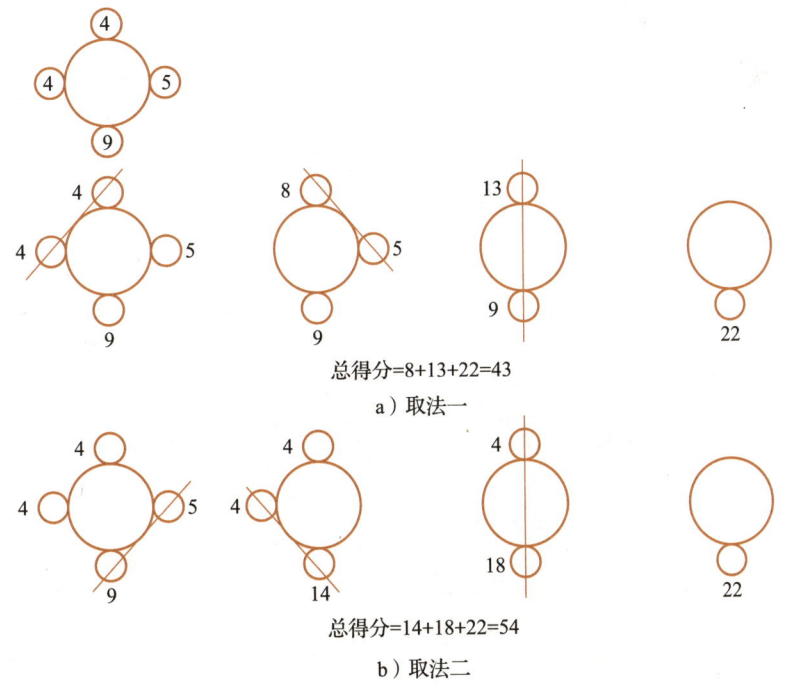

图 3-37 石子合并取法

编写 1 个程序，读入堆数 N 及每堆石子数，选择一种合并石子的方案，使得做 $N-1$ 次合并，得分的总和最小。

【输入格式】

为多组数据。第 1 行，一个整数 T，表示组数，范围是 $[1,10]$；

第 1 行，一个整数 N，表示石子堆数，范围是 $[2,100]$；

第 2 行，N 个整数，表示每堆石子数，范围是 $[1,100]$。

【输出格式】

T 行，每行一个整数，是对应的合并得分最小值。

【输入样例】

```
1
5
9 12 8 20 5
```

【输出样例】

```
122
```

样例解释：

(1) 12 8 20 14   …14
(2) 20 20 14   …20
(3) 20 34   …34
(4) 54   …54

14+20+34+54 = 122

题目分析：

这个问题是经典的"环形区间动态规划"问题。首先需要"破环为链"，先把数据复制一份添加到数组 $w[i]$ 后面。其他与环断法一样。

程序代码：

```cpp
#include <bits/stdc++.h>
using namespace std;
int N,stones[201],sumW[201], dp[201][201];
int mergeStones() {
    // 扩展数组以处理环形区间
    for (int i=0; i<N ; i++)
        stones[N+i] = stones[i];
    // 前缀和数组
    for (int i = 1; i <= 2*N; ++i) {
        sumW[i] = sumW[i - 1] + stones[i - 1];
    }
```

```cpp
    // dp[i][j] 表示将区间 [i, j] 合并成一堆的最小得分
    for (int length = 2; length <= N; ++length) {            // 区间长度
        for (int i = 0; i + length - 1 < 2 *N; ++i) {        // 左端点
            int j = i + length - 1;                          // 右端点
            dp[i][j] = INT_MAX;
            for (int k = i; k < j; ++k) {
                dp[i][j] = min(dp[i][j], dp[i][k] + dp[k + 1][j] + sumW[j +
                    1] - sumW[i]);
            }
        }
    }

    // 找到最小得分
    int minScore = INT_MAX;
    for (int i = 0; i < N; ++i) {
        minScore = min(minScore, dp[i][i + N - 1]);
    }

    return minScore;
}
int main() {
    int T;
    cin >> T;
    while (T--) {
        cin >> N;
        for (int i = 0; i < N; ++i) {
            cin >> stones[i];
        }
        cout << mergeStones() << endl;
    }
    return 0;
}
```

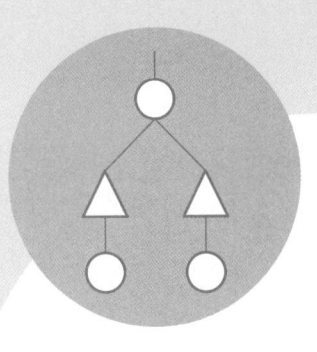

第四章

数学运用

第一节　初等数论

一、情境导航

质数的秘密

在古希腊时期，学者欧几里得夜以继日地研究质数，如图4-1所示。有一天，他发现了一个惊人的定理：存在无穷多个质数。这个发现如同将一颗石子投入平静的湖中，在数学界激起了无数涟漪。人们纷纷踏上了追寻质数奥秘的旅程，从此，质数研究的大门被彻底打开。

图4-1　质数的秘密

二、问题抽象

质数定义为大于1，且除了1和它本身，不能被其他数整除的自然数。例如，2、3、5和7都是质数，因为它们只能被1和自身整除。

从古希腊时期到现代，质数作为数学的基石，不仅构成所有更大自然数的基本单位，还在许多算法和数学证明中起着核心作用。

初等数论被誉为"整数的皇后"，是数学的一个古老而基础的分支，专注于研究整数及其性质。它不仅探索整数之间的基本运算和关系，还涉及更深层次的性质如质数、因子分解、公约数、公倍数、整除、同余等。由于其丰富的历史和深刻的理论，初等数论在数学科学和计算机科学中都占据了重要地位。

三、知识探究

在数学和计算机科学中，整数的属性及其运算是基础也是关键。了解整除、因数、倍数、指数、质数及合数不仅对数学的学习至关重要，也在解决计算机科学中的问题时有直接的应用。本节将深入探讨这些概念，并展示它们如何在算法和数据处理中发挥作用。

（一）整除

定义：如果整数 a 能被另一个非零整数 b 除尽（即除后余数为 0），则称 b 整除 a，数学上记为 $b \mid a$。

例子：20 能被 4 整除，因为 $20 \div 4 = 5$，没有余数。

在 C++ 语言中，两个整数变量 a 和 b，一般用"除后余数为 0"性质来判断 a 能被 b 整除：if($a\%b==0$)。

（二）因数（因子）

定义：如果 b 整除 a，则 b 是 a 的因数。

性质：每个非 0 整数至少有两个因数——1 和它本身。

例子：1、2、4、5、10、20 都是 20 的因数。

（三）倍数

定义：如果 a 能被 b 整除，则 a 是 b 的倍数。

例子：20 是 4 的倍数。

显然因数与倍数是互逆的概念。

（四）指数

定义：指数表示为 b^n，意味着 b 乘以自身 n 次。

性质：$b^0 = 1$（任何非零数的零次幂等于 1），$b^1 = b$。

例子：$2^4 = 2 \times 2 \times 2 \times 2 = 16$

应用：指数广泛用于位操作和快速幂算法等。

（五）质数与合数

质数（又称素数）定义：仅有两个正因数（1 和自身）的大于 1 的整数。

合数定义：有超过两个正因数的整数。

注意：0 和 1 不属于质数也不属于合数，它们在数学分类中具有特殊地位。2 是唯一的偶数质数。

（六）整数唯一分解定理

质数是算术的基本构件，每个大于 1 的整数都可以唯一分解为质数的乘积（算术基本定理）。

例子：12 = 2×2×3

即 12 只能分解成 2，2，3 这 3 个质数的乘积。

例 4.1.1　质数

给定 N 个正整数，问有多少个是质数。

【输入格式】

第 1 行，1 个正整数 N，$2 \leqslant N \leqslant 10\,000$。

第 2 行，N 个正整数 ai，$2 \leqslant ai \leqslant 10\,000\,000$。

【输出格式】

一个整数，表示质数的个数。

【输入样例】

```
6
3 4 5 6 15 13
```

【输出样例】

```
3
```

样例解释：

在给定的样例中，3,5,13 是质数，因此输出 3。

题目分析：

由于质数的定义，我们需要判断一个数是否只能被 1 和它自身整除。最直接的方法是检查每个数是否可以被任何小于它的数整除，但这种方法的效率非常低。为了提高效率，我们可以采用如下优化策略：

如果 N 不是质数，一定可以分解为 2 个大约 1 的整数乘积。

令 $N = a \times b$，不妨假设 $a \leqslant b$，显然 $a \leqslant \mathrm{sqrt}(N)$；否则 $a \times b > N$。

结论：

N 如果是合数，一定会在 2 到 $\mathrm{sqrt}(N)$ 之间找到因子；反之，在 2 到 $\mathrm{sqrt}(N)$ 之间找不到因子，N 一定是质数。

为了判断一个数 a 是否是质数，我们只需要检查从 2 到 $\mathrm{sqrt}(a)$ 是否有因子即可。如果在这个范围内没有找到因子，那么 a 就是质数。

时间复杂度为 $O(N\mathrm{sqrt}(10^7)) < 10^8$。

程序代码：

```cpp
#include <bits/stdc++.h>#include

// 函数来判断一个数是否为质数
bool isPrime(int num) {
    if (num <= 1) return false;       // 小于等于 1 的数不是质数
    if (num <= 3) return true;         // 2 和 3 是质数
    if (num %2 == 0 ) return false;   // 排除能被 2 整除的数
```

```c
    // 只检查到 sqrt(num),并跳过偶数
    for (int i = 3; i * i <= num; i += 2) {
        if (num % i == 0 ) return false;
    }
    return true;
}

int main() {
    int N;
    scanf("%d", &N);

    int numbers[N];
    int count = 0;

    // 读取所有的数
    for (int i = 0; i < N; ++i) {
        scanf("%d", &numbers[i]);
    }

    // 检查每个数是否为质数
    for (int i = 0; i < N; ++i) {
        if (isPrime(numbers[i])) {
            count++;
        }
    }

    // 输出质数的数量
    printf("%d\n", count);

    return 0;
}
```

例 4.1.2 质因数分解

数学的质因数分解(整数唯一分解定理)是说每个大于 1 的整数都可以唯一分解为质数的乘积。对于正整数 N 的质因数分解,指的是将其写成以下形式:

$N = p1 \times p2 \times \cdots \times pm$,其中 $p1, p2, \cdots pm$ 为不下降的质数。例如:$60 = 2 \times 2 \times 3 \times 5$。

输入一个正整数 N,编程输出其质因数分解的形式。

【输入格式】

第 1 行,1 个正整数 N,$2 \leq N \leq 10^8$。

【输出格式】

输出 N 的质因数分解的形式 $p1 \times p2 \times \cdots \times pm$,其中 $p1, p2, \cdots, pm$ 都是质数,且 $p1 \leq p2 \leq \cdots \leq pm$。

【输入样例】

150

【输出样例】

150=2*3*5*5

题目分析：

最简单的思路是从小到大枚举 i 找 N 的因子，如果 i 是因子并且是质数，就输出 i，并对 N/i 继续进行同样处理。

优化：

程序是从小到大地查找因子，找到的第一个因子 i 一定是质数。因为如果 i 不是质数，i 就能分解 $a×b$，N 就应该有更小的因子 a，因此矛盾，迭代时同理。

程序代码：

```cpp
#include <bits/stdc++.h>
using namespace std;

void printPrimeFactors(int n) {
    int original_n = n;         // 保留原始数值用于输出
    bool first = true;          // 用于控制输出格式，确保首个因子前不打印'*'

    cout << original_n << "=";

    for (int i = 2; i <= n; ++i) {
        while (n % i == 0) {
            if (first) {
                cout << i;
                first = false;
            } else {
                cout << "*" << i;
            }
            n /= i;
        }
    }
}

int main() {
    int n;
    cin >> n;                       // 读取输入
    printPrimeFactors(n);           // 执行质因数分解
    return 0;
}
```

对上面的程序进行优化,可以发现比 sqrt(N) 大的因子最多只有一个。因此枚举 i 可以只枚举到 sqrt(N),再看看是否有一个大质数因子。

优化后的时间复杂度为 $O(\text{sqrt}(N))$。

程序代码:

```cpp
#include <bits/stdc++.h>
using namespace std;

void printPrimeFactors(int n) {
    int original_n = n;          // 保留原始数值用于输出
    bool first = true;           // 用于控制输出格式,确保首个因子前不打印'*'

    cout << original_n << "=";

    for (int i = 2; i*i <= n; ++i) {// i<=sqrt(n)
        while (n %i == 0) {
            if (first) {
                cout << i;
                first = false;
            } else {
                cout << "*" << i;
            }
            n /= i;
        }
    }
    // 如果剩余 n 大于 1,那么它必须是一个质数
    if (n > 1) {
        if (first) {
            cout << n;
        } else {
            cout << "*" << n;
        }
    }
}

int main() {
    int n;
    cin >> n;                    // 读取输入
    printPrimeFactors(n);        // 执行质因数分解
    return 0;
}
```

四、实践应用

1. 最大公约数

最大公约数(Greatest Common Divisor，GCD)是数学中一个重要的概念，它是指能够整除给定整数集合中所有数的最大的整数。对于两个整数 a 和 b，它们的 GCD 记为 $\gcd(a,b)$。

例如：
$\gcd(8,12)=4$
$\gcd(54,24)=6$

算法 1：简单的模拟算法
程序代码：

```
// 函数定义:通过枚举法计算两个整数的最大公约数
int gcd(int a, int b) {
    for (int i = min(a, b); i > 0; i--) {
        if (a % i == 0 && b % i == 0) {
            return i;
        }
    }
    return 1;    // 如果没有找到公约数,则返回1(这是不可能的情况,因为1总是公约数)
}
```

时间复杂度 $O(\min(a,b))$。

算法 2：更相减损法

《九章算术》是中国古代一部重要的数学著作，其中包含了许多数学算法和问题的解决方法。"更相减损法"就是其中的一种算法，用于求两个数的最大公约数。

更相减损法的基本思想是不断用较大数减去较小数，直到两个数相等，这个相等的数就是这两个数的最大公约数。

以求解 60 和 48 的最大公约数为例：

初始值：$a=60$，$b=48$
$a>b$：$a=a-b=60-48=12$
$a<b$：交换 a 和 b，现在 $a=48$，$b=12$
$a>b$：$a=a-b=48-12=36$
$a>b$：$a=a-b=36-12=24$
$a>b$：$a=a-b=24-12=12$

现在 $a=b=12$，算法结束，最大公约数是 12。

程序代码：

```
int gcd(int a, int b) {
    while (a != b) {
        if (a > b) {
            a = a - b;
        } else {
            b = b - a;
        }
    }
    return a;                    // 或 b,二者相等
}
```

时间复杂度 $O(\max(a,b))$。

算法 3：欧几里得算法

欧几里得算法（Euclidean Algorithm）是一种用于计算两个非负整数的最大公约数的高效算法。

欧几里得算法的核心思想是对于两个非负整数 $a \geq b$，它们的最大公约数 $\gcd(a,b)$ 等于 $\gcd(b, a\%b)$。这个过程可以递归地应用，直到其中一个数变为零，此时另一个数即为这两个数的最大公约数。

以求解 54 和 24 的最大公约数为例：

初始值：$a=54$，$b=24$

计算 $54\%24=6$，所以新的 $a=24$，新的 $b=6$

计算 $24\%6=0$，所以新的 $a=6$，新的 $b=0$

因为 $b=0$，所以最大公约数是 6。

程序代码：

```
// 欧几里得算法计算最大公约数
int gcd(int a, int b) {
    while (b != 0) {
        int temp = b;
        b = a % b;
        a = temp;
    }
    return a;
}
```

相对于更相减损法，欧几里得算法的时间复杂度要更优。欧几里得算法的时间复杂度是多少？

$a>b$ 时：

若 $b<=a/2$，$\gcd(a,b)$ 变为 $\gcd(b,a\%b)$ 显然规模至少缩小一半。

若 $b>a/2$，$a\%b$ 也最少缩小为 a 的一半。

总之经过一次迭代 gcd(a,b) 的数据规模至少会变为原来的一半，所以这个算法的时间复杂度是 $O(\log(\min(a,b)))$。

例 4.1.3　直线上点

给定平面坐标上两个整数坐标——整点(x 坐标和 y 坐标都是整数)，把它们连线成为一个线段，问这个线段上有多少整点？

【输入格式】

第 1 行，两个正整数 $X1$ 和 $Y1$，表示一个坐标。

第 2 行，两个正整数 $X2$ 和 $Y2$，表示一个坐标，$1 \leqslant X1, Y1, X2, Y2 \leqslant 10^{16}$。

【输出格式】

一个整数。

【输入样例】

```
 3  5
15 20
```

【输出样例】

```
4
```

样例解释：

坐标(3,5)、(7,10)、(11,15)、(15,20)在线段上。

题目分析：

先对样例进行图形分析。

可以发现，第 2 个点构成的最小三角形的两条直角边长 3 和 5，与最大边长 12(=15-3)和 15(=20-5)是成比例的。并且这个比例就是最大公约数。

具体的数学分析如下。

给定两点($X1,Y1$)和($X2,Y2$)，为了找到这条线段上有多少整点，我们需要计算坐标差值 $\Delta x = |X2-X1|$ 和 $\Delta y = |Y2-Y1|$ 的最大公约数(GCD)。线段上的整点数可以通过公式 GCD($\Delta x, \Delta y$)+1 来计算。

进一步讲，可以计算出线段上每一个整点：($X1+k\Delta x/G, Y1+k\Delta y/G$)，其中 k 为整数，G 是 Δx 和 Δy 的最大公约数。

程序代码：

```
#include <bits/stdc++.h>
using namespace std;
```

```cpp
// 欧几里得算法计算最大公约数
long long gcd(long long a, long long b) {
    while (b != 0) {
        long long temp = b;
        b = a % b;
        a = temp;
    }
    return a;
}

int main() {
    long long x1, y1, x2, y2;
    cin >> x1 >> y1 >> x2 >> y2;

    // 计算坐标差值
    long long dx = abs(x2 - x1);
    long long dy = abs(y2 - y1);

    // 计算最大公约数
    long long g = gcd(dx, dy);

    // 整点数为 GCD(dx, dy) + 1
    cout << g + 1 << endl;

    return 0;
}
```

2. 最小公倍数

最小公倍数(Least Common Multiple，LCM)是指能够同时被给定整数集合中的每一个整数整除的最小正整数。最小公倍数是数学中的一个基本概念，在许多数学问题中，求解 LCM 是一个常见的任务，如在分数的加减运算中的通分。例如：

LCM(4,5) = 20，20 是最小的既能被 4 整除又能被 5 整除的数。

LCM(6,8) = 24，24 是最小的既能被 6 整除又能被 8 整除的数。

(1) 最小公倍数的性质。

交换律：$LCM(a,b) = LCM(b,a)$

结合律：$LCM(a, LCM(b,c)) = LCM(LCM(a,b), c)$

关系式：对于任意非零整数 a 和 b，$LCM(a,b) \times GCD(a,b) = |a \times b|$ 这意味着最小公倍数和最大公约数之间有着密切的关系。

(2) 算法。

利用 LCM 和 GCD 的关系，我们可以通过以下公式计算两个数的 LCM：

$$LCM(a,b) = |a \times b| / GCD(a,b)$$

可以通过质因子分解性质,来理解这个公式。例如:
$$GCD(6,8) = GCD(2 \times 3, 2 \times 2 \times 2) = 2(\text{公共因子})$$
$$LCM(6,8) = LCM(2 \times 3, 2 \times 2 \times 2) = a \times b \text{ 去掉重复的公共因子}$$
$$= 2 \times 3 \times 2 \times 2 \times 2 / 2 = 3 \times 3 \times 2 \times 2$$

例 4.1.4　再次相聚

公共汽车站有四辆汽车,每天早上同时出发。因为线路不同,第一辆车每隔 a 分钟回车站再出发,循环;第二辆车每隔 b 分钟回车站再出发,循环;第三辆车每隔 c 分钟回车站再出发,循环;第四辆车每隔 d 分钟回车站再出发,循环;

问四辆汽车最短多少分钟后同时回到车站。

【输入格式】

第 1 行,4 个正整数 a,b,c,d。$1 \leqslant a,b,c,d \leqslant 10\,000$。

【输出格式】

一个整数。

【输入样例】

```
6 10 8 12
```

【输出样例】

```
120
```

题目分析:

要解决这个问题,我们需要找到 4 个周期的最小公倍数(LCM)。最小公倍数是指能够被这 4 个周期同时整除的最小整数,也就是它们在这个最小整数时间点上会再次同时回到车站。

我们可以使用两个数的最小公倍数计算公式来逐步求出 4 个数的最小公倍数。

程序代码:

```cpp
#include <bits/stdc++.h>
using namespace std;

// 用欧几里得算法计算最大公约数
long long gcd(long long a, long long b) {
    while (b != 0) {
        long long temp = b;
        b = a % b;
        a = temp;
    }
    return a;
}
```

```cpp
// 计算两个数的最小公倍数
long long  lcm(long long  a, long long  b) {
    return (a / gcd(a, b)) *b;              // 防止溢出,先除再乘
}

int   main() {
    long long  a, b, c, d;
    cin >> a >> b >> c >> d;

    // 逐步计算 4 个数的最小公倍数
    long long   result = lcm(a, b);
    result = lcm(result, c);
    result = lcm(result, d);

    cout << result << endl;

    return 0;
}
```

3. 质数筛法——埃氏筛法

判断一个数是否是质数的方法前面已经介绍了。这里介绍一种求前 n 个质数的算法：埃氏筛法（Sieve of Eratosthenes）。

埃氏筛法是古希腊数学家埃拉托色尼（Eratosthenes）发明的一种用于找出小于等于某个给定整数 n 的所有素数的算法。其核心思想是不断标记出合数，最终剩下的未标记的数即为素数。算法的大致步骤如下：

1）创建一个大小为 $n+1$ 的布尔数组，初始化为 true。其中 true 表示对应的索引是素数。

2）把 2 的倍数标记 false。

3）把 3 的倍数标记 false。

4）把 5 的倍数标记 false。

5）把下一个质数的倍数标记 false。

6）……

7）剩下的所有未被标记的数即为素数。

程序代码：

```cpp
#include <iostream>
#include <vector>
using namespace std;

void sieveE(int n) {
    // 创建一个大小为 n+1 的布尔数组,初始为 true
    vector<bool> isPrime(n + 1, true);
```

```cpp
    // 0 和 1 不是素数
    isPrime[0] = isPrime[1] = false;

    // 从 2 开始遍历到 sqrt(n)
    for (int p = 2; p * p <= n; p++) {
        // 如果 isPrime[p]没有被标记为 false,则 p 是素数
        if (isPrime[p]) {
            // 标记 p 的所有倍数为 false
            for (int i = p * p; i <= n; i += p) {
                isPrime[i] = false;
            }
        }
    }

    // 输出所有素数
    for (int p = 2; p <= n; p++) {
        if (isPrime[p]) {
            cout << p << " ";
        }
    }
    cout << endl;
}

int main() {
    int n;
    cin >> n;
    sieveE(n);
    return 0;
}
```

五、总结提升

初等数学相关的内容在近些年的信息学竞赛中出现频率上升,用法也更灵活,下面做一些简单的扩展。

拓展 1

埃氏筛法是一种经典的筛选质数的算法,其基本思想是通过标记合数来筛选出质数,时间复杂度为 $O(n\log\log n)$。

这里介绍一种时间复杂度为 $O(n)$ 的质数筛选法:线性筛法(Linear Sieve)。

传统的埃氏筛法在标记合数的过程中有些数会被多次标记,而线性筛法的核心思想是每个数只被它的最小质因子标记一次。通过这个方法,可以避免重复标记,从而达到线性时间复杂度。

线性筛法的步骤如下。

1. 初始化

1) 创建一个大小为 $n+1$ 的布尔数组 is_prime，初始化为 true。

2) 创建一个空的质数列表 primes，用于存储找到的质数。

2. 筛选过程

1) 遍历从 2 到 n 的每个数 i。

2) 如果 i 是质数（is_prime[i] 为 true），将其加入质数列表 primes。

3) 使用当前的素数列表标记合数。对于每个质数 p，如果 $i \times p$ 超过 n，则停止标记。

4) 标记 $i \times p$ 为合数，同时记录最小质因子。

5) 如果 i 能被 p 整除，则停止标记。

这里对最后一条做简单的解释：

i 能被 p 整除，则停止标记。因为此时 p 是 i 的最小质因子，后面可能被 i 标记而现在没有标记的数，以后一定会由 p 标记。例如 $i=15$，$p=3$。45 以后能被 i 标记的数，比如 $15 \times 5 = 75$ 现在没有标记，但当 $i = 25$ 时，会被 $i \times p = 25 \times 3 = 75$ 标记。

例 4.1.5　线性筛法

使用线性筛法求不超过 N 的所有质数。

【输入格式】

第 1 行，为一个整数 N，范围是 $[2, 3 \times 10^7]$；

【输出格式】

第 1 行，1 个整数 M。

第 2 行，M 个质数。

【输入样例】

```
30
```

【输出样例】

```
10
 2 3 5 7 11 13 17 19 23 29
```

题目分析：

数据范围比较大，只能使用线性筛法。

程序代码：

```
#include <bits/stdc++.h>
bool is_prime[100000001];
int n, primes[10000000];
void linearSieve(int n) {
    int prime_count = 0;
```

```
    for (int i = 0; i <= n; i++) {
        is_prime[i] = true;
    }

    for (int i = 2; i <= n; i++) {
        if (is_prime[i]) {
            primes[prime_count++] = i;
        }
        for (int j = 0; j < prime_count && i *primes[j] <= n; j++) {
            is_prime[i *primes[j]] = false;
            if (i %primes[j] == 0) {
                break;
            }
        }
    }
    printf("%d \n", prime_count);
    for (int i = 0; i < prime_count; i++) {
        printf("%d ", primes[i]);
    }
    printf(" \n");
}

int main() {
    scanf("%d", &n);
    linearSieve(n);
    return 0;
}
```

📚 拓展2

同余是数论中的一个概念，描述了两个整数在模运算下的相等关系。具体来说，如果两个整数 a 和 b 除以一个正整数 n 后得到的余数相同，那么我们说 a 和 b 对模 n 同余。

同余的数学定义如下：

如果整数 a 和 b 对正整数 n 同余，则存在一个整数 k，使得：
$$a-b=kn$$

换句话说，a 和 b 对模 n 同余当且仅当 $a \div n$ 和 $b \div n$ 的余数相同。

记作 $a \equiv b \pmod{n}$。

例如：
$$17 \equiv 5 \pmod{6}$$

计算：$17-5=12$，而 12 是 6 的倍数，因此 17 和 5 对模 6 同余。

也可以看作：17÷6=2 余 5 和 5÷6=0 余 5，余数相同。

同余关系有以下重要的性质。

1) 自反性：$a \equiv a \pmod{n}$

2) 对称性：$a \equiv b \pmod{n}$ $\Rightarrow$ $b \equiv a \pmod{n}$

3) 传递性：$a \equiv b \pmod{n}$ and $b \equiv c \pmod{n}$ $\Rightarrow$ $a \equiv c \pmod{n}$

进一步，如果 a 和 b 对模 n 不同余，我们可以求一个数 x，使得：

$$ax \equiv b \pmod{n}$$

这个就是同余方程问题。

同余关系还有以下特殊的性质。

1) 如果 $\gcd(a,n) = 1$，x 有唯一解，否则有多个解。

2) 解同余方程 $ax \equiv 1 \pmod{n}$，其解 x 称为 a 的逆元。逆元在求有除法的表达式取模时，是必须掌握的技术。

例 4.1.6 求逆元（modInverse）

输入 N 个不超过 10^6 的正整数 a_i，求它们对模 10 000 019 的逆元。

提示：10 000 019 是质数。

【输入格式】

第 1 行为一个整数 N，$1 \leq N \leq 1000$。

第 2 行 N 个正整数 a_i，$1 \leq a_i \leq 1\,000\,000$。

【输出格式】

第一行 N 个正整数。

【输入样例】

```
3
12 60 1000
```

【输出样例】

```
833335 166667 4210008
```

题目分析：

由于我们要对模数 10 000 019 求逆元，而 10 000 019 是一个质数，$\gcd(a_i, 10\,000\,019) = 1$，因此解一定存在。

要求给定正整数的逆元，可以使用费马小定理或者扩展欧几里得算法。

费马小定理：

对于一个质数 p 和一个不被 p 整除的整数 a，有：

$$a^{p-1} \equiv 1 \pmod{p}$$

这意味着：

$$a \times a^{p-2} \equiv 1 \pmod{p}$$

因此，a 的逆元可以表示为 $a^{p-2}(\bmod p)$。

本题求 a 的逆元 = 使用快速幂算法计算 $a^{10\,000\,019}(\bmod 10\,000\,019)$。

程序代码：

```c
#include <stdio.h>

#define mod 10000019

// 快速幂算法计算 (base^exp)%mod
long long power(long long base, long long exp) {
    long long result = 1;
    base = base %mod;
    while (exp > 0) {
        if (exp %2 == 1) {
            result = (result *base) %mod;
        }
        exp = exp >> 1;
        base = (base *base) %mod;
    }
    return result;
}

// 使用费马小定理求模逆元
int mod_inverse(int a ) {
    return power(a, mod - 2);
}

int main() {
    int N;
    scanf("%d", &N);
    int arr[N];
    for (int i = 0; i < N; i++) {
        scanf("%d", &arr[i]);
    }
    for (int i = 0; i < N; i++) {
        int inverse = mod_inverse(arr[i]);
        printf("%d ", inverse);
    }
    return 0;
}
```

拓展3

欧几里得证明质数是无穷的，使用的是一种反证法。以下是详细的证明过程。

1) 假设反例。假设质数的个数是有限的。设有有限个质数 $p1, p2, \cdots, pn$。

2）**构造新数**。考虑一个新数 N，这个新数等于所有已知质数的乘积再加 1。
$$N = p1 \times p2 \times \cdots \times pn + 1$$

3）**分析新数** N。N 大于所有已知的质数；N 除以任何一个已知质数 pi 都会有余数 1。

4）**结论**。N 不是任何一个已知质数的倍数，因此 N 或是一个新的质数，或是由其他未知质数组成；无论哪种情况，都会得出一个比所有已知质数更大的质数或质数因子。

5）**反证法结论**。这与我们假设质数是有限个矛盾。因此，质数的个数必然是无穷的。

第二节 组合数学

一、情境导航

信号灯

在大海中央的古老灯塔里，守护者给年轻水手小明一项挑战：用红、绿、蓝三种颜色排列六个信号灯，相邻灯不能同色，如图 4-2 所示。可以有多少种方案？小明面对这道难题，不断尝试各种组合，终于解开了谜题，找到了所有可能的排列方案。小明成功赢得藏宝图，踏上了寻找宝藏的冒险之旅。

图 4-2 信号灯

二、问题抽象

熟悉编程的同学会直接想到用递归找出所有的方案。

熟悉数学排列知识的同学，可以直接计算出所有的方案数：

$$3\times2\times2\times2\times2\times2=96$$

在解决一些排列和组合的问题时，编程和数学方法都可以提供有效的解法。虽然编程能通过计算机的强大算力快速找到解决方案，但掌握组合数学的知识能使我们理解更高效的解决方法。组合数学不仅仅是一个解决问题的工具，它还为我们提供了一种逻辑思维的框架和方法论，使我们在面对各种复杂问题时能够更加从容和高效地找到解决方案。

三、知识探究

组合数学是数学的一个重要分支，主要研究如何对有限集进行计数、排列和组合。它涉及很多基本概念和方法，包括计算方案数、构造方案和存在性问题。这些概念在计算机科学、统计学、运筹学等领域都有广泛地应用。

计算方案数是组合数学中的基础问题，主要研究如何计算满足特定条件的对象数量。常用的方法包括加法原理和乘法原理。

（一）加法原理与乘法原理

（1）加法原理：如果一个任务可以通过若干种互斥的方式完成，那么完成该任务的总方法数等于各个方式的总和。公式表示为：

$$|A|=|A_1|+|A_2|+\cdots+|A_n|$$

例如：小高一家人外出旅游，可以乘火车，也可以乘汽车，还可以坐飞机。经过网上查询，他们出发的那一天火车有 4 班，汽车有 3 班，飞机有 2 班。根据加法原理，任意选择其中一个班次的方法为：4+3+2=9（种）。

（2）乘法原理：如果一个任务可以分成若干个独立的步骤完成，每个步骤有不同的选择方式，那么完成该任务的总方法数等于各个步骤选择数目的乘积。公式表示为：

$$|A|=|A_1|\times|A_2|\times\cdots\times|A_n|$$

例如：从甲地到乙地有 2 条路，从乙地到丙地有 3 条路，从丙地到丁地也有 2 条路，如图 4-3 所示。求从甲地经乙、丙两地到丁地，共有多少种不同的走法？

显然根据乘法原理，共有 $2\times3\times2=12$ 种走法。

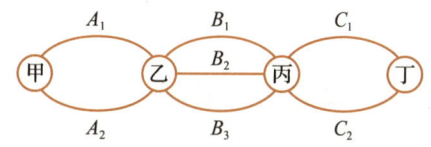

图 4-3 从甲地经乙、丙两地到丁地

例 4.2.1 取数

从数 1,2,3,…,100 中取两个数,这两个数的和能被 3 整除,有多少种方案?

题目分析:

将所有数按模 3 的余数分类,可以分为以下几类:

%3 余数是 0 的数;

%3 余数是 1 的数;

%3 余数是 2 的数。

根据题意,能被 3 整除的和有以下两种情况:

A_1:两个数的余数都是 0。

A_2:一个数的余数是 1,另一个数的余数是 2。

$|A_1|$:数 1,2,3,…,100 中%3 余数是 0 的数有 33 个。根据乘法原理取第一个数的方法数 33 种,取第二个数的方法数 32 种,取 2 个的方案数是 33×32。2 个数交换是同一个方案,所以不同的方案为 33×32/2 = 528

$|A_2|$:数 1,2,3,…,100 中%3 余数是 1 的数有 34 个(多一个 100),%3 余数是 2 的数有 33 个。根据乘法原理方案数为 34×33 = 1122

根据加法原理,答案 $|A| = |A_1| + |A_2| = 1650$

(二) 排列与组合

排列: 从一个集合中取出若干个元素,并按一定顺序排列。排列数公式:

$$P(n,r) = n \times (n-1) \times (n-2) \cdots \times (n-r+1) = \frac{n!}{(n-r)!}$$

组合: 从一个集合中取出若干个元素,不考虑顺序。组合数公式:

$$C(n,r) = \binom{n}{r} = \frac{n!}{r!(n-r)!}$$

例 4.2.2 选人

学校有 5 个班级,每个班人数分别是 30、35、40、45、32。现在从每个班选 2 个人,让这 10 个人排成一列,问可能有多少种排列方案?

题目分析:

这个问题描述简单,但需要对排列、组合熟练地掌握。

步骤 1: 从每个班级选出 2 个人,但先不放入队列里。

$$C(30,2) \times C(35,2) \times C(40,2) \times C(45,2) \times C(32,2)$$

步骤 2: 将每次选出的 10 个人放入队列——排成一列。

$$10!$$

步骤 3: 总方案数 $= C(30,2) \times C(35,2) \times C(40,2) \times C(45,2) \times C(32,2) \times 10!$

四、实践应用

在编程中，计算排列一般很简单，就是一些数的乘积。但计算组合时就会出现除法运算。当数据范围比较大时，中间结果还可能会涉及高精度问题。在信息学竞赛中，为了避免高精度计算，通常只要求输出答案对一个大质数取模后的结果。

现在我们看一个数学性质：

把从 N 个数中选 M 个的组合分成两类：

1）不含第 N 个数的组合，方案数为 C_{N-1}^{M}；

2）含第 N 个数的组合，方案数为 C_{N-1}^{M-1}。

根据加法原理，可得公式：

$$C_N^M = C_{N-1}^M + C_{N-1}^{M-1}$$

也就是说，组合数可以使用加法推算出来，这个就是著名的杨辉三角的原理，如图 4-4 所示。

```
          1
        1   1
      1   2   1
    1   3   3   1
  1   4   6   4   1
1   5  10  10   5   1
```

图 4-4 杨辉三角

例 4.2.3 杨辉三角

给定 N 组 (x,y)，要求计算组合数 $C(x,y)$，并输出答案对 10 007 取模的结果。

【输入格式】

第 1 行，输入一个正整数 $N<100\,000$。

第 2 到，第 $N+1$ 行，每行两个正整数 x 和 y，表示要计算组合数，保证 $x \geqslant y$，$x<1000$。

【输出格式】

N 行，每行一个组合数，由于答案可能很大，输出答案对 10 007 取模的结果。

【输入样例】

```
3
6 3
10 7
20 8
```

【输出样例】

```
20
120
5886
```

题目分析：

如果每一个组合都按定义计算，不仅速度慢，而且由于有除法运算，对 10 007 取模的运算也不好处理。使用杨辉三角的方法进行预处理，运算只有加法，不仅可以快速读取已经计算的数组，也可以方便地处理对 10 007 取模的运算。

程序代码：

```cpp
#include <bits/stdc++.h>
using namespace std;

const int MOD = 10007;
const int max_n = 1000;
int comb[max_n+1][max_n+1];
// 预处理杨辉三角
void preprocess() {
    for (int i = 0; i <= max_n; ++i) {
        comb[i][0] = 1;
        comb[i][i] = 1;
    }
    for (int i = 2; i <= max_n; ++i) {
        for (int j = 1; j < i; ++j) {
            comb[i][j] = (comb[i-1][j-1] + comb[i-1][j]) % MOD;
        }
    }
}

int main() {
    int N;
    cin >> N;
    preprocess();

    for (int i=0; i<N; i++) {
        int x, y;
        cin >> x >> y;
        cout << comb[x][y] << '\n';
    }
    return 0;
}
```

例 4.2.4　小球

有一个类似弹球的游戏，如图 4-5 所示，小球从上向下滑落，每次到一个"交叉"点都有 2 种选择：向左或向右滑落。中间的"交叉"点有一些是"陷阱"，小球滑到"陷阱"就不能再继续下滑了。求一个球从顶端滑落到底会有多少种方法？

【输入格式】

第 1 行，输入两个正整数 N、M ($1<N$、$M<20$)。N 表示三角

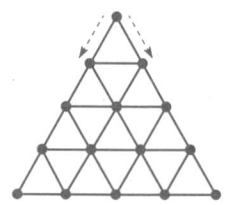

图 4-5　小球问题

形的层数，M 表示"陷阱"的个数。

第 2 到 $M+1$ 行，每行两个整数 x、y，表示第 x 行的第 y 个"交叉"点是"陷阱"。$2 \leq x \leq N$，$1 \leq y \leq x$。

【输出格式】

1 个整数，表示小球从上到下的方案数。

【输入样例】

```
4 1
3 2
```

【输出样例】

```
4
```

样例说明：

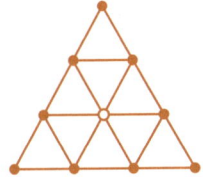

题目分析：

设顶点到三角形中间的点 (x,y) 的方案数为 $f(x,y)$，可以分为两类：

1) 从 $(x-1,y-1)$ 滑落来的；
2) 从 $(x-1,y)$ 滑落来的。

根据加法原理：

$$f(x,y)=f(x-1,y-1)+f(x-1,y)$$

注意边界和陷阱的判断处理，可以动态规划求出所有交叉点的 $f(x,y)$。再根据加法原理得到：

$$总方案数 = f(n,1)+f(n,2)+\cdots+f(n,n)$$

程序代码：

```cpp
#include <iostream>
long long dp[21][21];
bool is_trap[21][21];

using namespace std;

int main() {
    int N, M;
    cin >> N >> M;
    
    dp[1][1] = 1;           // 起点
```

```cpp
    // 读取陷阱信息
    for (int i = 0; i < M; ++i) {
        int x, y;
        cin >> x >> y;
        is_trap[x][y] = true;
    }

    // 填充动态规划表
    for (int i = 2; i <= N; ++i) {
        for (int j = 1; j <= i; ++j) {
            if (!is_trap[i][j]) {
                if (j > 1) dp[i][j] += dp[i-1][j-1];
                if (j <= i-1) dp[i][j] += dp[i-1][j];
            }
        }
    }

    // 计算底部所有交叉点的路径数总和
    long long total_paths = 0;
    for (int j = 1; j <= N; ++j) {
        total_paths += dp[N][j];
    }

    cout << total_paths << endl;

    return 0;
}
```

五、总结提升

拓展 1

信息学中的排列组合相关内容不仅有计数问题，还有一些输出所有方案的问题，一般通过递归来实现。

例 4.2.5 字母组合

前 N 个小写字母中取 M 个的所有组合，要求没有相邻字母出现。按照字典序从小到大输出。

【输入格式】

共 1 行，两个正整数 N 和 M，范围为 $0 < M \leq N < 12$。

【输出格式】

若干行，每行一个组合。

【输入样例】

6 3

【输出样例】

ace
acf
adf
bdf

题目分析：

生成所有可能的组合：可以使用递归或回溯的方法来生成所有符合条件的组合。

条件检查：在生成组合时，确保没有相邻字母出现。

程序代码：

```cpp
#include <bits/stdc++.h>
using namespace std;

int N, M;
int ans[10];

// 输出当前组合
void print() {
    for (int j = 0; j < M; j++) {
        cout << char(ans[j] + 'a');
    }
    cout << endl;
}

// 递归生成组合
void comb(int i) {
    if (i == M) {                    // 完成一个组合
        print();
        return;
    }
    int a = 0;
    if (i > 0) a = ans[i - 1] + 2;   // 确保不选相邻字母
    for (int j = a; j < N; j++) {    // 尝试选择字母
        ans[i] = j;                  // 第 i 位置取第 j 个字母
        comb(i + 1);                 // 递归处理第 i+1 个位置
    }
}

int main() {
```

```
        cin >> N >> M;
        comb(0);
        return 0;
}
```

📚 拓展 2

组合数学中有些问题不能直接用一个公式计算，可能需要利用组合数学知识分解步骤或找出递推规律动态规划出结果。

例 4.2.6 特殊数

n 位数的序列，可以有前导 0，但若有数字 9，数字 9 的右后面不能出现偶数（0、2、4、6、8），这里的右边是位置关系，不一定相邻。这种序列的数目记为 $f(n)$，编程求 $f(n)$。

【输入格式】

第 1 行，1 个正整数 n，范围为 $1 < n \leq 1000$。

【输出格式】

一个整数，为 $f(n) \% 1\,000\,009$ 的结果。

【输入样例】

```
2
```

【输出样例】

```
95
```

样例解释：

00, 01, 02, ..., 09
10, 11, 12, ..., 09
...
80, 81, 81, ..., 89
91, 93, 95, 97, 99

题目分析：

根据题目的关键条件"数字 9 的右后面不能出现偶数（不一定相邻）"，我们可以将问题分为两部分：

1）第一个 9 的位置之前的部分数字可以包含 0~8。

2）第一个 9 的位置后面，1、3、5、7、9 可以出现，但 0、2、4、6、8 不能出现。显然这 2 部分都是简单的组合数学问题。

程序代码：

```cpp
#include<bits/stdc++.h>
using namespace std;
```

```
const int mm = 1000009;
int n,a,b;
long long f[1002], p9[1002],p5[1002];

int main()
{
  p9[0]=1;
  for (int i=1; i<1002; i++)
    p9[i] = (p9[i-1]*9)%mm;
  p5[0]=1;
  for (int i=1; i<1002; i++)
    p5[i] = (p5[i-1]*5)%mm;

  cin>>n;
  int result=0;
  for (int i=1; i<=n; i++){               // 枚举第1个9的位置
    result = (result + p9[i-1]*p5[n-i]) %mm ;
  }
  cout << (result + p9[n])%mm <<endl;     // p9[n]表示没有出现9

  return 0;
}
```

有时组合数学的题目我们一时找不出计算方法，但可以通过分析子问题的递推关系，用动态规划方法解决。例如：

1. 状态定义

使用动态规划数组 dp_no9[i] 表示长度为 i 且不包含数字9的数目。

使用动态规划数组 dp_with9[i] 表示长度为 i 且包含至少一个9的数目。

2. 状态转移

对于 dp_no9[i]，可以由 dp_no9[$i-1$]×9 转移而来（因为只有 0~8 可以出现）。

对于 dp_with9[i]，可以由 dp_with9[$i-1$]×5+dp_no9[$i-1$] 转移而来（在 dp_no9[$i-1$] 后加一个9，然后后续部分是1、3、5、7、9）。

3. 初始状态

dp_no9[0]=1，空串只有一种情况。

dp_with9[0]=0，长度为0不可能有9。

程序代码：

```
#include<bits/stdc++.h>
using namespace std;
const int MOD = 1000009;
int main() {
    int n;
```

```cpp
cin >> n;
vector<int> dp_no9(n + 1, 0);
vector<int> dp_with9(n + 1, 0);
// 初始状态
dp_no9[0] = 1;

// 状态转移
for (int i = 1; i <= n; ++i) {
    dp_no9[i] = (dp_no9[i-1] *9) %MOD;
    dp_with9[i] = (dp_with9[i-1] *5 + dp_no9[i-1]) %MOD;
}

// 结果计算
int result = (dp_with9[n]+dp_no9[n]) %MOD;
cout << result << endl;

return 0;
}
```

附录　本书内容与 NOI 竞赛大纲的对应关系

章	节	考纲内容
第一章　C++程序设计进阶	第一节　二维数组	【3】二维数组与多维数组
	第二节　多维数组	
	第三节　常用数学函数	【3】数学库常用函数：绝对值函数、四舍五入函数、取下整函数、取上整函数、平方根函数、常用三角函数、对数函数、指数函数
	第四节　自定义函数的参数	【3】传值参数与传引用参数递归
	第五节　结构体与联合体	【3】结构体 【3】联合体
	第六节　指针类型	【4】指针 【4】基于指针的数组访问 【4】字符指针 【4】指向结构体的指针 【5】引用
	第七节　STL（标准模板库）——算法函数	【3】算法模板库中的函数：min、max、swap、sort
	第八节　STL（标准模板库）——线性容器	【4】栈（stack）、队列（queue）、链表（list）、向量（vector）等容器
第二章　数据结构及其运用	第一节　线性结构——链表	【3】链表：单链表、双向链表、循环链表
	第二节　线性结构——队列和栈	【3】栈 【3】队列
	第三节　树的引入	【3】树的定义与相关概念 【4】树的表示与存储
	第四节　二叉树	【3】二叉树的定义与基本性质 【4】二叉树的表示与存储 【4】二叉树的遍历：前序、中序、后序
	第五节　二叉搜索树	【4】二叉搜索树的定义和构造
	第六节　哈夫曼树	【4】哈夫曼树的定义和构造、哈夫曼编码
	第七节　完全二叉树	【4】完全二叉树的定义与基本性质 【4】完全二叉树的数组表示法
	第八节　图的定义和存储	【3】图的定义及其相关概念 【4】图的表示与存储：邻接矩阵 【4】图的表示与存储：邻接表

（续）

章	节	考纲内容
第三章 算法设计	第一节 算法基础	
	第二节 基础算法1——贪心法	【3】贪心法
	第三节 基础算法2——递推法	【3】递推法
	第四节 基础算法3——递归法	【4】递归法
	第五节 基础算法4——二分法	【4】二分法
	第六节 基础算法5——倍增法	【4】倍增法
	第七节 基础算法6——前缀和	【3】前缀和 【4】差分
	第八节 数值处理算法	【4】高精度的加法 【4】高精度的减法 【4】高精度的乘法 【4】求高精度整数除以单精度整数的商和余数
	第九节 排序算法	【3】排序的基本概念 【3】冒泡排序 【3】选择排序 【3】插入排序 【3】计数排序
	第十节 搜索算法	【5】深度优先搜索 【5】广度优先搜索
	第十一节 图论算法	【4】深度优先遍历 【4】广度优先遍历 【5】泛洪（Floodfill）算法
	第十二节 动态规划1——简单一维动态规划	【4】动态规划的基本思路 【4】简单一维动态规划
	第十三节 动态规划2——简单背包类型动态规划	【5】简单背包类型动态规划
	第十四节 动态规划3——简单区间类型动态规划	【5】简单区间类型动态规划
第四章 数学运用	第一节 初等数论	【3】整除、因数、倍数、指数、质（素）数、合数 【3】取整 【3】模运算与同余 【3】整数唯一分解定理 【3】辗转相除法（欧几里得算法） 【4】素数筛法：埃氏筛法与线性筛法
	第二节 组合数学	【4】排列 【4】组合 【4】杨辉三角